青椒

采后贮藏与保鲜

张少平　洪建基　等　编著

U0306660

中国农业科学技术出版社

图书在版编目（CIP）数据

青椒采后贮藏与保鲜 / 张少平等编著 . --北京：
中国农业科学技术出版社，2022.9
ISBN 978-7-5116-5939-2

Ⅰ.①青…　Ⅱ.①张…　Ⅲ.①甜辣椒-果蔬保藏
Ⅳ.①S641.309

中国版本图书馆 CIP 数据核字（2022）第 177882 号

责任编辑　李冠桥
责任校对　王　彦
责任印制　姜义伟　王思文

出 版 者　中国农业科学技术出版社
　　　　　北京市中关村南大街 12 号　　邮编：100081
电　　话　(010) 82109705（编辑室）　　(010) 82109702（发行部）
　　　　　(010) 82109709（读者服务部）
网　　址　https://castp.caas.cn
经 销 者　各地新华书店
印 刷 者　北京建宏印刷有限公司
开　　本　170 mm×240 mm　1/16
印　　张　15.25
字　　数　274 千字
版　　次　2022 年 9 月第 1 版　2022 年 9 月第 1 次印刷
定　　价　90.00 元

资助项目

福建省农业科学院科技创新平台专项（CXPT202103）

福建省农业科学院乡村振兴科技服务团队项目（2022KF01）

福建省农业科学院青年创新团队项目（CXTD2021006-3）

福建省公益类科研院所专项（2021R1030007）

《青椒采后贮藏与保鲜》
编著人员名单

主　编　著：张少平　　洪建基

副主编著：李　洲　　练冬梅　　鞠玉栋　　赖正锋

　　　　　　吴松海　　姚运法　　林碧珍

前　言

　　青椒是双子叶茄科辣椒属一年生或多年生的草本植物，又名甜椒、菜椒、灯笼椒或柿子椒等。青椒有绿、黄、红及紫等不同颜色，不仅能作为蔬菜食用，还广泛地用于各种配菜。青椒是由中南美洲热带地区的辣椒演化而来的，经过长时间的自然选择和人工培育，青椒果实体积变大，果肉变厚，辣味减轻或消失。青椒果肉厚而且脆嫩，富含 B 族维生素、维生素 C 和胡萝卜素等，此外还含有辣椒碱、二氢辣椒碱、辣椒红素、柠檬酸、苹果酸及酒石酸等。现代科学研究证明，青椒具有重要的营养、医学、保健和美容等价值。青椒在采后贮藏、流通和销售过程中易失水萎蔫、变红甚至腐烂，严重影响其商品价值和食用价值。随着贮藏时间的延长，青椒有机物质消耗不断增大，表现为颜色、风味和营养物质的含量也不断变化，从而影响了青椒的品质和贮藏期。近年来，人们对青椒的需求量逐渐增大，而青椒生产季节性较强，上市比较集中，使得市场供需矛盾较为突出：旺季供过于求，腐烂损失严重；淡季供不应求，价格居高不下。因此，为较长时间维持青椒在贮藏过程中的品质，以保障市场和供给，作者团队撰写了《青椒采后贮藏与保鲜》一书。

　　作者根据多年来从事青椒种植及采后贮藏保鲜等研究，同时在总结前人经验与成果的基础上，全面阐述了青椒的物理、生物及化学保鲜等技术；重点介绍了青椒的低温贮藏、贮藏中的冷害及防护、病害及防治、热激处理对青椒的贮藏保鲜、薄膜包装在青椒贮藏保鲜中的应用、气调贮藏在青椒保鲜中的应用、植物精油在青椒贮藏保鲜中的应用、植物提取液在青椒贮藏保鲜中的应用、植物提取液互配在青椒贮藏保鲜中的应用、植物生长物质类保鲜剂在青椒贮藏中的应用、微生物保鲜剂在青椒贮藏中的应用、化学保鲜剂在青椒贮藏中的应用、复配保鲜剂在青椒贮藏中的应用、生物涂膜在青椒贮藏中的应用、复合涂膜在青椒贮存中的应用及不同处理方式对青椒的贮藏保鲜，目的在于进一步提高青椒采后贮藏与保鲜技术，普及推广青椒的贮藏与流通技术，帮助广大青椒种植户、销售商以及专业技术人员和相关科研人员解决一些实际问题，并提供理论和实践指导。

本书由福建省农业科学院亚热带农业研究所亚热带经济作物研究室的科研工作者根据多年的科研成果，结合大量生产实践和系统研究编写而成。全书由张少平和洪建基拟定撰写纲目并负责统稿，其中张少平负责全书第二章至第十七章共 23.63 万字的撰写工作，洪建基、李洲、练冬梅、鞠玉栋、赖正锋、吴松海、姚运法、林碧珍等团队成员为本书的出版也做了一定工作。

本书撰写过程中，广泛参考了国内专家和学者的学术论文，同时汲取了生产加工企业及农户的生产经验，内容较为丰富，理论通俗易懂，紧跟相关研究进展，可供研究者学习参考，也可供广大生产企业和农户使用，能帮助广大读者深入了解青椒采后贮藏过程中物理、化学和生物保鲜中相关研究内容。本书可供广大植物生产及采后保鲜经营专业户和科技工作者使用，以及农业院校师生学习参考。

本书的出版得到了福建省农业科学院科技创新平台专项、福建省农业科学院乡村振兴科技服务团队项目、福建省农业科学院青年创新团队项目及福建省公益类科研院所专项等项目资助，在此表示谢意。

由于撰写时间较为仓促，加之编著者水平有限，书中难免有疏漏和不妥之处，敬请专家、同人和读者批评指正。

编著者

2022 年 5 月

目　　录

第一章 绪 论

　　青椒是双子叶茄科辣椒属一年生或多年生草本植物，又叫甜椒、菜椒、灯笼椒或柿子椒等，因为它颜色鲜艳，还有很多培育的红色、黄色、紫色等新品种，不仅能够自成一菜，还广泛地用于各种配菜。青椒是由中南美洲热带地区的辣椒演化而来，经过长时间的自然演化和人工选择，果实体积变大，果肉变厚，辣味减轻或消失。100 多年前我国才引入，发展到现在全国各地都在种植。

　　青椒含有丰富的营养物质，维生素 C 含量最高可达 460mg/100g，是番茄的 7~15 倍，在蔬菜中占有重要的地位。另外，青椒果实中含有水分约 93.9%，碳水化合物约 3.8%。青椒还含有丰富的辣椒碱、二氢辣椒碱、酰香莱兰胺、辣椒红素、胡萝卜素、柠檬酸、酒石酸、苹果酸等。现代科学研究初步证明，青椒具有重要的营养、医学、保健和美容价值：青椒辛温，人们食用后可以通过发汗而降低体温，可以缓解肌肉的疼痛感，因此青椒具有较好的解热镇痛作用；青椒的有效成分是辣椒素，可以阻止有关细胞的新陈代谢，从而能够降低癌症细胞的发生率，促进脂肪的新陈代谢，减少体内脂肪积累，可以有效地降脂、减肥和防御疾病；青椒有很强的香辣味，能够刺激唾液和胃液的分泌，促进肠道蠕动，帮助食物消化；青椒果实含有丰富的维生素和微量元素，能够预防坏血病的发生，可以辅助治疗牙龈出血、贫血及血管脆弱等。

第一节　青椒采后生理特性

一、呼吸强度与乙烯

　　采后青椒仍是一个生命的有机体，还会进行水分蒸腾和呼吸作用等复杂的生命活动，仍继续消耗 O_2 排出 CO_2 和乙烯的新陈代谢，不断向后熟衰老的方向发展。呼吸跃变是果实成熟的一个标志，但对果蔬采后保存是不利的。果蔬采后若要较长时间保存，就必须推迟其呼吸跃变的发生，即抑制果实乙烯

1

的释放。因此，所有能抑制果实乙烯产生的措施，如低温、降低氧浓度等，均可以推迟呼吸跃变的发生，并降低其发生的强度，从而延迟成熟、防止发热腐烂，有利于果实的保存。果实的成熟与乙烯的诱导有密切的关系。果实开始成熟时，乙烯的释放量迅速增加，超过一定的阈值时，便诱导果实成熟。成熟的果实若与未成熟的果实一起存放，成熟果实释放的乙烯能促进未成熟果实的成熟过程，使之尽快达到可食状态。用外源乙烯或是乙烯利处理未熟果实，也能诱导和加速其成熟。人为地将果实内部的乙烯除去，则果实的成熟便延迟。如果促进或抑制果实内乙烯的生物合成过程，则会相应地促进或是抑制果实的成熟。

对于青椒采后呼吸和乙烯释放规律的研究，结果并不一致。在青椒果实的生理研究中，发现果实的呼吸强度在绿色充分时最低，当果实发育到由半红向全红转变时，有明显呼吸和乙烯释放高峰，因此认为青椒属于呼吸跃变型果实。但也有研究表明，不同品种、不同发育阶段的青椒果实采收后的呼吸和乙烯释放均呈下降趋势，而且外源乙烯处理不能诱导呼吸峰值出现，青椒果实的呼吸常表现为非跃变型。国外的研究结果多认为青椒果实属于非跃变型。有研究认为乙烯利处理明显促进了青椒果实的呼吸强度，1-甲基环丙烯处理能有效地抑制果实的呼吸强度。在青椒贮藏过程中，存在乙烯释放高峰，并呈一定的波动。乙烯利处理中，乙烯释放高峰明显高于 1-甲基环丙烯和热处理及对照，而热处理和 1-甲基环丙烯处理不同程度地抑制或延迟了乙烯释放高峰的出现。分别采用果蔬纳米保鲜膜、大豆分离蛋白/淀粉复合涂膜和纳米 SiO_2 壳聚糖膜剂对青椒进行保鲜，结果均证明涂膜可以降低青椒呼吸速率，提高好果率并改善青椒外观和营养品质。

温度对青椒的呼吸和乙烯释放有很大影响。用伊源保鲜剂处理青椒，并分别在常温和低温下贮藏，结果发现，青椒呼吸速率和乙烯释放速率在低温下的变化幅度均比常温下缓慢，呼吸速率始终低于常温处理，推迟乙烯高峰出现并降低了峰值。低温贮藏青椒 10~30d，呼吸速率较常温下降 28.6%~75.7%；贮藏 10d，乙烯释放速率比常温低 26.67%，比 20d 后低 69.05%。

青椒是冷敏性蔬菜，一般认为 9~11℃是贮运的最适温度（根据品种、地域及采收季节略有不同），低于此范围会出现冷害。有研究指出，超过 9℃，温度越高呼吸强度越大；温度降低，呼吸强度也随之降低。低于 9℃，由于冷害发生，呼吸强度和乙烯释放均异常增加，并有明显的呼吸强度和乙烯释放高峰。

二、酶活性变化

果蔬采收后，仍然是活的有机体，继续发生许多生理生化变化，而这些变化大都与酶活性变化有关。在过氧化物酶和过氧化氢酶的共同作用下，超氧化物歧化酶可以清除细胞自由基，减少自由基对膜的损伤而延缓细胞衰老。多酚氧化酶是造成果蔬褐变的主要诱因，过氧化物酶也与褐变密切相关。在研究新鲜小辣椒贮藏时发现，辣椒种子容易褐变，且褐变程度与初期多酚氧化酶、后续的苯丙氨酸解氨酶、超氧化物歧化酶和脂氧合酶活性呈正相关，与过氧化氢酶和过氧化物酶关系不大，但过氧化氢酶和过氧化物酶可能保护小辣椒在低温下不受冷害。

影响果蔬酶活性的因素较多，温度、湿度等贮藏环境，前处理方式，机械伤，果蔬种类等。在比较热处理和加压处理对青椒贮藏时酶活性的影响时发现，热处理使青椒多酚氧化酶活性降低 50%，过氧化物酶降低 80% ~ 100%；加压对多酚氧化酶几乎无影响，但使过氧化物酶活性降低了 5% ~ 10%，而新鲜及两种处理后的青椒均未检测到果胶甲酯酶活性。有研究证实，紫外线辐射处理可减少青椒冷害，这是因为辐射使青椒果实的抗氧化酶类中的超氧化物歧化酶、过氧化氢酶、抗坏血酸过氧化物酶和愈创木酚过氧化物酶的活性增强。有报道，壳聚糖涂膜处理的青椒贮藏 35d 后，其超氧化物歧化酶、过氧化物酶、过氧化氢酶等抗氧化酶活性更高，丙二醛和电导率明显偏低。用水杨酸和氯化钙处理青椒，发现与细胞膜相关的酶，多聚半乳糖醛酸酶、果胶甲酯酶、纤维素酶和 β-半乳糖酶活性均较低，细胞膜成分变化较小，能够保持完整性。在研究不同 O_2 含量对酶活性的影响时，1% O_2 处理的青椒果实中的丙酮酸脱羧酶活性增大迅速，而无 O_2 处理的增加不明显；1% O_2 处理的青椒中乙醇脱氢酶活性升高很大，而无 O_2 处理与对照是同等水平，且贮藏过程中乙醇脱氢酶活性是丙酮酸脱羧酶活性的 10 倍。在测定青椒果实的超氧化物歧化酶的活性时，发现未熟果实组织的超氧化物歧化酶水平高，在绿熟和转色期下降，果实转变为橘黄色时又开始升高，最后随果实完熟下降。研究发现，在辣椒果实发育期间种子的过氧化物酶、多酚氧化酶、细胞色素氧化酶以及脱氢酶的活性都很强，过氧化氢酶也保持相当高的水平，说明种子的整个氧化代谢是协调进行的，耐贮性最强。有观察到过氧化物酶活性至绿熟期升至高峰，之后下降，红熟又略有回升，并发现不同品种间存在着差异，而且青椒果实发育过程中过氧化物酶参与了辣椒素的代谢，在果实成熟期间，过氧化物酶活性的变化与辣椒素含量呈负相关变化。而对青椒中过氧化物酶活性的研究则集中在酶活性与品种耐贮性之间的关系上，并间接探讨了过氧化物酶与衰老的关系。研究表明，品种间过氧化物酶活性呈极显著和显著差异，刚采收时过氧化物酶活性高，衰老后期下降。耐贮性好的品种过氧化物酶活性低，反之则高。过氧化物酶活性与品种间腐烂指数之间存在极显著正相关。

三、品质指标

青椒是含维生素 C 最丰富的蔬菜之一，通过对多个青椒品种贮藏期间维生素的变化趋势进行研究发现大多数品种在贮藏期间维生素 C 的含量呈下降趋势。在研究青椒果实发育过程中，可溶性糖、可滴定酸和维生素 C 含量均随果实生理成熟而增加，淀粉粒随果实生理成熟而消失。青椒果实存放过程中，维生素 C 含量随时间的延长呈递减趋势，因品种和存放时间的不同，维生素 C 含量的下降速度也存在很大差异。有研究发现，随着青椒果实的成熟，果肉及胎座中辣椒素含量的变化是先升到一定高峰后略有下降。在采用紫外线辐射处理青椒后，硬度保持较高，类胡萝卜素降低，但不影响糖含量。

通过研究完熟过程中青椒果实的干物质、总糖、水溶性果胶、原果胶、纤维素、含酸量、维生素 C、磷活性物质、烟酸和磷化合物的变化情况，分 3 个成熟期（绿熟、商品成熟和生理成熟）测定分析，同时测定了蛋白质、灰分、钾、镁、磷在果实三个成熟期的变化。结果表明，维生素 C、磷活性物质、干物质、总糖、水溶性果胶、含酸量和烟酸随着果实的成熟而升高，其他化合物随品种和成熟度不同而有变化。从 5 个栽培品种的未熟、成熟、半完熟和完熟的果实中分离出几种色素，并对多数色素进行了鉴定，其中有红色的酮类胡萝卜素和辣椒红素，尽管品种间显现的颜色一样，但在整个成熟和完熟期间品种间色素含量有很大差异，所有的品种在整个成熟或完熟期间均未发现番茄红素的存在。通过对青椒果实成熟过程中品质的变化进行研究，结果发现，青椒果实不同部分的干物质及辣椒素、可溶性总糖的积累呈现出不同的变化规律，辣椒素及干物质含量都随果实的成熟而不断增加，种子及胎座部分的干物质、辣椒素含量都明显高于果皮部分，维生素 C 含量不断增加，有机酸变化不大，淀粉和叶绿素含量不断减少，可溶性果胶含量不断增加。

第二节　青椒采前因素与耐贮性

一、品种及组织结果

青椒品种繁多，形状和颜色各异，不同品种之间的耐贮性差异很大。一般抗病性强、果皮角质层厚、颜色深绿的品种较耐贮藏。有报道，较耐藏的青椒品种具有表皮细胞层数多且排列整齐、紧密的特点。同时有研究指出，青椒果皮蜡质及果肉厚度与其耐贮性呈一定正相关。从组织结构看，果肉薄壁细胞大的品种耐贮性好，反之则耐贮性差。

通过测定多个青椒品种的表皮结构（蜡质层厚度、皮层厚度及皮层细胞层数）和果肉厚度，并研究其与品种的耐贮性的关系，发现皮层细胞层数与果实的耐贮性呈正相关，耐贮性较好的青椒品种皮层细胞数多于耐贮性较差的品种。通过解剖青椒果实表皮发现皮层细胞有独特之处，即皮层细胞大小一致，均呈规则的长方形，排列极为整齐，像砖墙一样；蜡质层虽然不算最厚，但平滑均匀，分布区域达到第二层细胞内。青椒的这种特性有利于防止病原菌的侵染与萌发，延长贮藏期。

二、栽培管理

蔬菜的耐贮性与生长期间所积累的营养物质的多少有关，而营养物质的积累与生长季节的自然条件和栽培管理密切相关。由于自然条件不容易人为控制，故栽培管理对提高蔬菜的耐贮性显得尤为重要。首先，栽培管理中的施肥条件对产品耐贮性有很大影响。有研究认为，青椒果实贮藏期的长短，与田间的栽培管理和环境条件有关。其次，在青椒生长期间施磷、钾和钙等作根外追肥，可增加青椒产量，改善品质，降低贮藏期间果实的腐烂指数，提高了青椒的耐贮性，从而维持较高的商品率。

田间病害是造成产品贮藏期间腐烂变质的重要原因之一。许多病害在田间就已经侵染蔬菜，采收后特别是衰老后才表现病症并扩大发展，造成贮藏的大量损失。在青椒采前因素试验的田间调查和采后病害的研究中，发现大多数田间病害与采后贮藏病害是一致的，在田间表现抗病的品种，贮藏期间发病率低，腐烂较少。为此，在青椒的栽培过程中，应多施有机肥，注意做好田间卫生，防治病虫害。采前 10d 左右喷一次广谱杀菌剂，如乙膦铝和多菌灵等，有利于防治贮藏病害。另外，用于贮藏的青椒后期灌水要比采摘后立即上市的稍少，采前 8d 应停止灌水，以增加采后的耐贮性。有研究比较了覆膜栽培与露地栽培对青椒潜伏侵染病原菌种类及其在果实不同部位的分布对青椒采后果实发病率和采后病原菌种类的影响，结果表明覆膜栽培青椒采前潜伏侵染病原菌率比露地栽培降低了 77%；青椒采前潜伏侵染病原菌在果柄、果蒂、果肉中都有分布，但以果蒂带菌率高，发病率也以果蒂最高；青椒贮藏前消毒可以显著降低采后的发病率。青椒采后病原菌有 5 种，即镰刀菌、交链孢菌、盘长孢刺盘孢菌、蔬菜软腐病菌和黄曲霉菌，其中主要病菌为镰刀菌、盘长孢菌、蔬菜软腐病菌。具有潜伏侵染特性的只有交链孢菌、盘长孢刺盘孢菌和蔬菜软腐病菌。

三、采收时期和成熟度

对于大多数蔬菜来说，提早采收一般产量低，产品组织柔嫩，易失水萎蔫，品质差；延迟采收又会加快产品的衰老和腐烂。有研究表明，果实充分膨大、营养物质积累较多、果实坚硬、尚未转红的绿熟果较耐贮藏，色绿、手按较软、处于商品成熟期的未熟果实及已开始转色或完全转红果实不耐贮藏。有研究指出，大型青椒要在颜色依然绿色但已成熟时采收，在绿熟期采收的果实形状、蜡质、硬度、光泽和耐贮性俱佳，如果采收的青椒成熟度太低，在贮运过程中将会快速失水萎蔫。对于青椒不同采收成熟度对耐贮性的影响有报道，不同成熟度的青椒在贮藏过程中，后熟指数随成熟度的增加而增高，腐烂指数则以成熟度适中的果实最低。秋季大棚栽培的青椒在开花后 34d 或果径为 1~5cm 时，再生长 3d 后采收，贮藏效果较好。有研究发现，在常温下青椒果实的衰老与成熟度呈正相关，而与同期好果率呈负相关。未熟期（开花后 22d）采收的果实，种子尚未充分膨大，颜色绿，好果率大大高于其他成熟度。有研究认为，青椒果实的颜色以浅绿转变成深绿色、硬而略具弹性时，采收贮藏效果较佳，已转红的果实只能作短期贮藏（1 个月以内）。

综上所述，青椒采收时已显红色的果实，因采后衰老较快，应及时出售，不宜用于贮藏。用于贮藏或运输的青椒应选择充分膨大、色深绿、果肉厚而坚硬、果面有光泽的绿熟果。采收必须在霜前进行，受霜冻或冷害的青椒不宜用于贮藏或运输。夏季采摘一般应在晴天的早晨或傍晚气温和菜温较低时进行，降雨后不宜立即采摘，否则容易腐烂。采摘青椒要用平头锋利的剪刀或刀片剪（割）断果柄，以利于伤口愈合，可减少以后贮藏中的腐烂。要注意剔除病、虫、伤果，因为这些果实在贮藏或运输中极易腐烂并且可传染其他好果。采摘、装运等操作过程中要注意轻拿轻放，避免摔、砸、压、碰撞及因扭摘用力造成损伤。

第三节　青椒采后因素与耐贮性

一、预冷

青椒采后延迟预冷时间将会影响青椒的光泽、表观品质和硬度，增加失水概率。有研究指出，当青椒果实表面温度在26.7℃以上时，用水预冷能在3~4h内快速把青椒冷却到12.8℃以下，从而可使青椒维持良好的状态，因此水预冷是一种延长青椒耐贮性的理想方法。也有学者认为，水预冷可增加腐烂，但水预冷后用冷空气干燥可防止腐烂。有研究用冷藏箱将青椒从热带运输到欧洲，结果发现，青椒用水预冷后直接装入带薄膜衬的箱子，腐烂增加了，但水预冷后用冷空气干燥青椒，再装入带薄膜衬的箱子，青椒不仅没有增加腐烂，而且耐贮性效果更好。

二、温度

关于温度对青椒采后生理和耐贮运性的影响，国外已有大量报道。一般认为7~10℃是青椒贮运的最适温度，低于此范围则会出现冷害，高于此温度则青椒衰老很快，迅速纤维化，影响青椒的品质。各种文献对推荐的冷藏温度不一，有研究认为，青椒的安全冷藏温度为10℃，低于7℃就会发生冷害。研究认为青椒由10℃贮温转入室温后，10℃处理整个贮期内的呼吸速率几乎都低于开始贮藏时的呼吸强度。货架观察也证实，室温放置3d的腐烂指数和花萼褐变率增加不多，也未出现种子褐变。有研究发现，青椒在不同低温下冷害的发生及程度不同，3℃下的腐烂指数、果面冷害指数、花萼冷害指数均高于0℃。有研究认为10℃是青椒的最佳贮藏温度，低于10℃青椒就会出现冷害。以上不同报道结果存在差异可能与青椒品种、贮藏环境及包装材料等不同有关。

国外很多学者认为，7℃是青椒的适宜贮温，也有报道认为青椒贮藏可采用7~10℃的温度，最好采用8~9℃的温度，此温度范围内，冷害不易发生，完熟难以进行。青椒在0℃和59%~89%相对湿度的条件下至少可贮藏40d，在这个贮藏期内，大约4%的果实出现皱褶；在4.4℃下青椒可维持28d的良好品质；在10℃条件下则可维持16d。

三、湿度

由于青椒果实内部是空腔的，所以失水后变软、皱缩等现象比番茄等实心的果实明显，因此在贮运中使青椒果实不失水萎蔫，保持新鲜的外观品质是很重要的。青椒果实要求贮藏环境的相对湿度为90%~95%。很多报道认为，青椒果用塑料薄膜包装贮藏有利于保持其鲜嫩的外观品质，减少水分损失，延长贮存期。有研究表明，青椒透气膜小袋密封包装不仅商品率高，而且保鲜效果好，贮藏结束时仍不丧失入贮时的鲜艳光泽，果柄、花萼多为绿色。青椒薄膜包装可形成高湿环境，可以减少自然损耗，但容易增加腐烂；相反，在没有塑料薄膜包装的干燥条件下，相比用塑料贮藏，腐烂率可以相应减少，但自然损耗加大。

四、气体成分

青椒气调贮存适宜的气体指标一般为 O_2 含量占2%~7%，CO_2 含量占1%~2%。包装袋内过高的 CO_2 积累会造成萼片褐变和果实腐烂。但气调贮存对青椒的影响目前没有彻底研究清楚。有人对不同 O_2 和 CO_2 浓度组分结合低温做了贮藏效果研究，结果发现温度是影响呼吸的最主要因素，其次是 O_2 浓度，再次为 CO_2 浓度。当青椒贮于4%~8%的 O_2 和2%~8%的 CO_2 环境中，其运输寿命可显著延长；贮温8.9℃配合5%的 O_2 和10%的 CO_2，青椒贮藏寿命可被延长到38d，但在空气中仅能贮藏22d。高 CO_2、低 O_2 和低温（5℃）可延缓青椒的完熟，降低乙烯产率，延长贮藏期；19%~20%的高 CO_2 可大大降低低温伤害和腐烂，贮温5℃配合10%~20%的 CO_2 和2%的 O_2，青椒可贮藏30d，可获得良好的加工质量。有研究发现，采用青椒专用保鲜袋和青椒专用保鲜剂，并采取适当处理，可明显降低青椒的腐烂指数，延长贮藏期，青椒贮藏57d的好果率达82%。青椒采收后在31℃环境下立即用30%的 CO_2 处理6d，以后贮于空气中，青椒果壁的软化和完熟可推迟，但之后移入20℃下会发生严重的花萼伤害。青椒保鲜贮藏适于双变气调法，即当贮藏初期温度较高时，CO_2浓度维持 4%~6%，随着温度降低，CO_2浓度相应降至 2%~4%，当温度控制在 8~10℃时，将 CO_2浓度降至 1%~2%，可以较好地保持青椒品质。气调贮藏不仅有利于青椒果实外观品质的保持，同时能减少果实的发病率。

五、机械损伤

机械损伤会显著加快组织的呼吸速率，完好的组织，氧化酶与其底物在结构上是隔开的，机械损伤使原来的间隔破坏，酚类化合物就会迅速被氧化，同时机械损伤使某些细胞转变为分生组织，形成愈伤组织去修补伤处，这些生长细胞呼吸速率比原来休眠或成熟组织快得多。机械损伤包括外伤和内伤。外伤是指直接破坏了蔬菜的表面保护组织及其附近的组织结构，形成了开放性的创伤，如刺伤、擦伤、压伤等。青椒遭受此种损伤后，加速了组织的呼吸和水分的蒸散，便于病原菌的侵入，影响青椒的贮藏期和贮运品质。内伤指由挤、压、碰及振动等造成的蔬菜内部组织的损伤。这种损伤外表不易看出，但内部细胞受伤后影响其正常的生理活动，导致最后组织死亡，丧失对病原菌的抵抗性。所以，在采收、包装、运输和贮藏时，应尽可能地防止机械损伤。

第四节　青椒采后贮藏保鲜方法

一、冷藏

冷藏是果蔬采后贮藏保鲜最重要也是最基本的方法之一，但由于青椒原产于热带，对低温非常敏感，一旦贮藏的温度太低便会造成冷害的发生。温度是延长青椒采后贮藏时间最为重要的因素。对于青椒在哪个温度下贮藏最适宜，不同文献所得的结果略有不同。有研究认为，将青椒在 10℃下贮藏，可将其各类指标都维持在较好的水平。也有研究认为，9~12℃最适合青椒的采后贮藏，低于 10℃青椒便会出现冷害现象。而国外众多报道发现，7℃是青椒采后最适宜贮温。而在哈尔滨青椒最适宜的采后贮藏温度为 0℃。造成上述不同结果的原因，可能与青椒种类或品种的不同有关。

二、热处理

热处理是将采后果蔬在 35～50℃ 温度下进行处理，以杀死或减少果实中的细菌和微生物，降低果实中酶的活性，来改变果蔬表面的结构组分，从而改变果蔬的失水、腐烂、硬度、叶绿素等，延长贮藏时间。热处理会使采后果蔬的膜产生一定的损伤，同时抑制乙烯产生、呼吸高峰的出现、叶绿素的降解，延长采后果蔬的贮藏期。有研究表明，青椒经热处理后于 0～10℃ 进行贮藏，可减少其水分散失，从而抑制青椒的腐烂程度。

三、气调贮藏

目前，气调贮藏是全世界最为先进的采后果蔬保鲜贮藏方法之一。主要是通过调整 O_2 和 CO_2 的含量来抑制采后果蔬在贮藏期间的呼吸作用和各类营养物质的损耗，从而促使果蔬保持较好的食用品质，延长其贮藏时间。有研究表明，适合青椒贮藏的气体指标：CO_2 含量为 4%～7%、O_2 含量为 3%～5%；浓度适宜的 CO_2 有利于延长采后青椒的贮藏期适宜，而当空气中 CO_2 浓度不足时会加速果蔬的衰败；采后果蔬的贮藏环境和贮藏温度是影响其呼吸作用速率的首要因素，其次是 O_2 浓度，而 CO_2 浓度对呼吸作用的影响较温度和 O_2 浓度影响相对不显著。

四、保鲜剂处理

目前，苯甲酸、1-甲基环丙烯、丁基羟基茴香醚、壳聚糖涂膜保鲜剂和钙处理，是果蔬采后贮藏中应用较多的保鲜剂。壳聚糖是一种纯天然保鲜剂，是应用最为广泛的一种保鲜剂。有研究发现，采用壳聚糖涂膜保鲜可以维持较高的水分含量和硬度、较低的腐烂程度和丙二醛含量，延长青椒的贮藏期。有研究选取两种不同品质的壳聚糖，将其混合在一起，配置一种新的保鲜溶液来处理青椒，发现果实的腐烂程度、失水率、可溶性糖含量及丙二醛含量显著减少，而可溶性固形物、维生素 C 含量比之前显著增加了。用壳聚糖制成的保鲜膜结合低温条件来处理青椒，可保持青椒的水分含量，减少其腐烂率。将青椒用 1-甲基环丙烯进行处理，结果发现，处理过的青椒品质明显优于对照组，其叶绿素的分解速度和青椒果实软化的进程明显减慢。

钙处理是果蔬采后贮藏过程中一种有效的方法，果蔬经过钙处理后，能减少酶的活性，提升果实的硬度，从而延缓果实的老化速度，延长贮藏期。热激处理作为最为基本的保鲜方法之一，具有安全无毒素、没有任何化学物质残留等特点，是一种绿色环保且效果十分显著的非化学保鲜方式。目前，氯化钙和热激处理相结合的方法已应用于木瓜、草莓、无花果及青椒等果蔬保鲜，且效果较好。有研究发现，氯化钙溶液处理的青椒果实，其呼吸强度与对照组相比明显减弱。原因是钙处理能够抑制采后果实细胞壁酶活性，保持细胞膜的结构和功能，降低膜对水的渗透性，使非水溶性果胶物质的降解速度变慢，有效地缓解果实衰老。

五、辐射处理

辐射处理属于冷处理技术的一种，无任何添加物和残留，不需要改变果蔬的温度，与热处理、干燥法、冷藏法相比较，能耗低很多，杀菌的效果也非常显著。辐射处理过程中，可根据不同食品的杀菌要求调整辐射的剂量，从而达到最大的效果。辐射具有速度快、效果均匀等特点，能最大限度地保持食品色香味。试验证明，采用较低剂量的辐射，不会破坏食品中的各类维生素含量，降低其营养价值。辐射处理的效果主要体现在减少腐烂损失、控制虫害、抑制发芽等方面，与剂量有关。将青椒采用紫外线处理后，将其置于10℃下贮藏18d，结果发现采用紫外线处理的青椒果实有较高硬度和较好的品质。

总之，果蔬采后保鲜方法大致可以分为物理法和化学法两种。物理法主要通过改变温度、压力等因素来控制果蔬的生理特性，从而延长果蔬采后贮藏时间，然而这种方法对设备和技术的要求较严格，消耗的能源也很多，比较适合于大容量的贮藏。化学法则是通过使用一系列保鲜剂，如钙处理、涂膜保鲜、丁香处理等来进行贮藏，其方法简单易懂、操作简便、成本低，且保鲜程度较好，适合小容量的果蔬贮藏。

第二章　青椒低温及预冷贮藏

温度在蔬菜贮藏中的影响很大，在不同温度下，蔬菜的生理特性、营养物质含量会发生变化。低温贮藏可以降低酶的活性，制约微生物的活动、减缓蒸腾作用和呼吸作用带来的损耗、使蔬菜内部的化学反应速度减慢。研究表明，蔬菜 0~10℃贮藏温度，可以大大减少呼吸作用带来的蔬菜中营养物质和细胞反应的不良变化。因此，低温贮藏是蔬菜保鲜的一种有效方法。不同的蔬菜在贮藏温度的选择上也不尽相同。温度过低可能产生结露现象，会造成微生物在蔬菜表面的滋生，从而影响蔬菜的品质。除此之外，还要考虑冷害的影响。冷害是高于 0℃的低温对农作物的生理产生的影响。冷害阻碍了蔬菜的生理活性，严重的冷害甚至可以破坏蔬菜的组织结构。对于冷害机理的研究，有提到冷害使蔬菜细胞的细胞膜透性增强，另外，冷害增强了细胞脂质过氧化能力，使丙二醛等物质大量积累，造成细胞膜的损失，从而使营养物质流失。冷害是一种生理变化过程，蔬菜在低温放置一段时间才会有冷害的发生，短时间的温度波动并不会对蔬菜产生特别严重的冷害。在不同蔬菜的低温贮藏中，可以采取调节环境的湿度、贮藏前预冷和化学处理等方法防止冷害的发生。

冷藏是果蔬采后贮藏保鲜最重要也是最基本的方法之一。由于青椒原产地在热带，对低温非常敏感，一旦贮藏的温度太低便会造成青椒冷害的发生。温度是延长青椒采后贮藏时间最为重要的因素。对于青椒置于哪个温度下贮藏是最适宜的，各个文献所得的结果略有不同。有研究认为将青椒在 10℃下贮藏，可将其各类指标都维持在较好的水平；也有研究认为，10~12℃最适合青椒的采后贮藏，低于 10℃青椒便会出现冷害现象；有研究表明，青椒采后贮藏最适宜的温度是 9~12℃；而国外众多报道发现，7℃是青椒采后贮藏最适宜贮温；同时也有研究表明，在哈尔滨，青椒最适宜的采后贮藏温度为 0℃。造成上述不同结果的原因，可能与青椒种类或品种的不同有关。同时，青椒是一种含水量较高的蔬菜，其呼吸作用较为旺盛，这就导致青椒果实在采后数小时内发生含水量明显下降、萎蔫以及营养成分快速下降等品质变化。采后及时预冷并尽快低温冷藏，可大大降低呼吸强度和营养成分的损失，保持较好的品质。因此，除冷藏保鲜外，以适当的方法对采后青椒进行快速预冷处理也至关重要。

第一节 打孔保鲜袋低温冷藏

将青椒筛选后，装入长、宽及厚度分别为30cm、30cm和0.04cm的保鲜袋中，打孔包装并封口，分别置于1℃、4℃、7℃和10℃下贮藏，测定其各项生理指标，研究其最佳贮藏温度。

一、贮藏效果及冷害影响

贮藏10d时，4℃处理下的青椒腐烂指数为15，而1℃、7℃和10℃处理下腐烂指数均为0，至20d时，1℃处理的腐烂指数为1.58，低于其他贮藏组，说明贮藏前期1℃对青椒的腐烂有一定的抑制作用。4℃处理在贮藏期内的腐烂指数的变化比其他贮藏组明显。随着贮藏期的延长，青椒逐渐遭受冷害，感官表现为表皮发黄发暗，呈水渍状凹斑。青椒在不同低温下遭受冷害的程度不同。贮藏10d时，1℃与7℃下的青椒冷害指数为0，而4℃处理冷害指数达到10.34；贮藏20d时，1℃和7℃处理也出现冷害症状，7℃处理比1℃处理冷害程度发展慢。与1℃和7℃比，4℃的处理更早发生冷害，程度更为严重。

二、可溶性固形物含量

不同温度处理青椒的可溶性固形物含量的变化整体呈下降趋势，因为青椒自采收后，自身无营养供给，为了维持生理需要而消耗糖类物质，消耗的糖类物质多于合成的糖类物质，使得可溶性固形物含量下降，而10℃处理下的样品下降速度相对缓慢，可能是因为在此温度下，青椒未受到冷害影响，因而差异并不明显。

三、维生素C含量

青椒的维生素C含量较一般蔬菜更高，贮藏中，青椒果实的后熟以及组织内部化学物质的分解氧化，加速了维生素C的氧化分解，使维生素C含量急剧下降。青椒维生素C含量呈下降趋势，且温度越低，下降的速率越快，原因是在发生冷害的情况下细胞结构遭到破坏，从而使水溶性的维生素 C 含量下降速率加快。

四、相对电导率

相对电导率是衡量细胞膜透性的重要指标，其值越大，说明电解质的渗漏量越多，细胞膜完整性遭到破坏的程度就越大，细胞膜受害程度越重。细胞膜透性的大小可间接地用组织相对电导率来衡量。组织相对电导率越高，青椒冷害程度越严重。青椒果肉组织相对电导率总体呈增大趋势，1℃和4℃的相对电导率始终大于10℃，说明随着贮藏时间的增加，冷害现象愈加明显。4℃与1℃相比，电导率增加更为明显，遭受冷害更严重。

五、丙二醛

丙二醛是由脂膜过氧化作用产生的，不饱和脂肪酸的降解导致了丙二醛的积累，低温对丙二醛含量影响较大，丙二醛含量也反映了青椒的冷害程度。随着贮藏时间的变化，果实逐渐衰老，因此10℃处理的丙二醛值逐渐增加属于自然现象，7℃处理在前期缓慢上升，在9d后上升幅度有明显增大。4℃较其他温度在开始时快速升高，到达峰值之后则缓慢下降。

不同贮藏温度对青椒采后贮藏过程中理化品质的影响较大，适度低温有利于青椒贮藏，但温度过低会适得其反，具体结果如下。

一是适宜的低温可以使青椒的新陈代谢速度减慢，延缓其衰老，延长贮藏时间，但并非贮藏温度越低效果越好。当可溶性固形物、维生素 C 含量等指标出现异常下降时，说明青椒已经受到了低温的胁迫。在对青椒低温贮藏的观察中也发现丙二醛含量、电导率等指标发生异常变化也是在冷害症状出现之前，这种低温胁迫对青椒造成的损伤可能是可逆的，因此在冷害症状出现之前可以采取一定的措施来减少冷害带来的损失。

二是果蔬冷害是由于它们对低温不适应引起的，低温导致细胞膜透性增加和丙二醛的积累。果实表面出现的水渍状凹斑也是冷害的初期表现。该研究中电导率就反映了低温对青椒果实的冷害作用，随着冷害的积累，4℃和1℃电导率上升较为明显，丙二醛变化情况与电导率变化基本吻合。4℃处理对比其他3个贮藏温度冷害程度更加明显，这并不符合一般果蔬发生冷害的规律——温度越低，冷害程度越严重，这与果蔬低温贮藏中的中间温度效应相符。

三是通过探讨1℃、4℃、7℃和10℃贮藏对打孔保鲜袋包装青椒品质的影响，并得到了最佳贮藏温度为10℃。当然，在最适贮藏温度下结合预冷、涂膜等技术可以进一步提高青椒贮藏品质。

第二节　保鲜袋密封贮藏

将青椒清洗风干后放入聚乙烯薄膜保鲜袋中密封，分别放入8℃低温和25℃常温培养箱中进行贮藏，贮藏湿度均为90%~95%，然后进行在这2种贮藏温度下青椒的感官评价及相关品质测定。

一、外观品质

1. 感官评价

随着贮藏时间延长，8℃处理和25℃对照青椒在感官品质上都会不同程度地降低。在整个贮藏期间内，8℃的青椒贮藏效果明显好于25℃。从色泽看，8℃的色泽明显高于25℃，且这种效果在贮藏后期更为明显，而25℃贮藏的青椒在16d就出现转红；从气味方面来看，8℃贮藏的青椒在贮藏第20天时还有较好的气味，但是25℃贮藏的青椒在第12天时气味就出现了变淡的趋势；从形态来看，8℃贮藏的青椒在整个贮藏过程中都相对饱满，未出现明显的萎蔫现象，而25℃贮藏的青椒失水较为严重，出现明显皱缩；从质构来看，8℃的青椒在整个贮藏期间基本都能维持较高的硬度，而25℃贮藏的青椒软化较为严重，尤其在贮藏后期更为明显。因此，综合色泽、气味、形态及质构等，8℃贮藏的青椒感官品质要明显好于25℃，且这种保持效果在贮藏后期更为突出。

2. 失重率

随着贮藏时间的延长，不同温度处理下的青椒失重率都呈现上升的趋势，且在贮藏前12d增加趋势更为明显。采后青椒失重主要是因为呼吸作用加速了青椒果实水分的散失，并且损耗了很大一部分营养物质。因此，贮藏前期由于青椒较强的呼吸作用和蒸腾作用，导致其失重率增加较快。25℃贮藏的青椒整个过程中失重率都要显著高于8℃处理组，这是由于温度是影响青椒采后呼吸作用和蒸腾作用的重要因素，温度越高，呼吸作用和蒸腾作用强度越大，导致青椒采后有机物和水分的损失较大。因此与8℃相比，20℃下青椒的失重率明显升高。

3. 腐烂率

在8℃低温贮藏条件下，青椒贮藏至20d一直未发生腐败现象，而25℃常温贮藏至8d就开始发生腐烂，且幅度较大，趋势明显。随着贮藏期的延长，青椒腐败现象越来越明显，至20d腐烂率已达0.375，是贮藏12d的3倍，说明常温适合微生物的生长，使青椒大面积被侵染，而低温可以明显抑制病原微生物，保持青椒的颜色翠绿，维持果实的贮藏品质，延长贮藏期。因此低温可以显著降低青椒果实的腐烂率。

4. 硬度

果实的硬度代表了果实失水软化程度。不同贮藏温度下青椒硬度的变化趋势一致，都随贮藏时间的增加呈现先降低后增加的趋势，且在贮藏前8d内其降低趋势较8~16d更为明显。硬度的降低与水分散失密切相关，而贮藏后期由于水分散失较为严重，导致其脆度降低，所以测定时硬度出现一定程度的增加。相比于25℃，8℃处理组在整个贮藏过程中都维持较高的硬度，尤其在贮藏至8d时，这种效果更为明显。25℃贮藏的青椒在8d时硬度为55.39，而8℃处理组的硬度维持在73.69。由此可见，温度是影响青椒采后贮藏过程中失重率和硬度的重要因素，低温能维持青椒采后贮藏过程中较低的失重率和较高的硬度，从而保持青椒的贮藏品质，延长货架期。

5. 色泽

L^*值代表亮度，同25℃相比，8℃处理组L^*值在整个贮藏期间都维持在较高的水平，尤其在贮藏至8d这种效果更为明显。25℃贮藏的青椒在8d时L^*值迅速降低到58.34，而8℃处理组L^*值仍维持在68.86。a^*值代表红绿值，青椒在25℃贮藏前12d，a^*值变化幅度较小，12d后a^*迅速下降，而在8℃贮藏时，a^*值在整个贮藏过程中变化幅度不明显，这表明低温能更好地维持青椒采后贮藏过程中的绿色。产生上述现象的原因，主要与低温可以抑制叶绿素的降解、酶促褐变及非酶褐变。b^*值代表黄蓝值，同L^*值和a^*值类似，其在8℃贮藏时的变化幅度较25℃贮藏时小。因此，青椒在8℃贮藏过程中色泽变化幅度小，能更好地维持青椒的颜色品质。

二、营养品质

1. 可溶性固形物

可溶性固形物指的是液体或流体食品中所有溶解于水的化合物的总称，包括糖、酸、维生素及矿物质等，其含量高低决定果实的口感。两组不同贮藏温度的青椒可溶性固形物在整体上呈现上升的趋势，25℃常温变化的幅度明显高于8℃低温。常温在4d以后变化幅度十分显著，可能是由于失水幅度增大，计算的是鲜重，干基物质相对来说增大，从而导致可溶性固形物增加。因此，低温更有利于青椒的贮藏，保持其良好的品质，有可食用的价值。

2. 可溶性糖

可溶性糖是影响青椒果实呼吸速率，蒸腾作用和褐变程度的重要因素。青椒中主要的可溶性糖为果糖和葡萄糖。其含量随着贮藏时间的延长而减少，这是因为呼吸作用消耗了青椒体内的可溶性糖。总体上，8℃处理的青椒果糖和葡萄糖含量在整个贮藏过程中都高于25℃。这说明较低的温度可以显著降低青椒的呼吸速率，从而减少可溶性糖的损耗。对于果糖和葡萄糖而言，其在8℃贮藏时变化幅度较小，甚至在贮藏至20d时还出现上升的趋势，而在25℃时呈明显降低的趋势。可见，温度是影响青椒可溶性糖含量变化的重要因素，25℃贮藏时青椒的生理活性较强，导致可溶性糖大量消耗。而8℃处理组贮藏后期可溶性糖含量上升可能与青椒中多糖物质的分解有关。

3. 有机酸

有机酸不仅是青椒重要的风味成分，也会影响其感官品质和营养品质。青椒中主要的有机酸为草酸、苹果酸和丙二酸，其中草酸的含量最高，达到24.57mg/g DW。对于上述3种有机酸而言，8℃和25℃条件下贮藏期间三者含量均呈下降趋势，且8℃下降趋势较25℃低，说明较低的温度可以使青椒体内各种呼吸酶失活，从而使有机酸的损耗变小。其中，丙二酸在整个贮藏过程中含量较为稳定，尤其是在8℃处理组更为明显，都维持在8.53mg/g DW以上；而草酸的降低趋势最为明显，在25℃贮藏20d时降低到20.01mg/g DW。可见，青椒贮藏过程中消耗的有机酸主要为草酸，其作为三羧酸循环和糖酵解等呼吸基质而被消耗。

三、叶绿素

在8℃和25℃贮藏时，叶绿素的变化趋势不同。8℃贮藏时，叶绿素 a 和叶绿素 b 整体呈先下降后升高再下降的趋势；而25℃贮藏时，叶绿素 a 和叶绿素 b 整体呈下降的趋势。且在贮藏前 8d 内，8℃处理组叶绿素含量的下降幅度明显小于25℃，这与低温抑制叶绿素降解有关。因此，相较于常温，低温可有效延缓青椒中叶绿素的降解。后期叶绿素含量的上升可能是由于叶绿素蛋白复合物降解，导致了游离叶绿素含量增加。此外，相比叶绿素 a，叶绿素 b 在贮藏过程中更为稳定，变化幅度较小。

四、总酚

总酚是青椒中一种极为重要的抗氧化物质。在贮藏期内，8℃处理组总酚的含量均呈上升的趋势，贮藏至 20d 时分别高达 70.95μg GA/mg DW 和 83.09μg GA/mg DW。总酚含量上升的原因可能是青椒中结合态的总酚分解为游离态，导致青椒中游离态总酚含量升高。在整个贮藏期间内，25℃的青椒总酚含量总是高于8℃处理组。

五、抗氧化能力

1,1-二苯基-2-三硝基苯肼（DPPH）清除能力反映果蔬对活性氧的防御。8℃和25℃两种贮藏温度下青椒的 DPPH 清除能力总体呈先下降后上升的趋势。贮藏前 8d，DPPH 清除能力下降较为明显，8d 后基本呈上升趋势，这与上述总酚含量的增加一致。相比于25℃，8℃贮藏的青椒在整个过程基本都维持较高的 DPPH 清除能力，在贮藏至 20d 时 DPPH 清除能力仍维持在 43mg/g DW。总抗氧化活性测定方面，总抗氧化能力检测试剂盒（ABTS＋）和亚铁还原能力（FRAP）的变化趋势一致，所有样品都随贮藏时间的延长呈现降低的趋势，且8℃贮藏的青椒在整个贮藏期间 ABTS+和 FRAP 能力都高于25℃，尤其在贮藏第 12 天时，两者的差异较为明显。8℃贮藏的青椒在贮藏第 12 天时，ABTS＋和 FRAP 能力分别为 46.37mg/g DW 和 27.51 mg/g DW，而25℃贮藏的青椒分别降至 33.80mg/g DW 和 17.90mg/g DW。由此可见，低温贮藏能较好地保持青椒抗氧化能力。

因此，不同贮藏温度（8℃和25℃）对青椒采后贮藏过程中理化品质的影响，证实温度是影响其品质变化的重要因素，8℃贮藏效果要明显好于25℃，且随着贮藏时间的延长，这种效果更加显著。具体结果如下。

一是随着贮藏时间的延长，8℃处理组相比于25℃处理组，能维持较好的感官品质，较低的失重率，较高的硬度，并且直至贮藏期结束也未出现明显的腐烂、转红现象。而在25℃温度下贮藏的青椒，在16d时就出现明显的腐烂、转红现象。

二是随着贮藏时间的延长，青椒的可溶性固形物含量呈现上升的趋势，这是由于失水幅度增大，干基物质相对增加，从而导致可溶性固形物增加，其中25℃处理组的增加更为明显，这与其失水程度较高有关。可溶性糖、有机酸和叶绿素含量随着贮藏时间的增加而减少，且8℃贮藏的青椒相比25℃贮藏的青椒对上述指标的保持效果较好，整个贮藏期基本能维持在较高的水平，这是因为低温对呼吸作用、蒸腾作用及叶绿素的降解等的抑制造成的。

三是就总酚和抗氧化性而言，两组处理的总酚含量都随贮藏时间呈现增加的趋势，且25℃的青椒总酚含量总是高于8℃处理组。总酚含量上升的原因可能是青椒中结合态的总酚分解为游离态，导致游离态总酚含量升高。而随着贮藏时间的增加，青椒的抗氧化性也呈下降的趋势，且25℃处理组的抗氧化性能力下降速度明显高于8℃的处理组。

因此，8℃处理组相比于25℃处理组能更好地保持青椒采后贮藏过程中的感官品质，没有明显转红和腐烂发生；能维持贮藏期间青椒较低的失重率、可溶性固形物含量，较高的硬度、叶绿素、可溶性糖、有机酸及抗氧化活性，适宜进行青椒采后贮藏。

第三节　加厚保鲜袋密封冷藏

选择新鲜青椒，放入长、宽和厚度分别为25cm、17cm和0.3mm的聚乙烯加厚保鲜袋密封，分别研究该青椒品种在（0±0.5）℃、（5±1）℃、（10±1）℃和（20±1）℃4个贮藏温度下的品质变化，为探究青椒的最适贮藏温度提供依据。

一、失重率

青椒在贮藏过程中，随着时间逐渐延长，其重量逐渐损失。这与青椒果实的呼吸作用关系很大，低温贮藏可以延缓和抑制果蔬的呼吸作用，从而减少青椒的水分损失，保持其品质。不同温度贮藏下的青椒，常温 20℃贮藏环境下失水最严重，5d 后高达 5%；其次为 15℃贮藏环境，20d 后失水达 4%；而 5℃环境下贮藏时，20d 后失水约为 3.5%。在整个贮藏过程中各温度贮藏下的青椒失重率都不高于 6.5%，说明低温和薄膜包装可以有效减少青椒的水分损失。其中以 10℃处理组的失重率最小。

二、可滴定酸度

青椒富含有机酸，有机酸对青椒的口感和口味影响较大，其次，青椒果实的糖酸比例和贮藏效果与有机酸种类和含量息息相关。青椒在贮藏期间含酸量的变化测定结果表明，20℃下贮藏的青椒有机酸含量随着时间的延长呈现显著的下降趋势；0℃、5℃和 10℃下贮藏的青椒，有机酸含量也呈下降趋势，但总体较为缓慢，这说明较低的温度能够较好地延缓青椒的呼吸，使其生理活性能得以缓慢维持。然而在 0~10℃的低温内，有机酸下降程度与温度呈反比。

三、可溶性固形物

所有贮藏温度下的青椒可溶性固形物的变化整体均呈下降趋势，因为青椒自采收后，自身无营养供给，为了维持生理需要而消耗糖类物质，自身消耗的糖类物质多于合成的糖类物质，使得可溶性固形物下降。不同贮藏温度下青椒可溶性固形物的下降趋势差异不明显，但以 10℃处理下的样品下降速度相对缓慢，推测可能由于在此温度下，青椒未受到冷害影响，因而差异并不明显。

四、维生素 C 含量

青椒的维生素 C 含量较高，但在贮藏中，果实的后熟以及组织内部化学物质的分解氧化，加速了维生素 C 的氧化分解，使维生素 C 含量急剧下降。青椒维生素 C 下降速率由快到慢依次为 20℃、15℃、0℃、2℃和 10℃。因此，青椒维生素 C 含量随贮藏温度的降低呈下降趋势。10℃以上范围内，青椒贮藏温度越低，下降的速率越慢。10℃以下范围，青椒贮藏温度越低，下降的速率反而越快。原因是在发生冷害的情况下细胞结构遭到破坏，从而使水溶性的维生素 C 含量下降速率加快。

五、亚硝酸盐

食物中的硝酸盐在人体消化过程中，由于酶和微生物等的作用会转化成亚硝酸盐，亚硝酸盐是一种致癌物质。蔬菜中含有微量的亚硝酸盐，在腐烂时，亚硝酸盐含量会显著增加，青椒在 20℃下贮藏 3d 时，亚硝酸盐含量明显增加，到第 5 天时达到 2.5mg/kg，已经不可食用。而 0℃下贮藏的青椒的亚硝酸盐含量变化不明显，由此可见，低温贮藏，可以抑制亚硝酸盐含量的增加。

通过研究 0℃、5℃、10℃、15℃和 20℃ 5 个贮藏温度下青椒品质，由理化指标的变化可知，低温可以抑制青椒中营养物质的流失，延长青椒的货架期。由青椒的可溶性固形物，可滴定酸度和叶绿素含量等指标的变化可得出，青椒的最佳贮藏温度为 10℃，高于 10℃时，随着温度的升高，贮藏期变短，虽然低温可以提高青椒的贮藏效果，但并非温度越低效果越好，过低可能对青椒产生冷害，影响其贮藏效果。

第四节 不同预冷环境下加厚保鲜袋贮藏

选择新鲜青椒，装入纸箱中，分别采用真空（真空度为 0.08~0.1MPa，终温为 10℃）、冷水（水温 5~8℃）、低温冷库（8~10℃）3 种预冷方式，与未经预冷处理青椒做对照。4 种处理青椒皆装入加厚聚乙烯保鲜袋并放于 10℃环境下贮藏，测定其不同贮藏时间的生理指标和感官质量，为青椒的最适预冷方式提供理论依据。

一、降温速度

不同预冷方式对采后青椒预冷速度的影响差别较大，其中真空预冷的速度最快由室温（25℃）降至 10℃仅需 1.5h，其次为冷水预冷，需 2.5h。而普通冷库预冷时间较长，从室温降至 15℃时间为 3h，降至 10℃需 15h 以上。

二、呼吸强度

青椒采后的呼吸作用较为旺盛，在采后几小时内，呼吸强度仍可达 310mgCO_2/(kg·h)。迅速进行预冷处理，可降低呼吸强度，而不同预冷方式对降低呼吸强度的影响则不相同。其中真空预冷和冷水预冷效果较为显著，预冷 1h 后，真空预冷和冷水预冷两组青椒的呼吸强度分别为 65mgCO$_2$/（kg·h）和 55mgCO$_2$/（kg·h），而普通冷库低温预冷 3h 后，呼吸强度仍高达 130mgCO$_2$/（kg·h）。

三、相对电导率

未经预冷处理，相对电导率在 20d 时为 58%，高于其他组，而经过预冷处理的 3 组青椒在低温贮藏前 10d 变化不大；但在 10～20d，所有处理青椒电导率值显著增加；20d 后，未经处理及普通冷库低温预冷处理青椒电导率持续较快增长，而真空及冷水预冷处理的青椒电导率变化不明显，其中在 20d，经冷水预冷处理的青椒电导率最小，为 45%。

四、维生素 C 含量

青椒在冷藏过程中，维生素 C 含量下降较快，不同预冷方式对青椒维生素 C 含量影响较大，其中未预冷处理青椒维生素 C 含量下降最快，贮藏 15d 时，仅为初始含量的 21%，而经冰水预冷处理的青椒维生素 C 含量下降最少，为初始含量的 72.6%。真空预冷组与普通冷库预冷组维生素 C 含量分别为初始含量的 57.3% 和 45.6%。由此可知，对采后青椒迅速进行预冷处理可有效降低维生素 C 的流失。

五、叶绿素

叶绿素含量反映了青椒的表皮色泽，是重要的外观品质指标，青椒采后的叶绿素含量随贮藏时间的延长而逐渐减少。经过预冷的处理组青椒明显延缓了叶绿素的分解，贮藏 20d 时，能较好地保持青椒表皮的绿色。其中经冷水预冷的青椒表皮叶绿素含量最高，达 5.1mg/100g。而未经预冷处理的青椒仅贮藏 10d 后，其叶绿素含量大幅降低，仅为初始值的 45%，表皮绿色面积明显减少，影响了青椒的品质。

六、外观品质

所有预冷处理的青椒外观指标明显优于未预冷处理组。未经预冷处理青椒在其贮藏至 10d 时，果实表面颜色暗淡，失去光泽，产生水渍状凹斑，果实腐烂萎蔫较严重，失去商品价值。但不同的预冷方式对青椒贮藏效果的影响差异较大。冷水预冷处理的青椒在第 20 天的外观评价最好，具有较好的品质；其次为真空预冷的青椒；再次为冷库自然预冷的青椒。

对采后果蔬及时进行预冷处理，在短时间内将其温度降低到适宜贮藏的温度，可以有效地减缓果蔬有机物质的消耗，使其呼吸强度显著降低，同时抑制微生物活动，减小腐烂程度。预冷的方式有真空预冷、水预冷、冷库自然预冷、差压通风预冷等。果蔬的组织结构各不相同，因此特定的预冷方式并不一定适合所有果蔬，而且不同的预冷方式对果蔬的贮藏效果影响不同。所以要根据市场需要和果蔬自身结构特点选择合理、有效和经济的预冷方法，以达到延长果蔬货架期的目的。上述青椒相关研究表明，经过真空、冷水及低温冷库三种预冷方式贮藏的青椒外观品质明显优于未经预冷处理青椒。未经预冷处理青椒外观在短时间内下降最为显著，其贮藏至 10d 时，果实表面颜色暗淡，无光泽，产生水渍状凹斑，果实腐烂萎蔫较严重，失去商品价值。进行预冷处理可以大大降低青椒采后的呼吸强度，特别是冰水预冷和真空预冷组，如预冷 2.5h，呼吸强度从 310mgCO_2/（kg·h）分别降至 55mgCO_2/（kg·h）和 65mgCO_2/（kg·h）。真空预冷虽然对青椒采后预冷的降温速度最快，但就贮藏效果而言，冷水预冷的效果最好，贮藏 20d 时，冷水预冷处理组的维生素 C 含量最高，膜透性变化最小。综上所述，三种预冷方式处理的青椒的整体贮藏效果依次为：冰水预冷、真空预冷和冷库自然预冷。

第三章　青椒贮藏中的冷害及防护

果蔬采后贮藏品质受到各种环境条件影响，其中最重要的就是温度条件。因而低温贮藏是果蔬产品最有效的保鲜方法之一，被广泛使用。但同时我国现销售的果蔬中约有一半为冷敏性果蔬，长期低温贮藏会造成低温伤害，影响果蔬的外观，降低果蔬营养价值，造成生理上不可逆的损害，这就是冷害。

冷害，即果蔬在非冷冻温度下贮藏，出现功能性异常的表现，在外观或内在上受到的可逆或不可逆的伤害。大部分冷害发生温度在0~10℃，果蔬品种不同，冷害温度也不同。温带植物的耐冷性显著高于热带植物，其冷害临界点更高。例如李子的冷害温度为0~7℃，当贮藏为4℃时，李子的冷害现象最明显。当南国梨贮藏温度低于0℃，而在移到常温货架后会出现果皮褐变；当桃果实长期贮藏温度在0~5℃范围内，就会出现果肉木质化症状；而对于番茄果实，一旦环境贮藏温度低于12℃，果皮表面就会出现凹陷褐变特征。其次，冷害程度还与所贮藏果蔬的采收成熟度，以及贮藏时长有关。冷害温度下放置时间越长、果实采收成熟度越低，果蔬的冷害程度越高。

为了保证青椒果实新鲜并延长货架期，采后青椒果实常常需要在低温下贮藏。普遍认为，青椒果实的适宜贮藏温度为7~9℃。目前大部分人会选择低温贮藏。青椒是一种典型的冷敏性植物，其在具体的贮藏和运输过程中受到低温影响发生冷害，影响果实的品质和商品价值，给青椒的生鲜及加工产业带来巨大经济损失。低温冷藏是一种有效的采后控制技术，这种技术对青椒贮藏有很好的效果。需要明确的是，当处于低温环境贮藏时，过低的温度会使得青椒出现冷害症状，品质变差，缩短货架期。因此，冷害很大程度上限制了低温贮藏技术应用到采后青椒果实贮运上。相关研究结论显示，热激、高密度乙烯薄膜袋包装、精胺及茉莉酸甲酯等处理能有效改善青椒的抗冷性。

第一节　低温冷害中热激及特殊包装处理

采收挑选青椒后，随机分成 2 组，用薄膜打孔包装后，分别在（2±0.5）℃（冷害温度）和（9±0.5）℃（对照）下贮藏。贮藏过程中每隔 7d 观察一次冷害情况和计算冷害指数。

一、2℃和9℃低温冷害反应

1. 膜透性和冷害指数

28d 前，2℃贮藏青椒的膜透性变化不大，之后迅速上升，49d 时比贮藏 7d 时上升了 1.18 倍；而 9℃贮藏青椒的膜透性变化不大，始终低于 2℃贮藏青椒。2℃贮藏青椒 7d 后个别果实上出现少数极小凹陷斑，随贮藏时间延长，冷害指数不断增加，特别是 45d 后迅速上升，果实呈现大面积凹陷斑或水浸斑，而 9℃贮藏的果实始终未见冷害症状。

2. 超氧化物歧化酶、过氧化氢酶、过氧化物酶和丙二醛

两个处理的青椒果实超氧化物歧化酶 21d 前明显上升，28d 时又显著降低（$P<0.05$），之后骤然上升，35d 时达到最高值，然后迅速下降；贮藏过程中 9℃果实的超氧化物歧化酶活性高于 2℃果实，第 35 天、第 42 天和第 56 天时，呈现显著差异（$P<0.05$）。两温度贮藏青椒的过氧化氢酶活性整体上呈下降趋势，2℃果实过氧化氢酶活性始终极显著（$P<0.01$）低于 9℃果实；第 7 天时 9℃环境贮藏的青椒过氧化物酶活性显著低于 2℃环境，此后迅速上升，第 21 天时达到高峰，为第 7 天时的 2.95 倍，然后呈下降趋势。2℃贮藏青椒果实过氧化物酶前期变化不大，28d 后迅速下降，第 49 天时又骤然上升至峰值，之后迅速下降；除第 1 天和 49 天外，9℃环境贮藏青椒过氧化物酶活性始终极显著（$P<0.01$）高于 2℃环境。贮藏前期两温度青椒的丙二醛含量略有上升，21d 后迅速上升，28d 时达到最高值，然后下降；14d 后 9℃贮藏青椒的丙二醛含量低于 2℃环境，28d 和 35d 时的差异达极显著水平（$P<0.01$）。

3. 抗坏血酸过氧化物酶和谷胱甘肽还原酶

两种贮藏温度下青椒谷胱甘肽还原酶活性随贮藏时间都呈下降趋势，差异不大。在抗坏血酸过氧化物酶活性方面：青椒在 2℃环境下贮藏 7d 时，显著低

于9℃, 14d迅速上升至7d时的1.472倍, 差异显著 ($P<0.05$), 此后随贮藏时间持续下降, 49d比14d降低55.72%; 青椒在9℃贮藏环境下一直保持较高活性, 除14d和28d与2℃的无显著差异外, 其他时间均显著或极显著高于2℃。

4. 脂氧合酶活性

9℃青椒脂氧合酶活性贮藏期间变化很小, 49d时比采后当天仅上升21.18%。2℃贮藏环境下青椒的脂氧合酶活性14d时急剧升高, 为7d时的2.053倍, 差异极显著 ($P<0.01$), 此后呈缓慢上升趋势。可见低温刺激了青椒采后脂氧合酶活性的增强。

5. 活性氧清除酶

贮藏期间, 与9℃条件下贮藏的青椒相比, 2℃冷藏青椒的过氧化氢酶活性比值明显低于超氧化物歧化酶, 即低温下青椒的过氧化氢酶相对活性低于超氧化物歧化酶相对活性, 表明低温对过氧化氢酶活性的抑制程度大于超氧化物歧化酶。28d后2℃青椒与9℃的抗坏血酸过氧化物酶活性比明显低于超氧化物歧化酶活性比, 即低温下抗坏血酸过氧化物酶的相对活性低于超氧化物歧化酶相对活性, 表明冷藏中后期低温对抗坏血酸过氧化物酶活性的抑制较超氧化物歧化酶高。

该研究表明, 青椒在9℃下56d内不发生冷害, 2℃下7d即呈现冷害, 超过28d后已发生严重冷害, 无论从冷害指数还是膜透性上看都是如此。因此, 冷害低温导致青椒活性氧清除酶活性降低, 主要是清除H_2O_2的过氧化氢酶和抗坏血酸过氧化物酶活性降低, 从而导致活性氧代谢失调, 再加上低温刺激脂氧合酶活性的升高, 使得膜脂过氧化加强, 膜透性增大, 从而发生冷害。

二、热激诱导抗冷效果

采收及挑选青椒, 随机分成3组, 分别进行如下处理: 25℃自来水浸泡10min为对照组; (50 ± 1)℃热水浸泡10min; (53 ± 1)℃热水浸泡5min。三种处理青椒后取出晾干水分, 降至室温 (10~15℃) 后, 薄膜打孔包装, 2℃贮藏。贮藏过程中观察冷害情况和计算冷害指数, 并取样测定相关指标。

1. 膜透性和冷害指数

贮藏前期各处理青椒的膜透性变化不大, 对照组膜透性自28d后迅速上升, 50℃热激10min或53℃热激5min处理青椒的膜透性从35d开始上升, 两者间无显著差异，但均显著（$P<0.05$）低于对照组的膜透性。对照组贮藏7d后表现出轻微冷害症状，此后冷害指数呈上升趋势，28d后迅速上升，42d时冷害指数高达0.66。两热处理均在14d后出现轻微冷害症状，之后呈现缓慢上升趋势，至56d时冷害指数未超过0.3，这表明贮前热处理能极显著减轻青椒的冷害。

2. 超氧化物歧化酶、过氧化氢酶、过氧化物酶活性及丙二醛

不同处理青椒超氧化物歧化酶活性变化趋势相似，贮藏21d、28d和35d时，53℃热处理青椒的超氧化物歧化酶活性显著（$P<0.05$）高于对照组；50℃热处理青椒超氧化物歧化酶与对照组相比差异不显著（$P<0.05$）。过氧化氢酶活性总体上呈下降趋势，53℃热处理青椒的过氧化氢酶活性，始终极显著高于对照组（$P<0.01$）；50℃热处理青椒的过氧化氢酶活性，除第14天和第21天外，均显著（$P<0.05$）或极显著（$P<0.01$）高于对照。对照青椒的过氧化物酶活性，贮藏前期变化不大，42d时降至最低，显著低于50℃热处理组青椒（$P<0.05$），49d时又骤然上升至最高值，然后下降，两热处理青椒的过氧化物酶活性贮藏过程中变化不大。对照和热处理的丙二醛含量前期略有上升，21d后迅速上升，28d时达到高峰，两热处理间丙二醛含量无显著差异（$P>0.05$），从第21天起均显著（$P<0.05$）低于对照青椒。

3. 抗坏血酸过氧化物酶和谷胱甘肽还原酶

冷害温度下贮藏期间，各处理青椒的谷胱甘肽还原酶活性均呈快速下降趋势，49d时独照、50℃和53℃贮前热处理的青椒谷胱甘肽还原酶活性分别比7d时降低71.8%、77.19%和76.9%。除28d时对照的谷胱甘肽还原酶活性显著高于两热处理外（$P<0.05$），热处理与对照无显著差异。两热处理间谷胱甘肽还原酶活性也无显著差异。14d时青椒抗坏血酸过氧化物酶活性均显著上升，对照增加较多，其活性显著高于两热处理（$P<0.05$），但随后对照抗坏血酸过氧化物酶活性迅速降低，50℃热处理青椒抗坏血酸过氧化物酶活性也开始降低，但下降缓慢，28d后保持稳定，因此35d后50℃热处理青椒抗坏血酸过氧化物酶活性开始超过对照，42d和49d时分别显著（$P<0.05$）和极显著（$P<0.01$）高于对照。53℃热处理青椒抗坏血酸过氧化物酶活性上升到21d，才开始降低，因此21d时其活显著高于对照和50℃热处理。28d时53℃热处理青椒抗坏血酸过氧化物酶降幅较大，但28d后保持稳定，因此35d开始其活性高于对照，49d时差异极显著。

4. 脂氧合酶活性

贮藏前21d各处理青椒脂氧合酶活性均呈现快速上升趋势，热处理青椒活性略高于对照，21d后两热处理组青椒脂氧合酶活性迅速降低，而对照的脂氧合酶活性仍呈上升趋势，49d时两热处理组青椒脂氧合酶活性与贮藏前无显著差异，而对照活性增加了114%，差异极显著（$P<0.01$）。

5. 超氧化物歧化酶、过氧化氢酶和抗坏血酸过氧化物酶

2℃冷藏期间，贮前热处理与对照青椒的过氧化氢酶活性比明显高于超氧化物歧化酶活性比，大部分时间热处理青椒抗坏血酸过氧化物酶活性与对照的比值也高于超氧化物歧化酶活性比，表明热处理有效抑制了冷藏期间过氧化氢酶和抗坏血酸过氧化物酶活性的下降，而对超氧化物歧化酶活性影响较小。

该研究表明，贮前50℃热激10min或53℃热激5min处理，能有效降低青椒在2℃冷藏期间的冷害，从而使其保鲜期从28d延长到60d。贮前热处理诱导青椒抗冷性的机制在于延缓冷藏期间过氧化氢酶和抗坏血酸过氧化物酶活性的下降，促使脂氧合酶活性降低，从而抑制了活性氧代谢失调和膜脂过氧化水平，降低膜透性。

三、薄膜半封闭包装抗冷效果

采收并挑选青椒，随机分成3组，分别进行如下处理：以多孔塑料筐直接装青椒的包装方式为对照，以高密度聚乙烯薄膜袋和低密度聚乙烯保鲜袋为薄膜包装材料，对青椒采取半封闭薄膜包装，即袋口自然合拢，不密封，仅用于保水。在0~2℃冷藏柜中贮藏30d后测定相关指标，为探索低温下贮藏青椒的有效方法提供依据。

1. 细胞膜透性和冷害

对照青椒在0~2℃下贮藏10d后就开始显现冷害症状，即凹陷斑，随贮藏时间延长，凹陷斑的数目和面积不断扩大，30d时冷害指数已高达0.763。薄膜半封闭包装极显著地抑制了青椒的冷害，30d时部分果实仅出现轻微冷害，极个别冷害较重，高密度聚乙烯薄膜袋和低密度聚乙烯保鲜袋内青椒的冷害指数分别为0.122和0.138。贮藏30d对照的相对电导率为19.39%，薄膜半封闭包装青椒细胞的相对电导率显著低于对照（$P<0.05$），表明薄膜半封闭包装有利于保持细胞膜的完整性。

2. 腐烂率和转红率

对照组青椒少数发生不同程度的腐烂，腐烂率和腐烂指数分别为 8.82% 和 0.049，高密度聚乙烯薄膜袋内青椒的腐烂率和腐烂指数分别为 2.44% 和 0.008，低密度聚乙烯保鲜袋内青椒的腐烂率和腐烂指数分别是 1.22% 和 0.005。薄膜半封闭包装青椒的腐烂率和腐烂指数与对照的相比差异显著（$P<0.05$），两种薄膜包装之间差异不显著。高密度聚乙烯薄膜袋、低密度聚乙烯保鲜袋和对照青椒的转红率分别为 7.3%、7.8% 和 8.0%，相互间差异不显著（$P>0.05$）。

3. 失水和商品率

对照青椒贮藏 30d 后失重率达 9.433%，绝大部分果实明显皱缩、软化，表明果实失水严重。薄膜半封闭包装的青椒失重率仅 1.404%（高密度聚乙烯保鲜袋）和 1.251%（低密度聚乙烯保鲜袋），果实硬挺、脆嫩有光泽，表明薄膜半封闭包装明显抑制了青椒贮藏中的失水。对照青椒贮藏 30d 后大量果实发生严重冷害和皱缩，商品果率仅 14.2%，而塑料薄膜包装的青椒的商品果率高达 97%~98%，与对照呈极显著差异（$P<0.01$）。

因此，薄膜半封闭包装可显著抑制青椒在 0~2℃下冷藏时的冷害、失水和皱缩，贮藏一个月，商品果率高达 97%~99%。

第二节　低温冷害及精氨酸处理

一、1℃、5℃和10℃低温冷害反应

将挑选好的青椒果实预冷 24h 后，装入打 4 个直径为 1cm 孔的 0.03mm 厚聚乙烯薄膜袋内，分别置于 (1±1)℃、(5±1)℃、(10±1)℃温度下贮藏。每隔 7d 从不同处理中取样测定各项指标。

1. 冷害指数

在不同低温下，青椒果实冷害的发生及程度不同。20d 时，1℃ 和 5℃ 果实开始出现冷害症状，冷害指数分别为 2.55 和 10.57，并随着贮藏时间的延长，冷害发生急剧上升。30d 时，5℃ 下青椒果实的冷害指数达到 30.25；40d 时，1℃ 贮藏下果实的冷害指数达到 26.62，而 5℃ 下已经达到 92.21，此时观察到青椒果实果面绿色发暗，呈水渍状凹陷斑。10℃ 下的青椒果实在整个贮藏过程中

都未观察到冷害的发生，可以认为是青椒贮藏的安全温度。对3个处理进行方差分析，5℃的冷害指数与其他处理相比差异达到极显著（$P<0.01$）。冷害症状一旦出现，发展速度极快。与其他两个温度相比，5℃处理下的青椒冷害发生更早，程度更为严重。

2. 呼吸强度

在整个贮藏中，青椒果实的呼吸强度均呈下降趋势，未出现明显的呼吸高峰。采收后果实的呼吸强度为59.09mgCO$_2$/（kg·h），贮藏7d后呼吸强度明显降低，各处理相比较，1℃和5℃的低温明显抑制了贮藏前期果实的呼吸作用，但在随后的贮藏中，呼吸强度表现出一个小的回升，21d时，5℃下的果实呼吸强度增至26.55mgCO$_2$/（kg·h），随后缓慢下降；1℃下的果实呼吸强度回升较5℃的晚，35d时也升高到27.77mgCO$_2$/（kg·h），10℃下青椒果实呼吸强度变化在贮藏中一直呈平缓下降趋势。5℃和1℃下这种呼吸回升的出现可能与冷害的发生有关。

3. 相对电导率

10℃下，随着贮期延长，青椒果实的相对电导率呈逐渐上升趋势。1℃和5℃处理下在采后最初21d内果实相对电导率一直低于10℃处理的果实，说明这一时期的低温尚未对果实细胞结构产生大的破坏作用。14d后，5℃处理的果实相对电导率快速上升，至28d时达到峰值，1℃处理的果实相对电导率在42d也达到了顶点，伴随峰值的出现果实冷害症状严重。但5℃下果实相对电导率异常升高趋势早于1℃的处理。低温下青椒果实相对电导率的这种变化趋势说明低温胁迫引起了细胞膜透性损伤，从而导致细胞质外渗，这也是冷害引起果实表面出现水渍凹陷斑的原因。与1℃处理相比较，5℃对青椒果实细胞结构的伤害更早，程度更严重。

4. 叶绿素

贮藏过程中，青椒叶绿素含量呈现逐渐下降的趋势。5℃下青椒果实的叶绿素含量一直低于其他两个处理，到贮藏35d时仅为最初含量的51.2%；对3个处理进行方差分析，整个贮藏过程中，1℃和10℃处理与5℃处理之间差异达显著水平（$P<0.05$）；在贮藏28d前，1℃处理稍高于10℃处理，低温抑制叶绿素氧化分解；28d后，10℃果实叶绿素含量又高于1℃处理，推测可能与果实冷害的发生有关。贮藏过程中两个处理果实叶绿素含量差异不显著（$P>0.05$）。

5. 维生素C含量

贮藏过程中，青椒果实的维生素 C 含量呈逐渐下降趋势。贮藏 21d 前，1℃和 5℃处理的果实维生素 C 含量高于 10℃，可见，贮藏前期低温有利于维生素 C 的保持。21d 后，1℃和 5℃处理果实的维生素 C 含量急剧下降，而 10℃处理下的维生素 C 含量下降较为缓慢，49d 时维生素 C 含量为最初的 81.52%；1℃处理下维生素 C 含量下降最为显著，到贮藏 49d 时下降了 41.60%；5℃处理下的维生素 C 含量 21d 前下降比较缓慢，21d 后急剧下降，35d 时仅为最初果实维生素 C 含量的 72.56%。3 个处理中，以 10℃处理下有利于保持贮藏期间青椒维生素 C 的含量，减少青椒营养物质的损失。

6. 腐烂指数

随着贮期的延长，青椒果实迅速衰老腐败。但温度不同，果实腐烂发生的时间和程度不同。10d 时，仅 5℃下果实出现腐烂，腐烂指数达 5.67，而后腐烂指数逐渐上升；20d 时，5℃下的腐烂指数达到 15.56，显著高于其他两个处理，1℃下果实腐烂指数为 0，表明贮藏初期 1℃的低温抑制了果实的腐烂；30d 时，1℃处理的果实腐烂指数开始上升，并在以后的贮藏时间内一直高于 10℃，三个温度下尤其以 5℃处理下果实腐烂指数最高为 45.32；40d 时，1℃和 5℃果实的腐烂指数为 31.91 和 91.77，远高于 10℃处理，差异达极显著水平（$P < 0.01$）。同时观察到此时腐烂斑逐渐扩大，果梗和萼片部分发生软腐，易脱落，邻近果实相互侵染，逐渐扩大到整个果实，果实表面也因不同病菌侵染而呈黑腐、软烂等各种症状。三个温度相比，5℃果实腐烂出现早且严重，1℃处理适宜较短期贮运，10℃下贮期 40d 时腐烂较严重。

7. 丙二醛、过氧化氢酶和过氧化物酶

丙二醛是膜脂过氧化作用的产物，其含量是评判生物膜损伤程度的重要指标之一。贮藏过程中青椒果实的丙二醛含量呈趋势上升趋势。10℃下，贮藏最初 28d 变化较为平缓，贮藏 28d 后快速上升，至贮藏末期（49d）达 6.92μmol/g FW。5℃下青椒果实丙二醛含量就较其他 2 个处理高，14d 时，呈现明显的丙二醛积累峰，峰值达 6.19μmol/g FW，随后上升缓慢。1℃条件下，贮藏初期果实的丙二醛含量逐渐上升，在 21d 达到一个积累峰后缓慢下降，后期又上升。在整个贮藏过程中，10℃下果实丙二醛含量一直低于 5℃和 1℃，表明此温度显著减少果实细胞膜损伤，不利于推迟果实衰老进程。过氧化氢酶

是植物体内清除 H_2O_2 的主要酶类之一，它可使 H_2O_2 分解为 H_2O 和 O_2。10℃下青椒果实的过氧化氢酶活性 14d 达到 195.56U/（g·min）FW，然后下降，28d后逐渐降低。5℃和 1℃下果实的过氧化氢酶活性一直呈下降趋势，且一直低于10℃果实过氧化氢酶活性。5℃较 1℃下降幅度大。因此，过氧化氢酶活性的降低将导致 H_2O_2 的积累，而 H_2O_2 的累积则诱发过氧化物酶的活性，从而引发一系列对组织有毒害作用的次生效应。过氧化物酶催化分解果肉组织中低浓度的 H_2O_2 在果实衰老和冷害发展中起重要作用。在 10℃ 条件下青椒果实的过氧化物酶活性在贮藏的前 14d 上升，随后下降至 52.70U/（g·min）FW，在 28d 后再次回升，49d 时又下降至 49.62U/（g·min）FW。5℃下青椒果实的过氧化物酶活性在采后 14d 升高至 112.40U/（g·min）FW 之后一直呈下降的趋势。而 1℃下青椒果实的过氧化物酶活性在初期呈平缓下降趋势，且一直处于较低水平，21d 后上升，28d 时达到峰值，这时 1℃下果实已发生冷害。贮藏中，青椒果实过氧化物酶活性表现为保护酶作用类型。

通过不同贮藏温度对青椒采后理化品质的研究，有以下结果。

（1）供试青椒在贮藏过程中均未出现呼吸高峰，属于非呼吸跃变类型果实。

（2）在 1℃、5℃和 10℃ 三个温度下贮藏的青椒，随着贮期的延长，1℃和5℃处理下的果实均发生了不同程度的冷害，呼吸强度异常变化，丙二醛含量及相对电导率异常升高，过氧化氢酶活性下降，过氧化酶活性在冷害发生后上升。在整个贮藏过程中，10℃处理下的果实未出现冷害。

（3）与 1℃相比，5℃条件下的青椒果实冷害发生更早，程度更严重。贮藏中果实腐烂初期出现腐烂斑，而后果梗和萼片部分发生软腐，易脱落，随之腐烂程度不断扩大，扩大到整个果实。研究表明，10℃是青椒品种的适宜贮藏温度，采用 0.03mm 厚聚乙烯薄膜袋（袋内打孔）包装可以贮期 50d。

二、精氨酸诱导抗冷效果

将挑选好的青椒果实预冷 24h 后，分别用蒸馏水对照以及 0.5mmol/L、1.0mmol/L 和 2.0mmol/L 精氨酸溶液浸泡 5min，取出自然晾干，装入 0.03mm厚聚乙烯薄膜袋（打 4 个直径为 1cm 的孔）内，置于（1±1）℃温度下贮藏，进行品质和生理指标的测定，以及统计腐烂指数和冷害指数。

1. 冷害影响

外源精氨酸处理可显著抑制果实冷害的发生。20d 时对照青椒果实开始出现冷害，这时精氨酸处理的果实冷害指数为 0，30d 时青椒果实冷害指数开始上升，且对照果实冷害指数最高，精氨酸处理的青椒果实冷害发生相对较缓慢，同时观察到发生冷害的果实果面开始出现水渍状凹陷斑块，凹陷部位表皮开始仍持绿色，不久即褪绿，随后凹陷斑逐渐扩大至整个果实。50d 时果面冷害指数倍增，精氨酸处理的青椒果实冷害指数比对照分别低 62.02%、49.60% 和 50.31%。对 4 个处理进行方差分析，整个贮藏过程中，精氨酸处理与对照相比差异极显著（$P<0.01$）。研究结果表明，精氨酸处理可显著减轻青椒冷害的发生，其中以 0.5mmol/L 精氨酸处理减轻冷害的发生最显著。

2. 呼吸强度

抑制呼吸，减少营养物质的消耗是果蔬贮藏的基本原理之一。贮藏过程中，青椒果实的呼吸强度呈先下降后上升的趋势，后期呼吸强度的上升可能与冷害的发生有关。精氨酸处理的青椒果实呼吸强度一直明显低于对照，28d 时，精氨酸处理的青椒果实呼吸强度分别比对照低 21.62%、10.44% 和 5.84%；贮藏 49d 时，分别比对照低 52.20%、18.13% 和 27.42%。试验结果表明，精氨酸处理可以降低青椒的呼吸强度，有利于延缓果实衰老进程，其中以 0.5mmol/L 精氨酸处理的抑制效果最明显。

3. 细胞膜透性

相对电导率是衡量果实细胞膜透性的重要指标，相对电导率的提高表明果实组织细胞膜透性增强，果实趋向衰老。随着贮藏时间的延长，青椒果实的相对电导率逐渐上升；而精氨酸处理的青椒果实电导率一直明显低于对照，贮藏 49d 时，精氨酸处理分别上升到 15.28%、17.75% 和 17.42%，而对照为 19.05%。因此，随着贮期延长，细胞膜透性增加，膜受损加重。精氨酸处理可以减轻膜受损的程度，降低冷害发生的程度。

4. 叶绿素含量

贮藏过程中，青椒果实的叶绿素含量逐渐下降，精氨酸处理果实的叶绿素含量始终高于对照。贮藏 42d 时，精氨酸处理的叶绿素含量分别为 0.096mg/g、0.090mg/g 和 0.088mg/g，而对照的叶绿素含量已经降到 0.082mg/g，此时许多青椒果实出现严重冷害，凹凸不平，果皮表面也由绿色出现褐变。随着贮藏时间的延长和冷害的快速发展，叶绿素降低速度明显加快，外源精氨酸处理并不能完全阻止叶绿素的降解，而是使这种降解的速度减缓，这是精氨酸提高青椒抗冷性的一种直接表现。对 4 个处理进行方差分析，整个贮藏过程中，精氨酸处理同对照相比差异显著（$P<0.05$），但不同浓度精氨酸处理间差异不显著（$P>0.05$）。0.5mmol/L 精氨酸处理在整个贮藏期叶绿素含量稳定高于其他处理，可有效地减轻低温给青椒带来的伤害，明显减少果实叶绿素含量的损失。

5. 维生素 C 含量

贮藏过程中，青椒果实的维生素 C 含量呈显著下降趋势。外源精氨酸处理的青椒果实维生素 C 含量一直高于对照。贮藏 49d 时，精氨酸处理的维生素 C 含量分别为 48.39mg/100g、43.25mg/100g 和 40.64mg/100g，而对照仅为 32.02mg/100g。以 0.5mmol/L 精氨酸处理的效果较理想，有利于维生素 C 的保持。

6. 丙二醛含量

丙二醛是细胞膜脂质过氧化产物，其积累量常作为膜脂过氧化和衰老的指标。随着贮藏期的延长，青椒果实的丙二醛含量呈逐渐上升的趋势，贮藏 28d 前，果实丙二醛含量变化比较平缓，而后含量上升加快，衰老加速。贮藏过程中，外源精氨酸处理果实丙二醛含量一直低于对照，说明外源精氨酸处理能明显减少丙二醛含量的积累，延缓青椒果实衰老进程。

7. 腐烂指数

随着贮期的延长，青椒果实迅速衰老腐败。外源精氨酸处理可显著降低青椒果实腐烂的发生，贮藏 20d 时，对照果实出现腐烂，腐烂指数为 0.67，这时精氨酸处理果实的腐烂指数仍为 0，而后腐烂迅速不断增加，精氨酸处理果实的腐烂发生相对较缓慢。40d 时对照果实的腐烂指数已经达到 27.19，萼片全部褐变，果面凹陷、褪绿斑大量出现，而精氨酸处理果实的腐烂指数为 19.06、20.15 和 19.88，差异达极显著水平（$P<0.01$）。40d 后，各处理的青椒果实腐烂指数急剧上升，已无继续贮藏的必要。对 4 个处理进行方差分析，在整个贮藏过程中，对照与精氨酸处理差异极显著（$P<0.01$），推测外源精氨酸处理可能通过提高内源精氨酸合成，延缓衰老。试验结果表明，精氨酸处理可显著减轻低温下青椒果实腐烂的发生，以 0.5mmol/L 精氨酸处理效果较理想。

因此，在 1℃条件下，精氨酸处理可有效抑制青椒果实的呼吸强度，减少叶绿素和维生素 C 的分解，延缓果实相对电导率、丙二醛上升，降低果实腐烂指数和冷害指数。以精氨酸处理中 0.5mmol/L 能提高青椒果实耐冷性，减轻果实冷害的发生。

第三节　低温冷害及茉莉酸甲酯处理

一、4℃和10℃低温冷害反应

挑选大小一致、成熟度相近的青椒，进行如下处理，第一组将青椒果实10℃下贮藏（对照组），第二组果实在 4℃下贮藏（冷害组），样品处理后再分别包装在聚氯乙烯薄膜袋（厚度 0.03mm）中，在 80%~85% 相对湿度下维持25d，每 5d 取样，在室温 （20±1）℃下保存 24h，测定青椒生理指标。

1. 表观形态

青椒果实样品的表观形态显示，采收当天的新鲜青椒果实的外表完整无受损现象，果实饱满。与之相比，10℃贮藏的青椒果实外表色泽较暗并有部分损伤。而在 4℃贮藏下的青椒果实除了色泽较暗外还可以看到明显的大面积损伤，质量恶化严重。解剖镜下青椒果实的结构变化显示，采收当天的新鲜青椒果实的解剖结构可以看出新鲜青椒果实的亚细胞结构未受损，胞质致密，细胞膜、细胞壁结合紧密。与之相比，10℃贮藏的青椒果实略有损伤，而在 4℃贮藏下的青椒果实则可以看到明显的损伤，其组织和结构遭到严重破坏。

2. 冷害指数

青椒果实在不同温度下贮藏时，贮藏在 4℃的青椒果实在第 5 天出现轻微冷害症状，且在第 15 天时发生冷害的数量剧增，比第 10 天增加了 150%。而贮藏在 10℃的青椒果实在第 15 天前无冷害症状发生，在第 15 天才开始呈现不同程度的冷害。在整个贮藏过程中，4℃贮藏的青椒果实的冷害指数要始终高于 10℃贮藏的青椒果实，在第 25 天时冷害指数为 34%，极显著高于 10℃ （$P<0.01$）。结果表明，4℃对贮藏的青椒果实造成的伤害更大，冷害更严重。

3. 腐烂率

在 4℃贮藏的青椒果实的腐烂率要始终高于 10℃贮藏的青椒果实。在整个贮藏过程中，贮藏在 4℃和 10℃的青椒果实在 10d 内无腐烂现象发生，在第 10 天两者均开始发生不同程度的腐烂现象，之后发生腐烂的青椒果实数量开始急剧上升。在贮藏第 20 天和第 25 天，10℃的青椒果实的腐烂率极显著低于 4℃（$P<0.01$），且在第 25 天时，贮藏在 4℃的青椒果实的腐烂率高达 51%。说明 4℃低温能加速青椒果实的腐烂速率。

4. 相对电导率

随着贮藏时间的延长，贮藏在 4℃和 10℃的青椒果实的相对电导率均呈逐渐上升趋势。与贮藏在 4℃的青椒果实相比，贮藏在 10℃的青椒果实的相对电导率的上升幅度和速度始终都要低于 4℃，且在第 20 天（$0.01<P<0.05$）和第 25 天（$P<0.01$）有显著性差异。15d 后贮藏在 4℃的青椒果实的相对电导率大幅上升，而贮藏在 10℃的青椒果实则相对较缓。表明青椒果实在 4℃低温下膜功能更容易受到损伤。

5. 叶绿素

贮藏在 10℃的青椒果实的叶绿素的含量始终高于贮藏在 4℃的青椒果实。0~15d 贮藏在 4℃和 10℃的青椒果实的叶绿素含量急剧下降，在第 10 天时两者差异极显著（$P<0.01$）。15d 时叶绿素含量仅为初样的 14.4% 和 19.03%。15d 后下降幅度趋于平缓，但贮藏在 10℃的青椒果实的叶绿素含量依旧显著高于 4℃（$0.01<P<0.05$）。贮藏结束时，10℃贮藏的青椒果实叶绿素含量是 4℃的 2.26 倍。结果表明，4℃低温条件下加速叶绿素含量的流失。

6. 脯氨酸

贮藏在 4℃的青椒果实的脯氨酸含量始终高于贮藏在 10℃的，5d 内两者脯氨酸含量差异不明显，5d 后两者差异极显著（$P<0.01$）。第 10 天两者的脯氨酸含量都迅速升高，分别是 5d 前的 2.3 倍和 1.92 倍。15d 贮藏在 4℃的青椒果实的脯氨酸含量略有上升，20d 急剧升高达到峰值之后开始下降。而 10d 后贮藏在 10℃的青椒果实的脯氨酸含量则是逐渐升高，25d 后有趋于稳定的趋势。

7. 丙二醛

贮藏在 4℃的青椒果实的丙二醛含量始终高于贮藏在 10℃的，且在第 20 天时差异显著（$0.01<P<0.05$）。在整个贮藏过程中，10℃贮藏的青椒果实的丙二醛含量则是呈逐渐上升趋势，4℃贮藏的青椒果实的丙二醛含量则呈先上升后下降的趋势，在第 20 天达到峰值之后开始下降，在第 25 天和 10℃的青椒果实丙二醛含量无显著差异。

以上研究可知，采后青椒随着贮藏时间的延长，冷害指数增加，尤其是 4℃

条件下增加十分显著，相对电导率、腐烂率、丙二醛含量和脯氨酸含量均呈上升趋势，这些生理指标的变化与许多关于冷害研究结果相同。这表明，青椒细胞受损害严重，遭受冷胁迫影响，表明膜系统崩溃，冷害症状更加明显。贮藏过程中的叶绿素含量也一直处于下降趋势，说明冷害也导致叶绿素含量下降。通过观察发现4℃贮藏20d的青椒出现了明显的凹陷斑和褶皱，大片水渍状冷害斑，果皮线和果肉组织完全模糊，细胞收缩明显，组织破坏严重，10℃贮藏的青椒组表现为轻微失水变蔫，贮藏期间冷害症状不明显。

二、茉莉酸甲酯诱导抗冷效果

用100μmol/L茉莉酸甲酯浸泡处理青椒，第一组果实在4℃下贮藏（冷害组），第二组为100μmol/L茉莉酸甲酯处理组置于4℃贮藏，样品处理后再分别包装在聚氯乙烯薄膜袋（厚度0.03mm）中，在80%~85%相对湿度下贮藏25d，每5d观察一次，在室温（20±1）℃下保存24h，测定相关生理生化指标。

1. 表观形态

在采收当天的新鲜青椒果实的表观形态可以看出，新鲜青椒果实的外表完整无受损现象，果实饱满。在4℃贮藏下的青椒果实除了色泽较暗外，还可以看到明显的大面积损伤，质量恶化严重。与之相比，4℃下经过茉莉酸甲酯处理的贮藏青椒果实外表略有损伤，除了略有失水外未出现严重冷害。采收当天新鲜青椒果实的解剖结构可以看出，新鲜青椒果实的亚细胞结构未受损，胞质致密，细胞膜、细胞壁结合紧密。在4℃贮藏下的青椒果实则可以看到明显的损伤，其组织和结构遭到严重破坏。与之相比，4℃下经过茉莉酸甲酯处理的贮藏青椒果实则无明显变化。

2. 冷害指数和腐烂率

对照组青椒在贮藏5d时出现轻微冷害症状，之后冷害指数呈梯度性急剧增加。而茉莉酸甲酯处理组的青椒果实在10d前无冷害症状发生，在10d才开始呈现不同程度的冷害，20d后冷害指数剧增。在整个贮藏过程中，两组冷害指数整体变化趋势相似，但对照组青椒冷害指数要始终高于处理组的青椒果实，且在15d和20d时差异显著（$0.01<P<0.05$），在25d时差异极显著（$P<0.01$）；在整个贮藏过程中，茉莉酸甲酯处理组和对照组的青椒果实在10d内均无腐烂现象发生，在第15天两者开始发生不同程度的腐烂现象，之后发生腐烂的青椒果

实数量开始急剧上升，但茉莉酸甲酯处理组的青椒果实的腐烂率要始终极显著低于对照组（$P<0.01$）。结果表明青椒果实经过茉莉酸甲酯处理后在低温贮藏下能够减轻冷害症状的发生，降低腐烂率。

3. 相对电导率和叶绿素

$0\sim5d$ 时茉莉酸甲酯处理组的相对电导率要高于对照组，但是在 5d 之后直到贮藏结束，对照组的相对电导率要始终高于茉莉酸甲酯处理组，而且在贮藏后期差异极显著（$P<0.01$）。随着贮藏时间的增长，茉莉酸甲酯处理组和对照组的青椒果实的相对电导率均呈逐渐上升趋势。与对照组相比，5d 后处理组相对电导率的上升幅度和速度始终都要低于对照组。5d 后对照组的相对电导率呈梯度上升，而茉莉酸甲酯处理组则相对较缓，在贮藏中后期有稳定趋势；茉莉酸甲酯处理组与对照组叶绿素含量变化趋势为，对照组的叶绿素含量要始终高于处理组，在第 5 天和第 15 天时两者差异显著（$0.01<P<0.05$），在第 10 天、第 20 天和第 25 天时差异极显著（$P<0.01$）。结果表明，青椒果实经过茉莉酸甲酯处理后在低温贮藏下能够降低膜功能的损伤，减缓叶绿素含量的流失。

4. 脯氨酸和丙二醛

对照组脯氨酸含量呈现上升再下降趋势，而茉莉酸甲酯处理组呈逐渐上升趋势。5d 时茉莉酸甲酯处理组的电导率要略高于对照组，但是在 5d 之后直到贮藏结束，对照组的脯氨酸含量要始终极显著高于处理组（$P<0.01$）；茉莉酸甲酯处理组与对照组丙二醛含量变化趋势中，对照组的丙二醛含量要始终高于处理组，且在贮藏 10d、15d 和 20d 时两者差异极显著（$P<0.01$）。结果表明，青椒果实经过茉莉酸甲酯处理后，在低温贮藏下能够降低脯氨酸和丙二醛含量的积累。

5. 抗坏血酸和谷胱甘肽

对照组和茉莉酸甲酯处理组的抗坏血酸含量随着贮藏时间的延长逐渐降低。贮藏前期对照组抗坏血酸含量快速下降，之后下降速率减慢。与对照组相比，茉莉酸甲酯处理组抗坏血酸含量在贮藏前期虽然下降速率也较快，但之后就呈现缓慢下降趋势，且茉莉酸甲酯处理组抗坏血酸含量在 5d 之后极显著高于对照组（$P<0.01$）；对照组和茉莉酸甲酯处理组的谷胱甘肽含量变化趋势相同，贮藏前中期逐渐升高，在第 15 天和第 20 天时茉莉酸甲酯处理组和对照组谷胱甘肽含量分别达到峰值之后开始降低，且在第 20 天时两者差异极显著（$P<0.01$）。

5d 时对照组谷胱甘肽含量要高于茉莉酸甲酯处理组，之后始终低于茉莉酸甲酯处理组。结果表明，青椒果实经过茉莉酸甲酯处理后在低温贮藏下能够较好地保持果实中抗氧化物质的含量，从而抑制冷害的发生。

综上所述，4℃贮藏条件下，100μmol/L 茉莉酸甲酯处理可以降低冷害，延缓叶绿素的分解和果实的褐变，保持较高的抗坏血酸含量，抑制青椒的后熟作用，增强了青椒的耐寒性，保持青椒的最佳品质。同时茉莉酸甲酯处理能够提高抗氧化物酶活性，为采后青椒抗寒提供有效技术支持。

第四章　青椒贮藏中的病害及防治

　　果蔬是高度易腐产品，尤其是在采后阶段可能出现较大损失，而且因为新鲜的果蔬有很高的含水量和丰富的营养物质，很容易感染各种病菌引发疾病。

　　研究鉴定发现，青椒在贮藏期间主要病害是灰霉病、果腐病、根霉腐烂病、疫病、炭疽病和软腐病等。分离青椒果实和采后病害病果中的病原菌得出，软腐病菌、交链孢菌、盘长孢状刺盘孢菌、镰刀菌和黄曲霉菌是青椒采前侵染携带的主要病原菌，引起青椒采后病害的病原菌主要是两部分，分别为采前侵染的潜伏性病菌和环境中或青椒表面的附生菌。

　　盘长孢状刺盘孢菌、软腐病菌、交链孢菌是青椒贮藏前的主要侵染菌，而青椒果实中带菌率最高的部位是果蒂；贮藏期镰刀菌和软腐病菌是引起果柄和果蒂腐烂的主要病菌。通过贮藏观察发现，青椒在25℃下保存，炭疽病、软腐病和灰霉病等病害是发生的主要病害，且5d后开始表现病害症状。灰霉病孢子通过伤口侵入青椒果肉而引起严重腐烂，而果柄具有抗灰霉病侵染能力，灰霉病生长旺盛的菌丝可以直接侵入青椒果实引起腐烂，并引起果实乙烯释放率和可溶性果胶含量的增加。果柄是青椒采后病害最先发生的地方，接着向果蒂和果身发展，最后使整个果腐烂。带有潜伏侵染病菌较多的部位是果实的果柄和果蒂，伤口是青椒采后病菌侵入的主要通道，因此想要减轻青椒采后的病害发生，可以通过剪除果柄来提高保鲜效果。

　　炭疽病是青椒采后的主要病害，并且会造成巨大的损失，炭疽病是属于潜伏性感染，真菌孢子感染未成熟果实，但症状是在成熟之后出现的。有研究对壳聚糖的抗菌性进行了评估并通过诱导相关抵抗的酶来消灭炭疽病，认为1.5%和2%的壳聚糖浓度增加了贮藏期间青椒的多酚氧化酶、过氧化物酶和总酚类物质，说明壳聚糖展现了它的抗菌性能并且为提高青椒抗性提供潜在优势。覆膜栽培青椒采前潜伏侵染带菌率比露地栽培降低了77%，采前潜伏侵染菌在果柄、果蒂、果肉中均有分布，以果蒂带菌率和发病率最高，青椒贮前表面消毒可以显著降低采后病害的发生率。果实腐烂是引起青椒采后损失一个重要因素。据初步调查，青椒采后侵染性病害造成的损失占总损失量的 50%～90%，这些采后病害包括大量的真菌病害和细菌病害，其中以真菌病害为主。

第一节　中草药复配提取物对贮藏青椒病害防治

采后青椒预冷 24h 进行分级挑选，洗净果面、晾干，然后用 75% 的酒精消毒，再用紫外线照射 30min。选取丁香五味子复配、丁香高良姜复配、丁香乌梅复配、丁香单剂液和五味子高良姜复配等提取液，用 0.1% 的吐温−80 将中草药复配提取物稀释至 0.05g/mL。将青椒在复配提取物中浸泡 3min，对照果实用无菌水处理，将青椒捞出阴干，接入各病原菌，采用刺伤点滴法分别进行青椒保护作用和治疗作用研究。

一、复配提取物对青椒的保护作用

先将青椒在中草药复配提取物中浸泡，然后晾干进行刺伤接种，考察中草药复配提取物对青椒病害的抗病性作用。接种链格孢菌后青椒果实发病率均达到 70% 以上，丁香和丁香乌梅复配提取物对青椒链格孢菌的防效分别为 46.88% 和 43.75%，达到显著水平（$P<0.05$）；疫霉的发病率在 40%～60%，丁香五味子复配对疫霉的防效达到显著水平（$P<0.05$），为 43.48%；根霉菌的发病率相对较低，黄连高良姜复配处理发病率最低，为 23.53%，其病害防效最高，达到 87.88%；丁香五味子复配和丁香对根霉菌的防效较高，分别达到 63.64% 和 54.55%；各处理接种灰霉菌后发病率在 50%～70%，防效最好的为丁香五味子复配，达到 47.06%。

二、复配提取物对青椒的治疗作用

供试青椒经 75% 乙醇和紫外线照射 30min 消毒后，刺伤接种各个病原菌，培养 4h 后喷洒中草药复配提取物，然后培养并调查发病情况。各处理中链格孢菌的发病率相差不大，都在 30%～50%，其中丁香五味子复配的发病率最低，为 33.68%；丁香五味子复配、丁香高良姜复配和丁香苦参复配对链格孢菌都表现出了很好的防效，防效在 70% 以上，彼此间差异不显著，与其他处理相比，防效差异达到显著水平（$P<0.05$）。疫霉菌的发病率相对较高，在 35%～60%，其

中丁香高良姜复配的防病率最低，为 36.84%；各处理中丁香高良姜复配对疫霉的防效达到显著水平（*P*<0.05），为 79.11%；丁香五味子复配对疫霉的防效也比较高，达到 64.66%。在 4 种供试病菌中，黑根霉的发病率是最低的，都在40% 以下，发病率最低的丁香五味子复配只有 22.63%；各中草药提取物处理对青椒黑根霉菌的防效很高，均达到了 90% 以上。而灰霉菌的发病率相对较高，各处理在 40%~65%，中草药复配提取物对其防效也较好，各处理均达到 60% 以上，其中丁香高良姜复配对灰霉菌的防效达到显著水平，防效为 86.54%。综合分析，丁香高良姜复配的综合防效最好，其次为丁香五味子复配、丁香乌梅复配。

相关研究表明，中草药复配提取物对青椒的保护作用，各处理的发病率均较高，大部分处理果实的发病率都在 40% 以上，防效在 50% 以下，这可能与刺伤接种本身发病率较高有关。无论是发病率还是防治效果，各处理的治疗作用要显著好于保护作用，这可能是在喷药后一部分孢子游离刺伤区，导致其无法从青椒伤口侵入有关；在活体试验中丁香高良姜复配的综合防效最好，其次为丁香五味子复配和丁香乌梅复配。

第二节　酸性功能水复配对贮藏青椒病害防治

挑选大小基本一致，无病虫害及机械损伤、成熟度大体一致的青椒作为供试样品。将供试青椒分为 3 组，分别用 2.81% 氯化钠电解的酸性功能水和2.81% 氯化钠电解的酸性功能水+0.36% 氯化钙+0.005% 水杨酸各浸泡 22min，同时以未处理作为对照，待冷风烘干后装入聚乙烯保鲜袋中于（14±1）℃冷藏柜中贮藏。通过培养基选择、样品制备、接种过程和培养过程，进行青椒果实细菌总数、霉菌和酵母菌的抑制效果研究。

一、复配保鲜剂对青椒细菌总数的影响

供试青椒分别经电解质氯化钠浓度为 2.81% 的酸性功能水和电解质氯化钠浓度为 2.81% 的酸性功能水+0.36% 的氯化钙+0.005% 水杨酸的复配酸性功能水各处理 22min，与未做处理的作对照，在处理当天、贮藏 15d 和 30d 时分别培养观察各组青椒果实的细菌总数。随着贮藏时间的延长，青椒中的细菌不断繁殖增长，细菌总数不断增多，在贮藏 30d 的过程中，对照组的细菌总数从

1.5lgCFU/g 增长到 8.6lgCFU/g，增长了 7.1lgCFU/g，而酸性功能水处理组和复配酸性功能水处理组分别增长了 5.7lgCFU/g 和 4.4lgCFU/g，相较于对照组不同程度地抑制了细菌增长的速率，其中复配酸性功能水处理组抑制效果更加明显，从而可以有效地抑制微生物侵入青椒，维持青椒的感官品质，达到延长贮藏时间的效果。

因此，相较于对照组，酸性功能水处理青椒能够显著抑制青椒果实细菌菌落的繁殖，延缓青椒的腐烂变质，其中酸性功能水复配保鲜剂处理的抑制效果优于单一的酸性功能水处理。

二、复配保鲜剂对青椒霉菌和酵母菌总数的影响

供试青椒分别经电解质氯化钠浓度为 2.81% 的酸性功能水和电解质氯化钠浓度为 2.81% 的酸性功能水 +0.36% 的氯化钙 +0.005% 的水杨酸各处理 22min，与未做处理的作对照，在处理当天、贮藏 15d 和 30d 时分别培养观察各组青椒果实的霉菌和酵母菌。随着贮藏时间的延长，青椒中的霉菌和酵母菌不断增长繁殖，霉菌和酵母菌总数不断增多，在贮藏 30d 的过程中，对照组的霉菌和酵母菌总数从 0.8lgCFU/g 增长到 6.4lgCFU/g，增长了 5.6lgCFU/g，而酸性功能水处理组和复配酸性功能水处理组分别增长了 4.8lgCFU/g 和 4.2lgCFU/g，相较于对照组不同程度地抑制了霉菌和酵母菌增长的速率，其中复配酸性功能水处理组抑制效果更加明显，从而可以有效地抑制霉菌和酵母菌对青椒的损害，维持青椒的感官品质，达到延长贮藏时间的效果。相较于对照组，单一的酸性功能水处理和酸性功能水复合保鲜剂处理均能够在减少青椒贮藏过程中微生物数量方面起到一定的作用，其中酸性功能水复配保鲜剂处理青椒能够达到更好的杀菌效果，对青椒贮藏保鲜起到很好的作用。

由于酸性功能水具有很强的灭菌性，其对微生物、病菌、病毒及其毒素的感染有很强的杀灭作用。分析其作用机制，主要是因为电生功能水的高氧化还原电位可以改变细胞内电流，造成代谢通量和 ATP 的变化；电生功能水低 pH 值可以使细菌细胞外膜变得敏感，这有助次氯酸进入细菌并经过抑制葡萄糖氧化从而杀死微生物。同时，该研究发现，电生功能水具有灭菌作用，它能够抑制青椒果实在贮藏过程中细菌、霉菌和酵母菌总数的增加，其中电解质氯化钠浓度为 2.81% 酸性功能水复配 0.36% 的氯化钙和 0.005% 的水杨酸处理组青椒的保鲜度较优于单一电解质氯化钠浓度为 2.81% 的酸性功能水处理组。

第三节　保鲜剂诱导抗病对贮藏青椒病害防治

挑选大小均匀、无腐烂、无机械伤的青椒果实，经70%酒精表面消毒后，用灭菌铁钉在青椒果实中部区域等距离刺深度和宽度皆为2mm的孔4个，2h后每孔中注入24μL已配制好的交链孢霉孢子悬浮液。使用0.50g/L的壳聚糖溶液浸泡处理后青椒20min，与不加壳聚糖的蒸馏水浸泡为对照，自然晾干后封于聚乙烯膜保鲜袋中放置于保鲜柜，在4℃下保藏，定点取样测定每个生理生化指标。

一、超氧化物歧化酶

在植物活性氧清除系统中，超氧化物歧化酶是主要清除O^{2-}自由基的酶类。超氧化物歧化酶减少O^{2-}自由基对植物体细胞的伤害，催化O^{2-}生成H_2O_2，而H_2O_2本身又可参与抗菌物质的合成，并可作为第二信使参与植物系统抗病性的诱导，因此超氧化物歧化酶活性的增强有利于提高植物自身抗病能力。

对照青椒果实在贮藏过程中超氧化物歧化酶活性呈缓慢下降的趋势。而经过壳聚糖处理的青椒果实在贮藏过程中超氧化物歧化酶活性则一直缓慢上升，直至6d变化趋于平缓，显露出略微下降的趋势，活性从试验开始到结束均高于对照，而且其下降幅度明显比未经处理的青椒果实平缓。诱导处理7d，超氧化物歧化酶处理果实的活性比对照果实高出52.27%，活性明显增强。

二、过氧化氢酶

过氧化氢酶是活性氧清除系统中的重要组成部分，是抗氧化酶，它是一种含铁的血蛋白酶类，能催化H_2O_2分解成H_2O和O_2，与植物代谢强度及抗逆境能力密切相关。果实的抗氧化防御系统，超氧化物歧化酶能催化O^{2-}转化形成H_2O_2，H_2O_2是防御系统的重要组成部分。过氧化氢酶能催化细胞内H_2O_2转变成H_2O，以减少它们对果实造成的伤害；同时，越来越多的研究证明，抗氧化酶的协同作用比单一酶在植物抗氧化过程中更具重要性。

壳聚糖浸泡的青椒过氧化氢酶活性与对照差异显著，经过壳聚糖溶液处理的青椒果实过氧化氢酶，活性在贮藏过程中从开始逐渐升高，贮藏2~6d下降趋势明显，而后趋于平缓。对照果实活性从开始贮藏起一直缓慢升高，直至 4d 才有下降趋势。诱导处理后 7d，过氧化氢酶活性对照果实比处理果实高出 13.62%。该研究结果表明，青椒果实经壳聚糖溶液处理后超氧化物歧化酶活性明显升高，同时过氧化氢酶活性被阻碍，这说明壳聚糖处理能够削弱 H_2O_2 转化成 H_2O 的效率，提高果实的抗氧化防御系统的能力，有利于提高青椒果实的抗病性。

三、多酚氧化酶

在受到病原菌侵染时，多酚氧化酶能将酚类物质氧化成对病原菌具有很高毒性的醌类物质，是植物抗病性的重要组成部分，可直接抑制病原菌对植物的侵染。多酚氧化酶在有氧条件下，可以将酚氧化成醌，醌在 420nm 波长下具有较强的吸光值，通过测定 420nm 的吸光值变化可测得多酚氧化酶的活性。儿茶酚为多酚氧化酶的底物，其氧化产物在 420nm 处有最大光吸收。

对照青椒果实在贮藏过程中多酚氧化酶活性呈缓慢下降的趋势。而处理果实在贮藏过程中多酚氧化酶在前 3d 酶活性增长迅速，之后缓慢下降，但其活性明显高于对照，最终落点高于起点。诱导处理后 7d，多酚氧化酶活性处理果实比对照果实高出 26.40%，其活性的增强有利于提高抗病性。

四、苯丙氨酸解氨酶

苯丙氨酸解氨酶活性的增强有利于木质素的合成，该酶是该途径的第一个关键酶，在植物次生物质（如木质素等）代谢中起重要作用。它催化苯丙氨酸脱氨基后产生肉桂酸并最终转化为木质素，是植物次生代谢产物植保素合成途径的定速酶，是苯丙烷代谢途径的关键酶和限速酶。由于其在植物受伤或者受病原物侵染时其活性有所增加，同时伴随着木质素和植保素的合成，可说明该酶在植物防卫反应机制中有重要作用。苯丙氨酸解氨酶催化苯丙氨酸进行脱氨反应，释放 NH_3 形成的反式肉桂酸在 290nm 处有最大吸光度。

对照青椒果实在贮藏过程中苯丙氨酸解氨酶活性缓慢上升后下降。苯丙氨酸解氨酶在贮藏 2d 就达到了最高，之后平缓下降，但其活性始终明显高于对照果实。诱导处理后 7d，苯丙氨酸解氨酶活性处理青椒果实比对照果实高出 19.52%。其活性的增强有利于提高青椒自身抗病性。

五、过氧化物酶

过氧化物酶广泛存在植物体内，它与呼吸作用、光合作用以及生长素的氧化等都有密切的关系，是植物体内广泛存在的氧化还原酶类，参与木质素前体物质的聚合，促进伤口愈合和伤口附近的细胞木质化，与木质素的合成密切相关，因此该酶在植物防卫反应机制中有重要作用。过氧化物酶通常被看成是植物防卫反应增强的指标，在植物生长发育过程中，它的活性不断发生变化，因此测量这种酶可以反映某一时期植物体内代谢的变化。过氧化物酶催化 H_2O_2 氧化酚类的反应，产物为醌类化合物，此类化合物的进一步缩合或与其他分子缩合，产生颜色较深的化合物，这些化合物对病原菌有抵抗作用，该产物在 470nm 处有最大吸光度，因此可通过测定 A_{470} 来计算过氧化物酶的活性。

对照青椒果实在贮藏过程中过氧化物酶活性是缓慢升高后而下降的，且最终落点低于起点。而处理果实在贮藏过程中过氧化物酶活性呈双峰型变化，6d 达到最大峰值，但期间处理样品的活性均明显高于对照，而且最终落点高于起点。诱导处理后 7d，青椒果实过氧化物酶活性比对照高出 7.76%。该研究青椒果实接种壳聚糖处理后，过氧化物酶活性迅速升高且有双峰变化，这与壳聚糖诱导青椒果实的上述抗病反应密切相关。

六、几丁质酶

几丁质酶和 β-1,3-葡聚糖酶是两类重要的病程相关蛋白，作用的底物分别是几丁质和 β-1,3-葡聚糖，而这两种物质是真菌细胞壁的主要组成物质，因此几丁质酶和 β-1,3-葡聚糖酶可以破坏很多病原真菌的细胞壁，使细胞失去支撑，使菌体遭到破坏而死亡。这两种酶与果实抗病性密切相关。一方面，几丁质酶和 β-1,3-葡聚糖酶具有直接的抗菌作用，在组织受到病原菌侵染时，这两种酶可以通过降解病原菌细胞壁成分，直接抑制病原菌的生长和侵染；另一方面，这两种酶活性的提高是植物抗逆性增强的表现，在降解真菌细胞壁的同时释放出小分子物质作为抗性诱导因子，激活植物组织防卫反应，从而间接促进寄主体内植保素的积累，增加抗病能力，是植物建立系统抗病性的标志酶。

对照青椒果实在贮藏过程中几丁质酶活性呈缓慢而短暂上升的趋势。而处理青椒果实在贮藏过程中几丁质酶明显增强，4d 达到了最高，其后缓慢下降，但其活性始终明显高于对照，诱导处理 7d，处理果实几丁质酶活性比对照果实高出 27.99%，其活性的增强有利于提高抗病性。

七、β-1,3-葡聚糖酶

β-1,3-葡聚糖酶与果实抗病性也密切相关，其酶活性的提高是植物抗逆性增强的表现，属于植物建立系统抗病性的标志酶，其活性的增强有利于提高抗病性。

对照青椒果实在贮藏过程中 β-1,3-葡聚糖酶活性呈缓慢而短暂上升的趋势。而经过壳聚糖处理的青椒果实在贮藏过程中 β-1,3-葡聚糖酶活性明显增强，4d 最高，其后缓慢下降，但其活性始终明显高于对照，一周后两者差异显著，处理青椒果实比对照 β-1,3-葡聚糖酶活性高出 50.27%。该研究结果表明，壳聚糖溶液对青椒果实的诱导不同程度地提高了几丁质酶和 β-1,3-葡聚糖酶的活性，这说明壳聚糖是通过诱导果实体内病程蛋白的积累来提高抗病性的。

八、维生素 C 含量及果实褐变度

青椒果实富含维生素 C，因此贮藏期间维生素 C 的含量变化可反映出青椒果实的营养变化。随着贮藏的时间增加，青椒果实维生素 C 含量下降明显，贮藏 10d，维生素 C 含量较最高点 3d 降低 20%。其中处理样品果实维生素 C 含量和对照果实维生素 C 含量变化趋势无明显差别。

颜色是评价食品质量以及果实新鲜程度的重要指标，褐变度的变化可以映射出果实在贮藏过程中果实的新鲜程度的变化。青椒果实在贮藏过程中，褐变度逐渐升高，青椒果实品质也因此受到影响，其中经壳聚糖处理的青椒果实褐变度要较对照果实上升较快。其果实新鲜度也因此略低于对照。

九、细胞膜透性

膜结构在植物组织中具有重要作用，细胞膜透性的高低可以反映出细胞膜的完整程度和稳定性，也可以在一定程度上反映细胞或组织受伤害的情况。

青椒在常温货架期间，果皮相对电导率一直呈上升趋势。壳聚糖溶液的处理抑制了青椒果实相对电导率的上升，在货架期 6d 抑制作用就已经表现明显，整个货架期间，处理果实相对电导率均低于对照组，诱导处理 7d，处理果皮的相对电导率值比对照果实低 7.97%。

十、果皮硬度

随着贮藏期的延长，青椒果肉细胞结构会发生如下变化：细胞皱缩，细胞壁膨胀、弯曲，中胶层逐渐消失，微纤丝结构紊乱，细胞质逐渐降解，质膜凹陷与细胞壁分离，线粒体、质体和液泡等细胞器逐渐降解。细胞壁中胶层的降解是青椒贮藏过程中细胞壁结构最显著的变化，中胶层的完整与否对果实硬度的影响很大，随着中胶层的不断降解果肉硬度逐渐下降。果皮的厚度、质地和果皮的结构对果实的耐贮性影响较大，果皮有保持水分、维持果实形态、抵御外界不良条件影响等作用；果皮越厚，强度越大，越易于适应外界贮存环境。

对照和处理的青椒在贮藏前5d硬度基本无变化，以后变化现象逐渐显露，经壳聚糖溶液处理的样品硬度下降平缓，而对照样品则硬度下降逐渐明显。壳聚糖溶液处理后明显抑制了青椒果实表皮硬度的下降，该抑制作用在贮藏前期表现明显，后期作用不大。壳聚糖溶液的处理在一定程度上维持了青椒果肉细胞结构的完整性，增加了果实细胞壁的厚度和致密度。壳聚糖处理促进果实表皮细胞和角质层加厚，细胞间隙中的木质素积累增多，同时木栓质和胼胝质以及一些酚类物质也大量积累，这可能是因为壳聚糖溶液的诱导处理使细胞壁结构蛋白表达增加，使细胞壁增厚，韧性加强，从而阻止了青椒硬度的下降，延缓了果肉的软化进程，提高了青椒的贮藏质量，在一定程度上延长了贮藏时间。

第五章　热激处理对青椒的贮藏保鲜

热处理是国内外广泛研究的一种安全高效的物理保鲜技术，方法有热蒸汽、热水、干热空气、红外辐射和微波辐射等，但实际常用的是热蒸汽和热水。热处理是在果实采后以适宜温度（一般在 35～55℃ 以水或水蒸气形式）处理果蔬，杀死或抑制病原菌的活动，诱导热激蛋白产生，提高果蔬的抗逆性。旨在控制果蔬病虫害，调节果实生理、生化代谢，延缓果实衰老。

自 1922 年首次报道用热处理防治柑橘炭疽病引起的腐烂，至今热处理在果实采后的应用已有 100 年的历史。20 世纪 80 年代后期，人们对果蔬品质的要求提高，绿色食品迅速普及，化学药剂的使用受到限制。热处理方法具有耗能少、投资少、操作简单和无污染等特点，近年来热处理在果蔬保鲜上应用不断扩大，取得良好效果。

热处理在青椒保鲜中的应用国内外也有一些报道。贮前热激处理能降低低温（0～10℃）下青椒果实的呼吸上升，减少乙烯释放和降低乙醇、乙醛、丙酮等有害物质的积累，减轻低温胁迫造成的果肉细胞膜损伤，增强青椒果实的过氧化物酶和过氧化氢酶活性，降低苯丙氨酸酶活性，提高青椒果实的抗冷性，推迟和减轻冷害症状的发生。早期有研究发现，青椒果实经热水浸泡，灰霉病和黑腐病均可被完全或显著抑制，认为热处理能够明显减轻病害，保持青椒果实硬度，并且该技术在商业化保鲜中得到了成功应用。有研究蔬菜采后热处理抗氧化机理，发现 55℃ 热激 1min 或 50℃ 热激 4min 热处理可以有效地增强青椒果实和鲜切青椒的抗氧化机能，减轻活性氧对细胞的毒害作用，从而延缓其衰老进程。也有研究发现热处理后的青椒果实在 0～1℃ 低温下贮藏，可使冷害症状的显现时间推迟，冷害程度减轻。也有研究发现，在 10℃ 条件下，45℃ 浸泡青椒 5min 结合剪梗，可显著延缓青椒果实维生素 C 和叶绿素氧化分解，但 62℃ 热激 15s 热处理，在贮藏 20d 后却增加了果实的腐烂。这说明不适宜的热处理会对青椒果实造成热伤害。有研究表明，(55±1)℃ 热激 30s 可降低青椒腐烂指数，抑制转红，比对照贮藏期延长 15d。

第一节　不同热激温度对青椒贮藏保鲜的影响

采摘青椒后挑选无病虫害、无机械损伤且成熟度一致的绿熟期果实，分别以25℃常温水浸泡10min做对照、45℃热水浸泡10min、50℃热水浸泡4min、55℃热水浸泡1min。处理后贮藏于8℃恒温恒湿箱中，每隔5d进行一次取样和观测。

一、色差和亮度

在不同处理青椒果实的整个贮藏期间，色差的变化规律基本一致，均是呈逐渐增加的趋势。55℃热处理青椒的色差变化显著地低于对照组，50℃热处理青椒除贮藏10~15d与对照差异不显著外，其他时期均低于对照，而45℃热处理组的色差变化与对照无明显差异。在亮度方面，不同处理青椒均是呈缓慢减少，最后增加的趋势。55℃和50℃热处理青椒的亮度在贮藏期间低于对照，而45℃热处理组的亮度仅在贮藏第10天低于对照。

二、叶绿素含量

在8℃贮藏期间，青椒果实的叶绿素含量逐渐下降。55℃热处理组与对照比较，显著地抑制了贮藏过程中叶绿素含量的下降。50℃热处理组的叶绿素含量与对照无明显差异，而在贮藏第20天时，45℃热处理组的叶绿素含量低于对照组。

三、可溶性蛋白质和丙二醛

不同处理青椒果实的可溶性蛋白质含量均是呈现先显著减少后缓慢增加，最后又减少的变化趋势。55℃热处理组的青椒可溶性蛋白质含量在8℃贮藏20d后明显地高于对照组，50℃热处理组与对照差异不显著，而45℃热处理组在贮藏第20天时低于对照组。在贮藏过程中，不同处理青椒果实的丙二醛含量均逐渐增加。与对照组相比，55℃热处理组可以显著地抑制青椒果实丙二醛含量的增加，贮藏第25天的丙二醛含量仅为对照组的62.5%。50℃热处理组的丙二醛含量在贮藏15d后低于对照组，而45℃热处理组的丙二醛含量在贮藏20d后反而高于对照组。

四、过氧化氢和超氧阴离子

在 8℃贮藏期间，青椒果实过氧化氢含量均呈现先上升后下降的变化规律，其中 55℃热处理组的过氧化氢含量在 8℃贮藏期间显著地低于对照组，50℃热处理组的过氧化氢含量在贮藏 15d 后低于对照组，而 45℃热处理组虽然将过氧化氢的峰值推迟了 5d，但总含量在贮藏至 20d 后显著地高于对照水平。青椒果实的超氧阴离子生成速率在贮藏初期迅速增加，5d 后开始缓慢下降。55℃热处理延缓了贮藏期间超氧阴离子生成速率的增加，且与对照组差异显著，50℃热处理组在贮藏 15~20d 时低于对照组，而 45℃热处理组的超氧阴离子生成速率在贮藏 20d 后高于对照水平。

五、膜脂过氧化保护酶

在 8℃贮藏条件下，在贮藏 15d 前，青椒果实的超氧化物歧化酶活性逐渐增加，而 15d 后缓慢下降。55℃热处理组的超氧化物歧化酶活性显著高于对照组，50℃热处理组则在贮藏 10d 后高于对照，而 45℃热处理组的超氧化物歧化酶活性在第 10 天时高于对照，但在 15d 后反而低于对照组。不同处理青椒的过氧化物酶活性变化均呈先上升后下降的趋势。与对照组相比，55℃热处理组可以显著地提高青椒果实贮藏 10d 后的过氧化物酶活性。50℃热处理组的过氧化物酶活性在贮藏 10d 前高于对照，而 45℃热处理组的过氧化物酶活性，虽然贮藏 5d 前比对照略有增加，但在 15d 后显著地低于对照。青椒果实的过氧化氢酶活性变化，也呈先上升后下降的趋势。55℃热处理组与对照比较，可以显著地提高整个贮藏期间青椒果实的过氧化氢酶活性。50℃热处理组的过氧化氢酶活性除贮藏第 10 天外，其余时期均显著地高于对照，而 45℃热处理组的过氧化氢酶活性在贮藏 25d 时低于对照水平。另外，热处理青椒果实的抗坏血酸过氧化物酶活性变化曲线与对照极为相似，均在贮藏 20d 出现峰值。其中，55℃热处理组的抗坏血酸过氧化物酶活性显著地高于对照水平，在 20d 出现的峰值是对照组的 1.2 倍，50℃热处理组青椒抗坏血酸过氧化物酶活性与对照组无明显差异，而 45℃热处理组青椒抗坏血酸过氧化物酶活性在贮藏 10d 后就一直显著地低于对照组。

六、抗坏血酸

随着青椒果实的衰老，抗坏血酸含量逐渐下降。与对照组相比，55℃热处理组可以有效地保持青椒果实的抗坏血酸含量，并抑制贮藏期间抗坏血酸的下降，而50℃和45℃热处理组的抗坏血酸含量与对照差异不显著。

综上所述，55℃热激1min处理可以减少贮藏期间青椒果实的色差变化，抑制叶绿素、可溶性蛋白质含量的减少及丙二醛含量的增加，减少过氧化氢和超氧阴离子的产生，提高超氧化物歧化酶、过氧化物酶、过氧化氢酶、抗坏血酸过氧化物酶活性及抗坏血酸含量。说明该热处理可以使果实在整个贮藏期间保持较高的抗氧化机能，减轻活性氧对果实的毒害作用，保持细胞膜的完整性，从而有效地保持产品的外观品质，延缓果实的衰老进程。50℃热激4min热处理也可以减少青椒果实的色差变化，减少丙二醛含量的增加及贮藏后期过氧化氢和超氧阴离子的产生，提高贮藏中后期的超氧化物歧化酶和过氧化氢酶活性。说明该热处理可以在一定程度上提高青椒果实的抗氧化机能，抑制活性氧的产生和积累，延缓细胞的膜脂过氧化作用，从而延缓青椒果实的衰老进程。然而，45℃热激10min热处理加快了青椒果实的色差变化，加速了叶绿素、可溶性蛋白含量的减少和丙二醛含量的增加，增加了贮藏后期过氧化氢和超氧阴离子的产生，并且降低了贮藏中后期的超氧化物歧化酶，过氧化物酶和抗坏血酸过氧化物酶活性。说明该热处理降低了甜椒果实的抗氧化机能，增加了活性氧的产生和积累，从而加速了青椒果实的衰老进程，并且造成了热伤害。

第二节　不同热激温度及剪茎处理对青椒贮藏保鲜的影响

将挑选好的青椒果实预冷24h后分别进行清水+5min（对照）、45℃热水+5min、45℃热水+剪梗+5min、剪梗处理、62℃热水浸泡（15±2）s。处理后取出自然晾干，装入0.03mm厚聚乙烯薄膜袋内，置于10℃温度下贮藏，冷藏30d后转移至室温下模拟3d货架期。

一、呼吸强度

不同处理的青椒果实在10℃贮藏下的呼吸强度呈缓慢下降趋势，30d后移入室温模拟货架期，果实的呼吸强度出现先升高而后下降的趋势。总体来看，前21d，热处理在一定程度上提高了青椒果实的呼吸强度，21d后，则对青椒果实的呼吸强度有一定的抑制作用。而62℃浸泡（15±2）s环境下果实的呼吸强度一直最高，刺激了呼吸强度的增加，可能是由于果实腐烂引起。室温货架期处理在45℃热水+5min、45℃热水+剪梗+5min以及剪梗3种处理情况下果实的呼吸强度明显低于未经热处理，有利于果实品质和营养的保持。

二、叶绿素

在10℃贮藏过程中，不同处理的青椒果实的叶绿素含量呈明显的下降趋势。除62℃浸泡（15±2）s环境下处理外，其他热处理青椒果实的叶绿素含量一直显著高于清水对照。贮藏21d时，45℃热水+5min、45℃热水+剪梗+5min以及剪梗3种处理果实的叶绿素含量分别是对照的1.103倍、1.100倍和1.063倍，货架期3d后，分别是清水对照的1.156倍、1.180倍和1.119倍，说明以上3种热处理可以明显减少青椒果实叶绿素的损失，对青椒绿色的保持十分有益。而62℃浸泡（15±2）s环境下处理青椒果实的叶绿素含量初期高于清水，随后急剧下降。各处理中，以45℃热水+5min和45℃热水+剪梗+5min处理效果较理想。

三、维生素C含量

维生素C含量是衡量青椒营养成分的重要指标之一，同时也是清除体内活性氧的一种重要的抗氧化剂，对延缓果实衰老有一定的作用。青椒果实在贮藏过程中的维生素C含量呈现明显的下降趋势。在整个贮藏期内，热处理青椒果实的维生素C含量显著高于清水对照。贮藏28d时，45℃热水+5min、45℃热水+剪梗+5min以及剪梗3种处理的维生素C含量分别比贮前减少了8.71%、6.45%和10.72%，而清水对照减少了13.43%。货架期3d后，3种处理青椒维生素C含量比贮前分别减少了11.72%、10.41%和12.94%，而清水对照减少了20.61%，表明3种处理均显著降低果实维生素C含量的分解。而62℃浸泡（15±2）s环境下处理青椒果实的维生素C含量下降最快并明显低于清水对照，这说明该热处理不利于维生素C含量的保持。

四、丙二醛

丙二醛是脂质过氧化的主要产物，可破坏生物膜结构与功能，被认为是植物衰老和对逆境条件反映强弱的重要指标，可反映细胞膜的损伤程度。随着贮藏时间的延长，青椒果实的丙二醛含量均呈逐渐上升的趋势。14d 前，各处理丙二醛含量接近，而后丙二醛积累加快。而 45℃热水+5min、45℃热水+剪梗+5min 以及剪梗 3 种处理的丙二醛含量一直低于清水对照。贮藏 21d 时，该 3 种处理青椒果实的丙二醛含量分别是清水对照的 89.11%、85.63% 和 88.42%，说明该 3 种处理延缓了果实丙二醛含量的增加，有利于青椒果实的贮藏。贮藏过程中 62℃浸泡（15±2）s 处理果实的丙二醛含量 14d 后急剧上升，并显著超过清水对照，这说明该处理促进了青椒果实的衰老，不利于青椒果实的贮藏。

五、腐烂指数

热处理能杀灭部分病原微生物，降低青椒腐烂指数，延长贮藏期。贮藏过程中 45℃热水+5min、45℃热水+剪梗+5min 以及剪梗 3 种处理的果实腐烂指数均显著低于清水对照。贮藏 30d 时，该 3 种处理的腐烂指数不足清水对照的 1/2。3d 室温货架期，该 3 种处理的果实腐烂指数分别是 11.46、10.24 和 11.63，而清水对照的高达 24.21。对 4 个处理进行方差分析，在整个贮藏过程中，清水对照与该 3 个处理差异极显著（$P<0.01$），而 3 个处理间差异不显著（$P>0.05$）。前 20d，热处理 62℃浸泡（15±2）s 时果实的腐烂指数低于清水对照，但随后急剧上升，贮藏 30d 时腐烂指数已经超过清水对照，达到 51.5，说明该处理没有达到延长贮藏期的目的，反而加剧了青椒的腐烂，无贮藏价值。

六、生理生化变化

在 10℃条件下，热处理延缓了青椒果实维生素 C、叶绿素含量的下降，抑制丙二醛含量的上升，促进了呼吸速率的上升，但降低了贮藏过程中青椒腐烂指数。而热处理 62℃浸泡（15±2）s 时，20d 后果实腐烂严重，无贮藏价值，说明不适宜热处理反而促进腐烂。该研究还发现，青椒剪梗处理显著优于全梗处理，提高了贮藏效果。因此，10℃条件下，青椒果实的最佳热处理组合为 45℃热水浸泡 5min，结合剪梗。该研究还发现热处理后青椒果实呼吸强度与未处理的变化趋势相近，但较未处理高，这是因为热处理刺激了青椒果实的防御系统，增加了代谢速率，引起呼吸强度升高，这可能与热处理诱导果蔬抗逆的作用有关。

因此，在 10℃条件下，热处理延缓了青椒果实维生素 C、叶绿素含量的下降，抑制丙二醛含量的上升，促进了呼吸作用，但降低了贮藏过程中青椒腐烂指数。62℃浸泡（15±2）s热处理在20d后果实腐烂严重，无贮藏价值。说明不适宜热处理反而促进腐烂。以上研究发现青椒剪梗处理显著优于全梗处理，提高了贮藏效果。因此，10℃条件下，青椒果实的最佳热处理组合为45℃热水浸泡5min，结合剪梗。

第三节　55℃热激不同时间对青椒贮藏保鲜的影响

采摘青椒预冷后，挑选大小均匀、无病虫害、无机械伤的果实，在55℃环境下热处理30s、60s、90s及120s，与未热处理青椒对照。处理后青椒吹干，预冷至接近10℃后，立即装入0.04mm厚聚乙烯薄膜袋，扎紧袋口置（10±1）℃贮藏。

一、呼吸强度

抑制呼吸，减少营养物质的消耗是果蔬贮藏的基本原理之一。在青椒整个贮藏过程中，对照与热处理的呼吸强度整体上呈现下降趋势，与对照相比，热处理对青椒的呼吸强度有不同程度地抑制效果。贮藏30d后，热激120s和对照的呼吸强度呈上升趋势，可能是由于青椒贮藏后期出现腐烂的原因。在55℃热处理中，以热激30s呼吸强度下降速率最快，说明30s热激青椒呼吸强度的抑制效果最佳，且对照与30s热激间呼吸强度呈显著性差异（$P>0.05$），但各热处理间差异不显著（$P>0.05$）。

二、乙醇含量

在整个贮藏期间，对照与热处理青椒乙醇含量总体上呈现上升趋势。贮藏15d之前，对照和热处理青椒乙醇含量均缓慢上升，此后，除热激30s和60s中乙醇含量上升较缓慢外，对照、热激90s和热激120s青椒乙醇含量均迅速上升，其中热激120s处理青椒乙醇几乎呈直线上升趋势。说明热处理可以明显地抑制乙醇含量的增加，以热激30s对乙醇含量上升的抑制效果最好，且对照与热激30s之间乙醇含量呈显著性差异（$P>0.05$），各处理有明显差异（$P>0.05$）。

三、丙二醛

丙二醛是脂质过氧化的主要产物，可破坏生物膜结构与功能，可反映细胞膜的损伤程度，被认为是植物衰老和对逆境条件反映强弱的重要指标。在青椒的整个贮藏过程中，随着贮藏时间的延长，对照和各热激处理青椒丙二醛含量均呈上升趋势。贮藏前期，对照与热处理间青椒丙二醛含量非常接近，没有显著差异（$P>0.05$）。此后对照青椒丙二醛生成速率突增，几乎呈直线上升，4种热激处理中青椒丙二醛生成速率较对照缓慢。与对照相比，热处理对青椒丙二醛上升有一定的抑制作用，且抑制效果以热激30s效果最明显。

四、过氧化氢酶

过氧化氢酶以过氧化氢为氢供体和底物，催化过氧化氢的分解。过氧化氢酶同时也是植物体内的一种重要的酶类自由基清除剂。不同植物在低温胁迫下表现出过氧化氢酶活性下降。相关研究中，对照和各热激处理青椒过氧化氢酶活性总体上呈现先上升后下降的趋势，适当的热处理减缓了低温下青椒过氧化氢酶活性的下降，推迟了高峰的出现。说明热处理有利于保持过氧化氢酶活性，从而使青椒具有较强的抵抗逆境的能力，且55℃热处理30s的过氧化氢酶活性保持最强，各处理间差异不显著（$P>0.05$）。

五、苯丙氨酸酶和总酚

酚类物质在植物的抗病反应中的作用是极为重要。酚类物质是植物重要的次生代谢物，它参与许多生理过程，如氧化还原反应等。青椒贮藏过程中，对照和各处理的苯丙氨酸酶活性和总酚含量呈相同变化趋势，总体先上升后下降，呈峰型变化；热处理显著延缓了青椒苯丙氨酸酶活性的上升和总酚含量的增加（$P>0.05$），降低了苯丙氨酸酶活性和总酚含量的高峰值，其中以55℃热激30s抑制效果最佳。由于苯丙氨酸酶是多酚类物质合成的关键酶，所以该研究中热处理抑制青椒总酚含量上升主要在于苯丙氨酸的解氨反应受到了苯丙氨酸酶的抑制，减少了多酚类物质的合成前体物质。

六、维生素C含量

整个贮藏期间，对照和各处理的青椒维生素C含量呈明显的下降趋势，维生素C损失率由多至少的顺序依次为：对照、55℃热激120s、55℃热激90s、55℃热激60s和55℃热激30s，其中55℃热激30s青椒维生素C含量保存率最高。维生素 C 含量的损失是由于抗坏血酸氢化酶催化氧化所致，说明 55℃热激30s 可以有效地抑制青椒抗坏血酸氢化酶的活性。

七、颜色

颜色的变化是青椒外观质量的重要指标，青椒老化的主要特征是转红。对照和各处理青椒色差值总体上呈上升趋势。与对照相比，热处理青椒色差值增加缓慢，尤以 55℃热激 30s 的色差值最低（-15.3），表现为颜色最绿。青椒贮藏中期，对照和热处理的色差值均出现下降趋势，这主要是热处理后青椒颜色会逐渐由鲜绿色转入深绿色，这是颜色转变的第一步。之后色差值又开始突增，这说明青椒颜色已经由深绿色开始向红色转变。颜色色差值由大至小的顺序依次为：对照、55℃热激 60s、55℃热激 90s、55℃热激 120s 和 55℃热激 30s。说明 55℃热激 30s 抑制颜色转变的效果最佳，较好地保持了青椒的绿色。

八、腐烂指数

经热处理的青椒在贮藏初期可保持较高的好果率，不同程度地抑制了青椒的腐烂，其中以 55℃热激 30s 的抑制效果最佳。贮藏后期，青椒腐烂指数明显上升，果实几乎完全溃烂。青椒腐烂指数的迅速上升与青椒腐烂病的交叉感染有很大关系，一旦有腐烂青椒出现，会加速同一贮藏袋中其他青椒的腐烂，导致青椒全部溃烂。因此，在青椒贮藏过程中要注意多观察，发现腐烂青椒及时挑出。

以上研究确定 55℃热水处理 30s 为热处理的最佳工艺条件，青椒在 55℃环境下热处理 30s 后，用 0.04mm 聚乙烯保鲜袋包装，在 10℃下的贮藏结果表明，热处理可以降低腐烂指数、抑制转红、保持维生素 C 含量，该处理青椒的贮藏期延长到 45d，而对照仅为 30d。热处理在一定程度上抑制了青椒贮藏过程中呼吸强度，降低了丙二醛含量的增加速率，维持了较低水平的乙醇含量，避免无氧呼吸的出现。热处理可以延缓青椒过氧化氢酶活性的下降，增强抗逆境能力；另外也抑制了苯丙氨酸酶活性的上升和总酚含量的增加，延缓了青椒的成熟衰老。

第四节　44℃热激不同时间对青椒低温贮藏保鲜的影响

挑选大小一致、形状规整、果皮坚硬有光泽、无明显机械损伤、无病虫害的新鲜青椒，将其清洗干净，选取有效热水处理温度为44℃，热激时间分别为2min、7min、12min、17min和22min，不经过热水处理的为对照组，将各组青椒果实44℃热激处理后放于干净的试验台上晾干再装入厚度为0.03mm的聚乙烯保鲜袋，最后放于（4±0.5）℃和相对湿度为80%的冷库中贮藏，贮藏周期为21d，每隔2d取出青椒样品观察各组的冷害指数并测定其他各项品质及生理生化指标。

一、冷害指数

在青椒果实的整个低温贮藏期间，由于青椒果实所处的环境温度低于其冷害发生的临界温度，所以随着贮藏时间的延长，各组青椒果实的冷害症状就逐渐显现，但不同处理组的青椒果实的冷害发生时间以及冷害程度又有所差别。其中对照以及44℃热激22min、17min和7min等处理发生冷害时间最早，其次为44℃热激2min，而44℃热激12min发生冷害时间最晚。随着贮藏时间的延长，各组青椒果实的冷害症状之间的差别就愈加明显。贮藏到12d时，44℃热水处理12min组青椒果实刚开始出现冷害症状，其值为12.5，而44℃热水处理2min、7min、17min和22min以及对照组的冷害指数分别为25、43.8、40.6、41.7和53.1。在整个低温贮藏期间，12min处理组青椒果实的冷害指数一直都维持在较低水平，远远小于其他处理组，到贮藏结束时，12min处理组青椒果实的冷害指数仅为对照组的36。而其他各处理组青椒果实的冷害指数在贮藏后期都有大幅度的增加，其中44℃热水处理2min、7min、12min、17min及22min和对照组青椒果实的冷害指数分别达到了37.5、54.2、59.4、62.5和68.9，均显著高于12min组的冷害指数25（$P<0.05$）。可能是因为在贮藏初期的青椒果实冷害症状不是很明显，随着低温贮藏时间的延长，各组青椒果实的冷害症状才随之加剧，而44℃热激12min青椒果实较低的冷害指数说明该条件可以有效减轻青椒的冷害症状。

二、失重率

新鲜青椒果实果肉较厚且含水量较高，具有很好的外观品质以及很高的营养价值。但采摘后的青椒果实常贮于低温环境中。处于低温环境下的青椒果实由于受到低温逆境的伤害，难免会出现失水皱缩、果皮变软等现象。热激处理后的青椒，随着低温贮藏时间的延长，所有青椒果实都有一定程度的失水现象，故失重率呈现出一直上升的趋势，但不同处理组青椒果实失重率上升情况差异也较明显。在整个低温贮藏期间，各热处理组青椒果实的失重率都始终低于对照组，但44℃热水处理22min和对照组青椒果实的失重率接近，二者之间无显著性差异。贮藏9d时，44℃热水处理12min青椒果实的失重率仅为0.95%，而44℃热水处理22min组和对照组已经分别达到了2.91%和3.07%，远远高于44℃热激12min处理组。对于44℃热水处理2min、7min和17min组青椒果实的失重率来说，其数值也高于44℃热水处理12min。该结果说明热水处理时间较长或较短都不能很好达到抑制失重率增加的效果，44℃热水处理12min可以增强青椒果实在低温贮藏期间的抗逆性，进而抑制其失重率的大幅度增加，使青椒果实的失重率维持在较低的水平，有利于青椒果实的进一步贮藏。

三、电解质外渗率

采后的青椒果实在低温贮藏时因为遭受了低温逆境的伤害，其细胞内会发生过氧化反应，进而造成青椒果实细胞膜的膜脂状态发生改变，减弱了膜脂分离的流动性，改变了原生质内部的隔离状态，使得青椒果实的细胞膜透性增加，细胞结构的完整性受到破坏，从而导致果实软化腐烂。研究得出果蔬细胞在处于低温逆境中时，最先受到影响的就是生物细胞膜当中的组成成分的状态。因此，电解质外渗率指标值越高，说明果蔬细胞的细胞膜受损害的程度就越严重。不同处理组青椒果实的电解质外渗率均随着贮藏时间的延长而增加，这说明各组青椒果实细胞均受到了不同程度的伤害，膜脂状态也发生了一定程度的改变，进而体现在电解质外渗率数值的变化，不同处理组青椒果实的电解质外渗率增加的幅度不同，说明各处理组下的青椒果实对逆境的抗性不同。对于44℃热水处理12min组的青椒果实来说，其电解质外渗率一直维持在一个较低的水平，说明该处理组下的青椒果实在低温逆境下有了很好的抗性，进而能够保护细胞的膜脂状态，减少细胞内营养物质的渗漏，维持了较低的电解质外渗率值。在贮藏前期，其他各组青椒果实的电解质外渗率都有一个明显的上升过程，而44℃热水处理12min青椒果实的电解质外渗率值仅增加了3%。44℃热水处理12min青椒果实在21d时其电解质外渗率的数值仅为54%，是对照组青椒果实电解质外渗率的78%。而44℃热水处理22min青椒果实的电解质外渗率在贮藏结束时甚至达到了70%，稍高于对照组青椒果实的电解质外渗率。出现该结果的原因可能是长时间的热水处理使青椒果实细胞在应对低温逆境时的抗性减小。

在整个低温贮藏期间，44℃热水处理 12min 青椒果实的细胞膜完整性维持得最好，该处理组下的青椒果实的抗性高于其他各组。

四、丙二醛

膜脂过氧化现象就是指细胞膜上的结构骨架磷脂分子被氧化，生成过氧化产物丙二醛，丙二醛的累积会破坏细胞膜的完整性。所有青椒在低温贮藏前期，各处理组青椒果实的丙二醛含量均出现了一个轻微的下降过程，从贮藏 6d 开始一直到低温贮藏结束，各组青椒果实的丙二醛含量均持续增加，且不同处理下的青椒果实丙二醛含量也呈现出不同幅度的增加。各个处理组当中，增加幅度最明显的为对照组，其数值由贮藏初期的 0.000 32μmol/g 增加到 0.002μmol/g。增加幅度最小的是 44℃热水处理 12min 处理组，在贮藏结束时，其数值为 0.001μmol/g，明显小于其他各处理组（$P<0.05$）。且在贮藏后期，各组青椒果实的丙二醛含量增加的幅度比前期要高，这可能是由于长期地处于低温逆境中青椒果实内的膜脂过氧化反应加剧，使得丙二醛大量积累。青椒果实细胞内的丙二醛含量的变化跟电解质外渗率这一指标之间有着一定的联系。因为这两种指标的变化都跟青椒果实细胞的细胞膜膜脂状态的改变有关。当青椒果实处于低温环境中时，其细胞膜的完整性受到破坏，加之细胞内过氧化反应的进行，过氧化产物的积累使得青椒果实的抗逆性减弱。由结果可知，44℃热水处理 12min 使青椒果实的丙二醛含量维持在一个较低的水平，表明该处理条件下的青椒果实细胞内的过氧化程度较低，细胞所受的逆境伤害最小。

五、超氧阴离子

超氧阴离子是细胞内活性氧代谢的主要产物，积累过多则会引起细胞的膜脂过氧化反应，使细胞受到一定程度的伤害，严重时则会导致果蔬细胞的死亡。研究不同热水处理时间下的青椒果实的超氧阴离子产生速率的变化，结果表明，随着低温贮藏时间的延长，超氧阴离子的产生速率呈上升趋势，不同处理组下的青椒果实的超氧阴离子产生速率有着明显不同。在整个低温贮藏期间，44℃热水处理 22min 和对照组青椒果实的超氧阴离子产生速率的变化趋势较为接近，都高于其他处理组。而 44℃热水处理 2min、7min 和 17min 青椒果实的超氧阴离子产生速率虽低于 44℃热水处理 22min 和对照组，但这 3 种热水处理仍然高于

44℃热水处理 12min 青椒果实的超氧阴离子产生速率。在贮藏结束时，44℃热水处理 12min 青椒果实的超氧阴离子产生速率为 3.53μmol/(g·min)，仅为 44℃热水处理 2min、7min、17min、22min 和对照组的 65%、59%、47%、45% 和 43%。在贮藏前期，各组的数值较小，尤其是 44℃热水处理 12min 青椒果实在第 6 天时超氧阴离子的产生速率仅为 1.097μmol/(g·min)，该结果可能是由于在贮藏初期青椒果实细胞内的过氧化氢酶、谷胱甘肽还原酶等酶活性较高，能够及时清除超氧阴离子，使细胞免受自由基的伤害。随着贮藏时间的延长，44℃热水处理 17min、22min 和对照组青椒果实的超氧阴离子急剧增加，使青椒果实细胞受到低温逆境的伤害。该结果表明 44℃热水处理 12min 能够使青椒果实细胞内的活性氧物质的含量维持在较低的水平，有利于青椒果实低温贮藏的进行。

六、过氧化氢酶

不同热水处理时间下，低温贮藏青椒果实的研究结果表明，过氧化氢酶活性呈现出先增大后减小的趋势，各组过氧化氢酶活性均在 9d 达到峰值，随后则下降。44℃热激 2min、7min、12min、17min 和 22min 以及对照组青椒果实过氧化氢酶活性的峰值分别为 5.37U/(g·min)、4.52U/(g·min)、6.91U/(g·min)、5.25U/(g·min)、5.24U/(g·min) 和 4.58U/(g·min)。其中 44℃热激 12min 青椒果实的过氧化氢酶活性一直高于其他处理。即使到了贮藏后期，44℃热激 12min 处理青椒果实的过氧化氢酶活性虽然有所降低，但降低的幅度不大，贮藏到第 21 天时，44℃热激 12min 处理组青椒果实的过氧化氢酶活性仍然高达 4.21U/(g·min)，为对照组的 1.91 倍。过氧化氢酶活性的变化趋势反映了青椒果实细胞内的活性氧清除水平。44℃热激 12min 青椒果实的过氧化氢酶活性一直高于其他处理组，说明该处理条件下的青椒果实的活性氧代谢维持在较低的水平，细胞受活性氧物质的伤害程度最小。因此，44℃热激 12min 处理下的青椒果实清除活性氧的能力处在一个较高的水平，提高了青椒果实在低温期间的抗逆性，增加了细胞的自我保护能力。

七、谷胱甘肽还原酶

谷胱甘肽还原酶能够催化氧化性谷胱甘肽还原酶还原成还原性谷胱甘肽还原酶，从而维持还原性谷胱甘肽还原酶的含量，是果蔬细胞内抗氧化酶系统中的一个重要酶，它能够维持抗坏血酸-谷胱甘肽循环的有效进行，清除细胞内的活性氧自由基，如超氧阴离子等。44℃热激 12min 处理组青椒果实的谷胱甘肽还原酶活性一直高于其他各组。贮藏 9d 时，各组青椒果实的谷胱甘肽还原酶均达到峰值，其中 44℃热激 12min 处理组青椒果实的谷胱甘肽还原酶活性高达29.85U/mg，其他各组青椒果实的谷胱甘肽还原酶活性，除了 44℃热激 17min 青椒为 21.75U/mg 外，其他各组均低于 20U/mg。各组青椒果实的谷胱甘肽还原酶活性不仅是峰值大小的差别，即使在贮藏结束时，44℃热激 12min 处理青椒的谷胱甘肽还原酶活性仍然较高，维持在 15.64U/mg，是未处理的 2.72 倍。青椒果实在低温贮藏期间由于受到低温逆境的影响，其细胞内会发生一系列的活性氧代谢，此时青椒果实细胞中的谷胱甘肽还原酶就会保持一种较高的活性来应对，由上述结果可知，44℃热激 12min 处理青椒果实的谷胱甘肽还原酶的活性较高，对青椒细胞内产生的活性氧起到了很好的清除作用，降低了青椒果实低温贮藏期间的逆境伤害，是一种很好的热处理条件。

八、还原型谷胱甘肽

在果蔬细胞内存在着一些很重要的抗氧化物质，能够调节细胞内的活性氧代谢，其中还原性谷胱甘肽还原酶就是细胞内最重要的抗氧化物质，它是植物组织中一种含量丰富的三肽，广泛存在于植物细胞的内质网、叶绿体及线粒体当中。因为还原性谷胱甘肽还原酶能够快速地还原超氧阴离子，就使得细胞内的自由基得到了有效的清除，还原性谷胱甘肽还原酶的含量常被用来评价细胞的抗氧化能力。相关还原性谷胱甘肽还原酶含量变化研究表明，各组青椒果实在低温贮藏时其还原性谷胱甘肽还原酶含量都呈现出先增加后减小的大致趋势，且各组还原性谷胱甘肽还原酶的数值均在第 9 天达到了峰值，44℃热激 12min 处理组的还原性谷胱甘肽还原酶为 1.52μmol/g，显著高于其他各组（$P<0.05$）。在贮藏前期，44℃热激 12min 处理组青椒果实的还原性谷胱甘肽还原酶含量一直高于其他各组，即使到了贮藏后期各组青椒果实的还原性谷胱甘肽还原酶含量都随贮藏时间的延长而下降时，44℃热激 12min 青椒果实的还原性谷胱甘肽还原酶含量也保持在最高的水平，到贮藏结束时为 0.77μmol/g，其他各组的数值均小于 0.5μmol/g。因此，在 44℃热激 12min 条件下，青椒果实内一直维持较高含量的还原性谷胱甘肽还原酶，来清除细胞内的活性氧自由基，进而保护了青椒果实细胞的完整性。

果蔬体内存在一个完善的清除活性氧的防卫系统，当果蔬处于低温逆境环境下时，其活性氧的产生和清除之间的平衡被打破，造成活性氧积累以及膜透性增大等现象。相关研究表明，在44℃热水处理12min可显著降低青椒果实在4℃贮藏期间的丙二醛含量以及电解质外渗率，其中丙二醛作为膜脂过氧化反应的主要产物，其含量较低则说明该处理方式下的青椒果实受到的逆境伤害较小，膜脂过氧化程度较低，进而使该组青椒果实的细胞膜完整性较好，体现在其电解质外渗率值较低。另外，44℃热水处理12min下的青椒果实内部的过氧化氢酶活性、谷胱甘肽还原酶活性以及还原性谷胱甘肽还原酶含量一直维持在较高水平，使该贮藏青椒果实具有了较高的抗氧化能力和活性氧清除能力，能够降低细胞内的超氧阴离子产生速率，对活性氧的清除起到了很好的作用，减轻青椒果实的低温伤害，进而提高了其抗冷性和耐贮性。同时，该处理组下青椒果实的冷害指数一直低于其他处理组，且能够推迟冷害发生时间。因此，44℃热水处理12min可提高青椒果实低温贮藏期间活性氧清除能力，减轻冷害症状的发生，是一种很好的贮前热处理条件。

第五节　45℃热激2min对青椒贮藏保鲜的影响

挑选无机械损伤、无病虫害、色泽均一、大小一致的青椒，随机分为2组，然后将青椒在45℃的热水中浸泡2min，在常温下沥干之后装入0.04mm聚乙烯保鲜袋中，置于25℃冷库中贮藏，每3d测定一次各项生理生化指标，对照除用蒸馏水浸泡，其他处理相同。

一、感官评价

随着贮藏时间的延长，青椒果实的感官评分逐渐下降，其中45℃热激处理组青椒果实的感官评分始终高于对照组，并且下降速度十分缓慢。在贮藏期12d时，对照组青椒果实的感官评分为45℃热激处理组的50%，在整个贮藏期间，45℃热激处理有效减缓了青椒果实感官评分的下降。由此表明，45℃热激处理能够有效抑制青椒果实成熟衰老的进程，更好地保持果实的贮藏品质。

二、失重率

青椒采后贮藏期间，由于机体的代谢消耗，其质量不断下降，失重率上升，

45℃热激处理能有效抑制青椒果实质量的损失。贮藏期间，经过45℃热激处理后，青椒果实的失重率均维持在较低水平，贮藏到9d时，45℃热激处理果实的失重率仅为0.51%，而对照果实的失重率已达1.92%。说明采用45℃热激处理可以抑制青椒贮藏期间质量损失。

三、硬度

硬度是衡量果实在贮藏过程中品质好坏的重要指标。青椒在贮藏过程中，硬度不断下降。随着贮藏时间的延长，对照组和45℃热激处理组青椒果实的硬度均呈现下降趋势，无显著性差异（$P<0.05$），但45℃热激处理组青椒的硬度始终高于对照组，在贮藏9d时，对照组青椒的硬度为45℃热激处理组的81.80%，说明45℃热激处理能抑制青椒贮藏期间硬度的下降，防止果实软化，保持贮藏期间果实品质。

四、可溶性固形物含量

随着贮藏时间的延长，对照组和45℃热激处理组青椒果实的可溶性固形物含量总体呈现下降趋势。45℃热激处理后的果实中可溶性固形物含量均高于对照组。在贮藏9d时，对照组青椒的可溶性固形物含量为45℃热激处理组的80.70%。说明45℃热激处理能有效抑制青椒果实可溶性固形物含量的下降，维持青椒的营养物质，延缓青椒果实成熟衰老的进程，更好地保持了果实的贮藏品质。

五、叶绿素

叶绿素含量能够在一定程度上反映青椒的色泽，叶绿素的下降表现的青椒失去绿色逐渐转红（黄）。在整个贮藏期中，对照组和45℃热激处理组青椒果实的叶绿素b含量均呈缓慢下降趋势，无显著性差异（$P<0.05$）。45℃热激处理组青椒果实的叶绿素a含量一直保持平缓下降，对照组青椒的叶绿素a含量则在9d后急速下降，到12d时，对照组青椒果实的叶绿素a含量为45℃热激处理组的65.30%，说明45℃热激处理能有效抑制青椒果实叶绿素含量的下降，维持青椒的营养物质，更好地保持了果实的贮藏品质。

六、维生素C含量

在蔬菜中，青椒维生素C含量很高，但维生素C含量在整个贮藏期间不断下降。随着贮藏时间的延长，对照组和45℃热激处理组青椒果实的维生素C含量均呈现下降趋势，但差异性不显著（$P<0.05$），但45℃热激处理组青椒的维生素C含量始终高于对照组，贮藏到12d时，对照组青椒的维生素C含量仅为45℃热激处理组的60.10%。由此可见，45℃热激处理在一定程度上延缓了青椒果实中维生素C的分解。

七、多酚氧化酶

多酚氧化酶活性越高，果蔬的抗氧化能力越强。随着贮藏时间的延长，各试验组青椒果实的多酚氧化酶活性均呈现先上升后下降的趋势，并在贮藏期的6d时达到峰值。45℃热激处理组的多酚氧化酶活性始终高于对照组，在贮藏期6d时，45℃热激处理组的多酚氧化酶酶活性是对照组的1.43倍，呈现显著性差异（$P<0.05$），说明45℃热激处理能够有效增强青椒机体的抗氧化能力。

八、过氧化物酶

随着贮藏时间的延长，各试验组青椒果实的过氧化物酶活性均呈现先上升后下降的趋势，并在贮藏期第6天时达到峰值，但45℃热激处理组的过氧化物酶活性始终高于对照组。由此说明，45℃热激处理可以有效延缓青椒贮藏过程中组织的成熟衰老。

九、过氧化氢酶

过氧化氢酶能催化机体内积累的过氧化氢分解为水和分子氧，从而减少过氧化氢对组织可能造成的氧化伤害。随着贮藏时间的延长，各试验组青椒果实的过氧化氢酶活性均呈现先上升后下降的趋势，并在贮藏6d时达到峰值。45℃热激处理组青椒果实的过氧化氢酶活性明显高于对照组，在贮藏3d时，处理组青椒果实的过氧化氢酶活性比对照组高出48.60%。由此说明，45℃热激处理可以有效提高青椒过氧化氢清除能力。

　　因此，45℃热激处理2min能够维持青椒较高的硬度和感官评分，可有效防止青椒果实水分和可溶性固形物、维生素 C 和叶绿素等营养物质的流失，提高过氧化物酶和过氧化氢酶活性。因此，45℃热激处理青椒能较好地维持其良好的外观品质，降低腐烂率，减少养分流失，从而延长其货架寿命。

第六章　薄膜包装在青椒贮藏保鲜中的应用

　　蔬菜在采后仍然进行着呼吸和蒸腾等生理活动，这些过程伴随着氧气的吸入和二氧化碳的释放。这种生理过程对蔬菜自身的营养成分是一种损耗的过程。在生理过程中，蔬菜排放二氧化碳、乙烯和乙醛等，这些物质的积累，对蔬菜产生毒害作用，在贮藏过程中水分的散失和热量的释放对蔬菜的外观品质、口感和营养价值都会产生一定的影响，特别是经过鲜切处理的蔬菜，在加工过程中不可避免地造成机械损伤，生理代谢更为强烈。

　　保鲜膜贮藏可以有效阻断蔬菜与外部气体交换，降低生理代谢的速率，有效地延长蔬菜的贮藏时间。对叶菜进行薄膜包装处理时，对可溶性固形物、失重率、叶绿素和维生素 C 等指标进行测定，结果表明，薄膜包装处理的叶菜跟未经薄膜包装处理的对照组相比，失重率明显降低，说明薄膜包装对叶菜的水分保持效果良好，营养物质的流失明显减小。低温贮藏结合薄膜包装可以有效地延长货架期。用吹膜工艺研制纳米保鲜膜，并用该保鲜膜对青椒进行包装贮藏，在贮藏过程中对青椒的外观、失重率、呼吸强度、可溶性固形物和维生素 C 的测定，结果表明该保鲜膜的锁水率高，具有气调、抑制细菌和防止后熟等一系列综合效果。保鲜膜可以将青椒的货架期延长至 3 个月，失重率保持在 5% 以内。

　　随着吹膜和加工工艺的改进，越来越多的薄膜保鲜材料应用于果蔬的保鲜。目前，常见的薄膜材料可分为聚乙烯、聚丙烯和聚酰胺等纳米薄膜材料；多糖（如壳聚糖、海藻酸钠等）、蛋白质和脂质等可食性薄膜；聚乳酸和微孔膜等功能性薄膜。这些薄膜材料可通过喷淋、浸渍和涂膜等形式作用到果蔬表面，通过控制酶活、调节生理代谢、抑制呼吸和有害菌生长等方式来达到保持产品品质、延长贮藏期的目的。有研究发现，纳米膜具有抗菌、低透氧率和可阻隔二氧化碳等优点；可食性薄膜具有较好的选择透气性和阻水性，且具有无色、无味、无毒的优点，满足了人们对食品品质及安全的要求；功能性薄膜可针对某一特定功能来满足商品需要，具有较佳的使用效果。

第一节　75%聚乙烯薄膜对青椒贮藏保鲜的影响

选择同一批次、质量和大小以及色泽均匀的洁净青椒，装入长、宽和厚分别为80cm、60cm和0.03mm的加入5%纳米抗菌母粒的75%聚乙烯保鲜袋，与不加抗菌母粒的聚乙烯保鲜袋为对照，2组青椒贮藏温度为（7±1）℃，贮藏时间为90d，期间进行青椒相关品质测定。

一、感官评价

对照袋贮藏青椒在贮藏20d时有萎蔫果，并出现烂果现象；30d时，青椒果实整体略有萎蔫并出现较多烂果；40d时，青椒果实已不新鲜；到50d时，已完全腐烂。75%聚乙烯保鲜袋所贮青椒在贮藏50d时，才出现烂果现象；60~90d时青椒果实变黄，同时只出现少量烂果。75%聚乙烯保鲜袋所贮藏青椒始终保持新鲜状态。因此，与对照贮藏保鲜袋相比，75%聚乙烯保鲜袋对青椒的贮藏保鲜效果更好。

二、好果率

对照袋青椒在贮藏10d、20d、30d和40d时，好果率分别为92%、75%、38%和10%；到50d时，青椒的腐烂率为95%，好果率为5%。75%聚乙烯保鲜袋贮藏青椒20d、30d、40d和60d时的好果率分别为100%、99%、97%和96%；到90d时，75%聚乙烯保鲜袋贮藏青椒的好果率仍达92%、腐烂率仅为3%。因此，与对照袋相比，75%聚乙烯保鲜袋贮藏青椒好果率高，保鲜效果好。

三、失重率

对照袋青椒贮藏10d、20d、30d、40d和50d时的失重率分别为2%、6%、8%、10%和14%。而75%聚乙烯保鲜袋贮藏青椒90d时的失重率仅为4.5%，因此，保鲜袋贮藏青椒具有较好的保鲜效果。

四、总糖

对照袋贮藏青椒在50d内总糖含量从3.6%下降到1.1%，下降趋势明显；

而 75% 聚乙烯保鲜袋在贮藏青椒 90d 时，总糖含量从 3.6% 降至 3.0%，下降趋势缓慢。

五、呼吸强度

经过 90d 贮藏，对照袋青椒的呼吸强度与 75% 聚乙烯保鲜袋有显著差异。对照袋的青椒在 50d 的贮期中，一直呈上升趋势，在贮藏 10d 时，其呼吸强度变化最快；75% 聚乙烯保鲜袋贮藏青椒呼吸强度在 20d 内呈缓慢上升趋势，但从 20d 后，其呼吸强度则保持一定的平衡状态且比对照袋内青椒呼吸强度低。

六、维生素 C 含量

在贮藏过程中，对照袋和 75% 聚乙烯保鲜袋中的青椒维生素 C 含量都呈下降趋势。对照袋贮藏青椒 50d 时，维生素 C 损失率已达 26.2%，75% 聚乙烯保鲜袋贮藏 50d 时青椒维生素 C 损失率为 7.1%，可见 75% 聚乙烯保鲜袋贮藏青椒，对青椒中维生素 C 含量损失明显小于对照袋。

七、叶绿素

在贮藏过程中，对照袋和 75% 聚乙烯保鲜袋中青椒的叶绿素含量都呈下降趋势。对照袋贮藏青椒 50d 时叶绿素含量呈快速降低状态，损失率达 36.7%；75% 聚乙烯保鲜袋贮藏 90d 时，青椒叶绿素呈缓慢下降趋势，损失率为 5.9%，75% 聚乙烯保鲜袋贮藏青椒中叶绿素含量损失明显小于对照袋。

因此，在青椒的低温保鲜贮藏试验中，75% 聚乙烯保鲜袋贮藏青椒与对照袋相比，重量、总糖、维生素 C、叶绿素等损失均较小，青椒呼吸强度得到有效抑制，保鲜期 3 个月以上，失重率低于 5%，好果率 90% 以上，保鲜效果明显。

第二节　5 种不同材料对青椒贮藏保鲜的影响

采摘无病虫害、无机械伤、完整、大小均一、成熟度基本一致的青椒，均分为 5 组，然后分别采用 5 种不同的保鲜膜（0.04mm 聚乙烯保鲜膜、0.018mm 高渗出 CO_2 保鲜膜、0.03mm 纳米银保鲜膜、0.03mm 聚乙烯保鲜膜和 0.03mm 聚氯乙烯保鲜膜）折口包装，置于 20～25℃ 室温，湿度为 80%～95% 条件下贮藏，测定青椒的外观品质和生理指标的变化。

一、外观指数

青椒的外观品质的变化可直接用外观指数的变化来描述。青椒在贮藏过程中外观指数逐渐下降，0.03mm 纳米银保鲜膜包装组青椒贮藏期间外观指数下降最迅速，果实转红早。贮藏至 6d 时，各组间无显著差异（$P>0.05$），贮藏 6d后，0.03mm 聚乙烯保鲜膜和 0.03mm 聚氯乙烯保鲜膜包装的青椒外观指数明显高于 0.04mm 聚乙烯保鲜膜，0.03mm 聚氯乙烯保鲜膜外观指数高于 0.03mm 聚乙烯保鲜膜，组间差异显著（$P<0.05$），0.03mm 聚乙烯保鲜膜和 0.04mm 聚乙烯保鲜膜间无显著差异（$P>0.05$），说明 0.03mm 聚氯乙烯保鲜膜包装可较好地维持青椒的外观品质。

二、叶绿素

叶绿素与青椒的鲜绿密切相关，叶绿素降解引起青椒褪绿转红，营养品质降低。青椒在贮藏过程中叶绿素不断降解，含量逐渐减少，与 0.04mm 聚乙烯保鲜膜相比，0.03mm 聚氯乙烯保鲜膜的青椒果实叶绿素含量下降缓慢，其他组叶绿素含量均低于 0.04mm 聚乙烯保鲜膜。贮藏期间 0.03mm 聚氯乙烯保鲜膜与其他薄膜包装差异显著（$P<0.05$），其他包装间无显著差异（$P>0.05$），贮藏至12d 时，0.03mm 聚氯乙烯保鲜膜包装组的叶绿素含量比对照组高 14.59%，较好地维持了青椒的叶绿素含量。

三、转红率

转红是青椒贮藏过程中衰老的一个重要指标。青椒在贮藏过程中果实逐渐转红衰老，与叶绿素含量变化一致。贮藏前 3d，不同包装袋贮藏青椒均无果实转红，3d 后，果实开始转红，贮藏至 6d 时，均出现转红，其中 0.03mm 聚乙烯保鲜膜和 0.03mm 聚氯乙烯保鲜膜包装组的转红果比 0.04mm 聚乙烯保鲜膜低，该三种包装袋贮藏青椒间差异显著（$P<0.05$），但贮藏末期，0.03mm 聚乙烯保鲜膜青椒果实转红果增加，转红率迅速升高，而 0.03mm 聚氯乙烯保鲜膜处理的青椒果实的转红缓慢，说明 0.03mm 聚氯乙烯保鲜膜有效地延缓了贮藏过程中青椒的转红。

四、失重率

失重主要是由于果蔬呼吸作用和蒸腾失水导致的，与果蔬的新鲜度和色泽相关，青椒果实失重会导致果实软化萎蔫，严重导致果实失去商品性。青椒果实在贮藏过程中失重率逐渐升高，其中 0.018mm 高渗出 CO_2 和 0.03mm 聚乙烯保鲜膜包装组失重率低于 0.04mm 聚乙烯保鲜膜包装，而 0.03mm 纳米银保鲜膜和 0.03mm 聚氯乙烯保鲜膜包装组贮藏 3d 后失重率高于 0.04mm 聚乙烯保鲜膜包装，贮藏 6d 后，0.04mm 聚乙烯保鲜膜包装与其他各组间差异显著（$P<0.05$），贮藏 12d 时，各包装组失重率均低于 2%，说明膜包装对青椒失重的影响不大。

五、维生素 C 含量

维生素 C 是青椒果实贮藏品质的一个重要指标。青椒在贮藏过程中，维生素 C 含量逐渐降低，0.03mm 纳米银保鲜膜在贮藏前 6d，维生素 C 含量比 0.04mm 聚乙烯保鲜膜包装高，6d 后其含量低于 0.04mm 聚乙烯保鲜膜包装，0.018mm 高渗出 CO_2 和 0.03mm 聚乙烯保鲜膜包装组的维生素 C 含量比 0.04mm 聚乙烯保鲜膜包装低，而 0.03mm 聚氯乙烯保鲜膜在贮藏期间维生素 C 含量始终高于 0.04mm 聚乙烯保鲜膜包装，各组间差异显著（$P<0.05$），说明 0.03mm 聚氯乙烯保鲜膜包装延缓了青椒维生素 C 的降解速率。贮藏至 12d 时，0.03mm 聚氯乙烯保鲜膜的维生素 C 含量比 0.04mm 聚乙烯保鲜膜包装高 13.48%，较好地保持了青椒果实的维生素 C 含量。

六、可溶性蛋白质

可溶性蛋白质不仅能参与各种酶类的代谢，而且是果蔬贮藏过程中的一个重要的营养指标。青椒在贮藏过程中可溶性蛋白质含量不断降低，0.03mm 聚氯乙烯保鲜膜可溶性蛋白质含量始终高于 0.04mm 聚乙烯保鲜膜包装，而其他包装组可溶性蛋白质含量比 0.04mm 聚乙烯保鲜膜包装低。贮藏 3d 后，0.03mm 聚氯乙烯保鲜膜的可溶性蛋白质含量快速下降，但始终高于 0.04mm 聚乙烯保鲜膜包装，与其他组差异显著（$P<0.05$），贮藏至 12d 时，0.03mm 聚氯乙烯保鲜膜可溶性蛋白质含量比 0.04mm 聚乙烯保鲜膜包装高 7.87%，说明 0.03mm 聚氯乙

烯保鲜膜可有效延缓可溶性蛋白质含量的下降。

七、丙二醛

丙二醛是膜脂过氧化的重要产物，已证明是来自不饱和脂肪酸的降解，对细胞有直接毒害作用，能加剧细胞膜的损伤，同时也是细胞衰老的一种标志。青椒在贮藏期间丙二醛含量不断积累，0.03mm 纳米银保鲜膜的丙二醛含量水平远高于 0.04mm 聚乙烯保鲜膜包装，膜质过氧化严重，0.018mm 高渗出 CO_2 和 0.03mm 聚乙烯保鲜膜的丙二醛含量较 0.04mm 聚乙烯保鲜膜包装低，但与 0.04mm 聚乙烯保鲜膜包装间差异不显著（$P > 0.05$），而 0.03mm 聚氯乙烯保鲜膜的青椒果实丙二醛含量增加缓慢，贮藏至 12d 时，比 0.04mm 聚乙烯保鲜膜包装低 14.64%，与 0.04mm 聚乙烯保鲜膜包装间差异显著（$P < 0.05$）。说明 0.03mm 聚氯乙烯保鲜膜可有效抑制丙二醛的积累，减轻了青椒果实的膜质过氧化损伤。

八、过氧化物酶

过氧化物酶是果蔬代谢中最常见的抗氧化酶，它能清除细胞组织中的过氧化氢和脂类氢过氧化物，维持活性氧的代谢平衡，其活性水平与青椒的衰老密切相关。贮藏期间，青椒过氧化物酶活性逐渐增强，0.03mm 聚氯乙烯保鲜膜所包装青椒果实过氧化物酶活性高于 0.04mm 聚乙烯保鲜膜包装，0.018mm 高渗出 CO_2、0.03mm 纳米银保鲜膜和 0.03mm 聚乙烯保鲜膜的过氧化物酶活性水平比 0.04mm 聚乙烯保鲜膜包装低。贮藏前 3d，各组过氧化物酶活性迅速升高，然后缓慢升高，0.03mm 聚氯乙烯保鲜膜与其他各组差异显著（$P < 0.05$），其他各组间差异不显著（$P > 0.05$），贮藏至 12d 时，0.03mm 聚氯乙烯保鲜膜的过氧化物酶活性达初始值的 2.88 倍，比 0.04mm 聚乙烯保鲜膜包装高 18.71%，这说明 0.03mm 聚氯乙烯保鲜膜可促进过氧化物酶活性的升高，减轻活性氧自由基对青椒果实的氧化损伤。

九、过氧化氢酶

贮藏期间，青椒过氧化氢酶活性逐渐升高，0.018mm 高渗出 CO_2 的青椒果实过氧化氢酶活性最低，0.018mm 高渗出 CO_2 和 0.03mm 纳米银保鲜膜包装组的过氧化氢酶活性与 0.04mm 聚乙烯保鲜膜包装间无显著差异（$P > 0.05$），0.03mm 聚氯乙烯保鲜膜包装的过氧化氢酶活性始终高于其他薄膜包装，且与其他组薄膜包装间差异显著（$P < 0.05$）。贮藏至 12d 时，0.03mm 聚氯乙烯保鲜膜包装的青椒果实过氧化氢酶活性达初始的 0.31 倍，可有效清除过氧化氢的积累对组织的氧化损伤。

5 种不同保鲜膜包装对青椒保鲜效果研究显示，室温下贮藏，0.03mm 聚氯乙烯保鲜膜包装对青椒果实有较好的保鲜效果，可有效抑制青椒外观指数和叶绿素含量的下降，延缓果实转红和失重率的升高，维持维生素 C、可溶性蛋白质等营养物质的含量，抑制丙二醛的积累，同时增强过氧化物酶、过氧化氢酶活性水平，有效抑制了活性氧自由基对组织的损害，保持了青椒果实的贮藏品质和商品价值。

第三节　微孔和无孔保鲜袋对青椒贮藏保鲜的影响

采摘并挑选无机械损伤、无病虫害、大小均匀的青椒，用微孔袋进行分装，置于（10±2）℃低温库预冷 24h 后，扎袋贮藏 15d 后，再置于室温（20±2）℃、相对湿度（60±5）%进行贮后货架试验。试验共设置 3 种包装处理组：无包装；微孔袋（厚度为 16μm 聚乙烯薄膜袋，扎有小孔）系袋存放；聚乙烯无孔袋（厚度为 20μm）系袋存放。对常温货架期 3d、7d 和 11d 的青椒样品进行气味扫描仪和顶空固相微萃取-气相色谱质谱联用技术分析，对货架期 3d、5d、7d、9d 和 11d 的样品进行失水率、维生素 C 含量、可溶性固形物含量和总酸含量测定，通过可溶性固形物与总酸含量的比值计算糖酸比。

一、气味扫描仪结果

LDA（线性判别分析）是一种常规的模式识别和样品分类方法。它的基本思路是通过投影将原始数据映射到另一个更低维的方向，使得投影后组与组之间尽可能地分开，而同一组内的关系更加密切。该法注重所采集的青椒挥发性物质成分响应值在空间中的分布状态及彼此之间的距离分析。不同包装的青椒货架期线性判别中 LD1（同工酶）和 LD2 的贡献率分别为 58.90%和 28.25%，两判别式的总贡献率为 87.15%。除了货架期第 3 天微孔袋组和 20μm 聚乙烯袋组的部分区域重叠外，其他区域都能完全分开，说明在货架期前 3d 不同厚度包装对青椒挥发性成分的影响不大，影响主要发生在 7d 和 11d；单从货架期来看，将无包装、微孔袋和聚乙烯无孔袋当成一个整体，发现它们的挥发性成分在不同货架期都能完全区分开，贮藏至 3d，3 种包装处理分布的区域比较接近且均位于分析图的左上方部分，至 7d 时，3 种包装处理分布的区域比较接近且均位于分析图的右上方部分；至 11d 则集中分布在分析图的底部，说明随着货架期的延长；青椒的挥发性成分先沿 LD1 正方向移动，然后沿着 LD2 反方向移动，说明贮后货架至 7d，是青椒整体挥发性香气变化的拐点，气味扫描仪能够完全区分不同贮后货架期、不同包装方式的青椒样品。

二、气相色谱质谱联用分析

相同贮藏后货架期 3 种包装处理组间比较，各挥发性物质相对含量以及种类差别很大，说明采取不同的包装对青椒的挥发性物质有影响，而且气相色谱质谱联用能鉴定出不同包装处理不同货架期青椒挥发性物质成分。将青椒总离子图的各个色谱峰对应的质谱进行检索及人工解析，确定其物质种类及含量，从中鉴定出的挥发性物质总数量为 49 种，其挥发性物质包括：烃类 11 种、酮类 9 种、醛类 5 种、酯类 5 种、醇类 13 种和其他类 6 种。

青椒常温货架期挥发性成分主要由酯类和醇类组成，两者之和约占总挥发性物质含量的 68.51%~82.10%。酯类中，酯类的阈值较低，对青椒的风味贡献较大，它随果实的成熟而变化，但货架后期它会发生水解生成醇类，酯类物质主要为青椒提供水果香，相对含量在 1% 以上的酯类对青椒香气的贡献率较大，随着货架期的延长，无包装、微孔袋包装和聚乙烯无孔袋包装 3 组酯类物质都呈下降趋势，在货架期的 7~11d 下降尤为明显，货架期 3~11d 无包装、微孔袋包装和聚乙烯无孔袋包装 3 组酯类相对含量分别下降了 47.33%、23.43% 和 51.39%，无包装和聚乙烯无孔袋包装酯类物质的下降率均较高，微孔袋组下降较小，说明微孔袋包装可以有效地延缓了青椒酯类挥发性物质的降低，而聚乙烯无孔袋包装效果不明显；醇类中不饱和醇阈值较低，无包装、微孔袋包装和聚乙烯无孔袋包装 3 组醇类挥发性物质中以 1-辛烯-3-醇相对含量波动最大，具有蘑菇味，对青椒的香味具有一定的贡献，随着货架期的延长，无包装和微孔袋包装两组的醇类相对含量在第 3~7 天呈下降趋势，而聚乙烯无孔袋组包装则呈上升趋势，但无包装、微孔袋包装和聚乙烯无孔袋包装 3 组上升或者下降幅度都很小，在货架期的 7~11d 则骤升，在 3~11d 无包装、微孔袋包装和聚乙烯无孔袋包装 3 组醇类相对含量分别上升了 68.73%、56.80% 和 72.96%，无包装和聚乙烯无孔袋包装组醇类物质的上升率较高，微孔袋包装醇类上升较少，说明微孔袋包装可以有效地抑制货架期间醇类挥发性物质的上升，而聚乙烯无孔袋包装较无包装组而言效果不明显；无包装、微孔袋包装和聚乙烯无孔袋包装 3 组酮类相对含量在货架期的 3~11d 都呈上升趋势，分别上升了 31.09%、70.73% 和 32.73%，微孔袋包装酮类物质上升率最高，微孔袋包装和聚乙烯无孔袋包装组上升率差别不大，都较小，说明不同包装对青椒的酮类挥发性物质是有影响的，而且微孔袋、聚乙烯无孔袋包装均可促进酮类物质的增加，且微孔袋包装尤为明显。综上所述，不同包装方式对青椒挥发性物质成分中的酯类、醇类影响具有一定的规律性，其中微孔袋有效抑制货架期间酯类香气物质的下降，保持青椒本身良好的香气，并有效减缓醇类物质的上升，防止不良气味的产生，说明微孔袋包装有效改善贮后货架期间青椒的香气。

其他的挥发性物质在货架期间，无包装、微孔袋和聚乙烯无孔袋 3 组在货架期 3~7d 的相对含量变化不大，在 7~11d 时变化较大，说明贮后货架至 7d 后，青椒挥发性成分受不同包装方式的影响开始明显，在货架期后期随着青椒品质的变化，其挥发性物质所受的影响也很大。而且将无包装、微孔袋和聚乙烯无孔袋 3 组作为一个整体，分析他们在不同货架期下的挥发性物质变化情况，发现在货架期的 3d、7d 和 11d 中烃类、醛类、酯类和醇类差异显著（$P<0.05$），在 7d 与 11d 差异极显著（$P<0.01$），说明存放时间的长短也会直接影响到青椒挥发性物质成分，且气相色谱质谱联用能够区分出不同货架期下的青椒样品，可以用来检测青椒香气成分是否新鲜。

三、质量损失率

青椒在物流过程中极易出现失水萎蔫和腐烂等问题，青椒失水表面则会变皱、失去弹性降低其商品价值和食用价值。而果蔬采后质量损失是一种自然损耗，包括水分和干物质两方面，是由蒸腾作用和呼吸作用造成的，青椒质量损失率随着贮藏时间的延长而增加，微孔袋、聚乙烯无孔袋与无包装贮藏青椒的质量损失率均差异显著（$P<0.05$），无包装贮后常温货架 11d 质量损失率达到 4.57%，而微孔袋、聚乙烯无孔袋包装质量损失率只有 2% 左右，说明包装可以减缓青椒的贮后货架期间失水的进程；利用微孔袋进行包装，青椒水分还会从小孔中散发出来，所以较聚乙烯无孔袋而言，对青椒的保水效果稍差，但是两

组之间差异不显著（$P>0.05$）。

四、维生素 C 含量

维生素 C 是普遍存在植物组织内的一种己糖醛酸，含有还原型和脱氢型两种。维生素 C 的含量可以作为评价贮藏以及货架期间果蔬品质关键指标之一。青椒随着贮后货架期的延长，包装和无包装果实维生素 C 含量基本均呈下降趋势，这是由于果实的后熟以及组织内部化学物质的分解氧化，加速了维生素 C 的氧化分解，含量急剧下降，在货架期的 3~11d，无包装、微孔袋及聚乙烯无孔袋 3 组维生素 C 含量分别下降了 54.02%、47.80% 和 47.55%，微孔袋组和聚乙烯无孔袋包装的维生素 C 下降率均低于无包装；且相同贮后货架期下微孔袋组的维生素 C 含量均为 3 组中最高，说明微孔袋包装可以较好地延缓青椒维生素 C 含量的下降，起到保鲜作用，并且除 7~9d 时微孔袋组与其他两组之间差异不显著外（$P>0.05$），其余的贮后货架期青椒微孔袋与其他两组之间均差异显著（$P<0.05$），除了 11d 相同货架期下对照组的维生素 C 含量高于聚乙烯无孔袋包装，说明不同包装对青椒维生素 C 含量的影响差异较明显，微孔袋包装对延缓维生素 C 含量的降低效果明显优于聚乙烯无孔袋包装。

五、糖酸比

果蔬甜味的口感强弱除了与含糖量有关外，还与含糖量和含酸量之比（糖酸比）有关，糖酸比对果实风味的影响往往比单一的糖和酸含量更大。青椒随着贮后货架期的延长，其糖酸比呈先上升后下降趋势，这是由于随着果实成熟度的提高，青椒中淀粉逐渐转变为可溶性糖，这段贮藏期的可溶性固形物含量将会上升，总酸也会随果实成熟而积累，而货架后期（7~11d）品质劣变或果实呼吸作用代谢消耗比较快造成可溶性固形物含量、总酸含量快速下降；青椒贮后货架第 5 天时口感还较好，7~11d 口感出现明显的下降；相同贮后货架期微孔袋组的糖酸比与无包装、聚乙烯无孔袋包装差异显著（$P<0.05$），微孔袋组糖酸比均最高，说明该包装方式对减缓青椒糖酸比的降低效果优于无包装和聚乙烯无孔袋包装。

通过利用气味扫描仪和采取线性判别法对青椒不同包装贮后货架期的整体香气成分进行分析，结果表明，无包装、微孔袋包装和聚乙烯无孔袋包装 3 种方式青椒果实中整体挥发性物质差异明显，在货架后期（7~11d）差异更明显；

利用气相色谱质谱联用分析，表明青椒的挥发性物质的种类以酯类和醇类为主，在青椒的挥发性成分中，随货架期的延长以及不同包装较敏感的物质有：2-庚酮、反-2-己烯醛、2-甲基丙酸-3-羟基-2，4，4-三甲基戊酯、2，2，4-三甲基戊二醇异丁酯、1-辛烯-3-醇等，它们同时也是青椒的主要挥发性成分；随着货架期的延长，酯类物质逐渐降低，醇类物质逐渐积累，无包装、微孔袋包装和聚乙烯无孔袋包装 3 组之间在相同货架期条件下挥发性物质均存在差异，微孔袋包装可以有效地改善青椒的整体挥发性物质，明显减缓了酯类的降低以及抑制了醇类的增加，其保鲜效果最佳，使青椒果实具备更佳的品质，可提高果实的食用价值和商品价值。运用不同的包装对其质量损失率、维生素 C 含量和糖酸比的影响较大，其中微孔袋包装对减缓维生素 C 降低明显优于聚乙烯无孔袋的，对于减少青椒水分蒸腾而言，聚乙烯无孔袋包装略优于微孔袋包装，所以相关研究结果表明，微孔袋更适合青椒贮后货架的包装，可以延缓其品质的下降，达到延长货架的效果，结果与气相色谱质谱联用一致。该研究结果得出微孔袋更适合青椒贮后常温货架的包装，这为青椒物流过程中包装的选择提供理论依据和技术参考。

第四节　功能性薄膜对青椒贮藏保鲜的影响

进行青椒保鲜试验，设计未包装、聚乙烯薄膜、壳聚糖薄膜、NF73 纤维膜、壳聚糖/聚乳糖双层抗菌纤维膜和壳聚糖/NF73 双层纤维膜共计 6 组。对 6 组包装青椒进行贮藏期相关品质测定。

一、感官品质

包装过后的青椒的整体感官指标明显优于未包装的青椒，而双层膜包装过的青椒的感官评价最优，其中，含有纳米二氧化钛抗菌剂和氧化石墨烯增强剂的壳聚糖/NF73 双层纤维膜包装贮藏的青椒至贮藏结束后颜色依旧较好，红化现象减缓，这是因为纳米二氧化钛抗菌剂会光降解乙烯，从而延缓青椒的成熟和软化。包装处理后的青椒腐烂情况明显优于其余组别，一是壳聚糖可以抑制一些细菌和真菌的生长，纳米二氧化钛抗菌剂光激活后具有杀菌作用。氧化石墨烯增强剂本身也有一定的杀菌作用，可以通过吸附作用抑制细菌的生长，氧化石墨烯增强剂的存在会促进纳米二氧化钛抗菌剂的光催化作用，使青椒的品质更优于其他包装组。利用壳聚糖保鲜青椒时发现可以有效减缓青椒的质量损失，使青椒维持较好的商品品质，延长货架期。

二、失重率

包装后的青椒重量损失（包括干物质和水分）与其蒸腾作用、呼吸作用以及包装膜的水蒸气阻隔性都有关系。随着贮藏天数的增加，各组别的青椒失重也逐渐增加，这可能是水分从青椒到周围环境的持续蒸发所导致。在0~2d，各组别青椒的失重率差异不显著；在2~8d，未包装的青椒重量损失最快，贮藏到8d，未包装的青椒失重率达到36%，而聚乙烯薄膜包装的青椒在8d时失重率为27%，而NF73纤维膜包装的青椒在8d时失重率为30%，这是因为聚乙烯薄膜相对于纤维膜而言具有更好的阻隔性，可以更有效降低水分的散失。到4~8d，壳聚糖/NF73的双层膜包装的青椒的失重降低最慢，一方面可能是因为双层膜具有比单层膜更高的阻隔性，可以更有效抑制被包装的青椒的呼吸作用和水分的散失。另一方面相比于聚乙烯包装膜包装青椒，双层膜可以有效减缓青椒的呼吸作用，减少营养物质的消耗，使得青椒的失重率变化更缓慢。

三、硬度

果蔬的软化与收缩、蛋白质、多糖降解和中央液泡的破坏有关，硬度是新鲜农产品产品质量和贮藏后货架期的主要指标之一。随着贮藏时间的增加，所有组别的青椒均在贮藏期间发生不同程度的软化。贮藏到8d，未包装组的青椒的硬度平均值为（5.67±0.31）N，聚乙烯包装青椒硬度平均值为（7.9±0.22）N，壳聚糖/NF73双层膜包装的青椒的硬度平均值为（9.92±0.31）N，可以看出双层抗菌纤维膜可以有效地延迟整个贮藏期间青椒的硬度的损失。由于果蔬的软化与乙烯相关，这可能是包装环境中较低的乙烯积累，纳米颗粒的加入使复合膜可对乙烯进行光降解，从而抑制果胶物质的分解，减缓青椒的软化。此外，壳聚糖也具有一定的乙烯清除能力，这可能与壳聚糖分子链中经基和氨基的氧化能力有关。

四、可溶性固形物含量

在整个贮藏期间，所有青椒的可溶性固形物含量均呈现不同程度的降低。

在贮藏 8d，未包装青椒的平均可溶性固形物含量为 3.51mg/g，相对于贮藏前降低了 36.60%，壳聚糖/NF73 双层膜包装过后的青椒的平均可溶性固形物含量为 4.36mg/g，相较于贮藏前降低了 21.01%。双层膜可以更有效的延迟青椒内部质量的变化，减少重量损失，减少贮藏期间青椒的营养成分的流失。

五、叶绿素

从整个贮藏期来看，所有组别青椒的叶绿素含量变化均呈逐渐下降的趋势。其中贮藏末期（到 8d 时），未包装组叶绿素含量较贮藏初期降低了 35.26%，而壳聚糖/NF73 双层膜包装组别青椒的叶绿素含量较贮藏初期降低了 18.95%。可见壳聚糖/NF73 双层膜能有效地抑制青椒叶绿素含量的下降。这可能因为纳米二氧化钛抗菌剂的存在分解了青椒产生的乙烯，同时阻隔了包装内外的气体交换，抑制了青椒的呼吸作用，从而减缓叶绿素的损失，但更明确的机制需要通过测定青椒在贮藏期间的乙烯含量的变化来解释。

因此，添加纳米二氧化钛抗菌剂和氧化石墨烯增强剂的双层纤维膜在光照下具有较好的杀菌和分解包装内的乙烯的能力，从而可以减缓青椒中的营养物质的消耗，降低失重，维持青椒的品质和货架期。

第七章　气调贮藏在青椒保鲜中的应用

气调贮藏是在低温冷藏基础上，进一步提高贮藏环境的相对湿度，并人为改变环境气体组分的贮藏保鲜方法。

新鲜果蔬采摘后，仍进行着旺盛的呼吸作用和蒸发作用，从空气中吸取氧气，分解消耗自身的营养物质，产生 CO_2、水和热量。

由于呼吸要消耗果蔬采摘后自身的营养物质，所以延长果蔬贮藏期的关键是降低呼吸速率。虽然低温可以降低果蔬呼吸速率，抑制蒸发作用和微生物生长，但对某些冷害敏感的果蔬来说，即使贮藏温度处于最低的安全温度，其呼吸速率仍然很高。气体成分的变化对果蔬采摘后生理有着显著的影响，适当低 O_2 高 CO_2 环境可有效抑制呼吸作用，推迟呼吸跃变型果蔬呼吸跃变启动，减少水分蒸发并抑制微生物活动。乙烯是重要的成熟因子，可激发果蔬呼吸作用增强，控制或减少乙烯浓度是推迟后熟的关键途径之一。

实践表明，采用气调贮藏法能够在维持果蔬采后正常生理活动前提下，有效抑制其呼吸作用和蒸发作用，最大限度减少激素和微生物作用等不良影响，延缓果蔬的生理代谢过程，推迟后熟衰老和腐败变质发生，延长保鲜期。

气调贮藏按气调方式可分为自发气调贮藏和机械气调库贮藏。自发气调称一次气调法，是指依靠果蔬自身的呼吸代谢来降低环境中的 O_2，提高 CO_2 含量，主要包括气调包装和塑料薄膜帐硅窗气调。气调包装主要是利用塑料薄膜对 O_2 和 CO_2 有不同渗透性和对水透过率低的原理来抑制果蔬在贮藏过程中的呼吸作用和水蒸发作用。塑料薄膜一般选用 0.12mm 厚的无毒聚氯乙烯薄膜或 0.075～0.2mm 厚的聚乙烯塑料薄膜。硅胶膜对 O_2 和 CO_2 有良好的透气性和适当的透气比，可以用来调节果蔬贮藏环境的气体成分，达到控制呼吸作用的目的。

机械气调库贮藏也称连续气调法，指采用机械气调库，依靠制冷系统、气调系统和加湿系统的运行，将气调工艺参数（温度、气体成分、相对湿度等）严格控制在恒定范围内，具有设备先进、贮藏量大、贮藏期长、贮藏品种多、质量好的特点，是当今最先进的果蔬贮藏技术之一，是以后气调贮藏的发展方向和主流。果蔬气调贮藏时应根据具体情况选择气调方法。小批量、多品种的果蔬气调，宜用塑料薄膜帐或硅窗薄膜帐；大批量、整进整出、单一品种的果蔬气调则宜用机械气调库贮藏。

气调贮藏能很好地保持果蔬原有色泽、风味、质地和营养品质，延长贮藏时间和货架期，一般认为气调贮藏的水果货架期是冷藏的 2~3 倍。果蔬在气调贮藏过程中，无须任何化学药物处理，不会对果蔬菜产生任何污染，是完全"绿色"的贮藏技术，因此在果蔬贮藏中被广泛应用。据统计，欧美国家果蔬产品的气调贮藏已占产量的 60% 以上。在意大利，90% 的水果要经贮藏和商业化处理，80% 贮藏库为全自动气调库。由于成本较高和技术水平落后，我国气调库的推广普及程度和果蔬的气调保鲜贮藏量与西方发达国家还相差悬殊，但近年来发展迅猛，推广迅速。气调技术已广泛应用于苹果、梨、柑橘、番茄、菜花、黄瓜、青椒、蒜薹等果蔬的保鲜贮藏。与机械气调库存贮藏相比，气调包装贮藏技术简便易行，成本低廉，其应用也较之更为广泛，特别是在鲜切和新鲜果蔬中普遍应用。

第一节　三种保鲜袋自发气调对青椒贮藏保鲜的影响

挑选新鲜、无病虫害和无机械损伤青椒，放入冷库（8±0.2）℃预冷 24h 后，从库内取出青椒分别装入普通聚乙烯膜、功能助剂为单硬脂酸甘油酯膜以及功能助剂为单硬脂酸甘油酯和对羟基苯甲酸丙酯膜等 3 种保鲜袋，保鲜袋长、宽和厚分别为 400mm、400mm 和 0.02mm。

一、气体成分变化

O_2 和 CO_2 浓度变化是一项鉴定薄膜是否利于青椒贮藏的重要指标。在果蔬采后贮藏过程中，呼吸作用会导致贮藏环境中 O_2 浓度下降，CO_2 浓度升高。但 O_2 浓度过低或 CO_2 浓度过高时，都会影响果蔬的贮藏品质和正常的生理代谢，甚至可能导致其发生采后生理病害。已有研究表明，青椒 CO_2 伤害阈值为 2%，超过该值即可能对细胞产生损害。在（8±0.2）℃条件下，测定 50d 内保鲜膜内气体成分变化。在贮藏初期，青椒的呼吸作用旺盛，3 种保鲜袋内 O_2 含量均迅速降低，CO_2 含量均迅速提高。之后随着呼吸速率降低，O_2 和 CO_2 渗透达到动态平衡，曲线变化基本平稳。贮藏 12d，功能助剂为单硬脂酸甘油酯膜、功能助剂为单硬脂酸甘油酯和对羟基苯甲酸丙酯膜以及普通聚乙烯膜内 O_2 浓度分别为15.7%、17.4%和13.3%，CO_2 浓度分别2.7%、1.8%和3.7%。普通聚乙烯膜和功能助剂为单硬脂酸甘油酯膜内形成了高 CO_2 的气体环境，超过青椒 CO_2 伤害阈值，不利于青椒的贮藏。功能助剂为单硬脂酸甘油酯和对羟基苯甲酸丙酯膜中适量 CO_2 浓度则利于抑制青椒的呼吸代谢，对青椒有较好的保鲜效果。这可能是由于功能助剂为单硬脂酸甘油酯和对羟基苯甲酸丙酯膜中添加的功能助剂，增加了保鲜膜的透气性。因此，功能助剂为单硬脂酸甘油酯和对羟基苯甲酸丙酯膜较普通聚乙烯膜利于青椒贮藏。

二、失重率

青椒含水量较高，相对湿度低于90%时易失水，干缩萎蔫，失去食用价值。在（8±0.2）℃下，50d内功能助剂为单硬脂酸甘油酯和对羟基苯甲酸丙酯膜失重率最低，功能助剂为单硬脂酸甘油酯膜次之，普通聚乙烯膜失重率最高。这说明功能助剂薄膜较普通聚乙烯膜更能降低贮藏青椒的水分损失。贮藏50d时，普通聚乙烯膜内青椒果皮变软，硬度降低，失重率高达3.9%，而功能助剂为单硬脂酸甘油酯和对羟基苯甲酸丙酯膜失重率仅为1.9%，有显著差异（$P<0.05$）。相关研究表明，在（8±0.2）℃条件下，功能助剂为单硬脂酸甘油酯和对羟基苯甲酸丙酯膜能够确保青椒的含水量，利于青椒的贮藏。

三、呼吸强度

呼吸强度是用来衡量呼吸作用强弱的指标，是评价新鲜果蔬贮藏寿命的重要标志。呼吸强度越大，生命周期越短；呼吸强度越小，生命周期越长。供试青椒在贮藏过程中，测定50d内呼吸强度变化，相关研究表明，呼吸速率整体呈现下降趋势，至出现腐烂现象也未出现呼吸高峰。采用功能助剂为单硬脂酸甘油酯和对羟基苯甲酸丙酯膜处理的青椒果实的呼吸强度一直明显低于功能助剂为单硬脂酸甘油酯膜和普通聚乙烯膜。贮藏50d时，功能助剂为单硬脂酸甘油酯膜、功能助剂为单硬脂酸甘油酯和对羟基苯甲酸丙酯膜以及普通聚乙烯膜中青椒的呼吸强度分别为 196.24mg/（kg·h）、175.63mg/（kg·h）和256.92mg/（kg·h），其中功能助剂为单硬脂酸甘油酯和对羟基苯甲酸丙酯膜较普通聚乙烯膜低31.6%，功能助剂为单硬脂酸甘油酯和对羟基苯甲酸丙酯膜对青椒呼吸强度的抑制效果显著（$P<0.05$）。相关研究表明，功能助剂为单硬脂

酸甘油酯和对羟基苯甲酸丙酯膜处理可以显著降低青椒的呼吸强度，延缓衰老。

四、丙二醛

青椒在（8±0.2）℃下贮藏期间，丙二醛含量整体呈上升趋势。贮藏50d时，功能助剂为单硬脂酸甘油酯膜、功能助剂为单硬脂酸甘油酯和对羟基苯甲酸丙酯膜以及普通聚乙烯膜3种包装青椒中的丙二醛含量分别为0.73μmol/L、0.50μmol/L和1.00μmol/L，其中功能助剂为单硬脂酸甘油酯和对羟基苯甲酸丙酯膜丙二醛含量最低，较普通聚乙烯膜低50.0%。普通聚乙烯膜处理的青椒，丙二醛含量在10d后变化开始加快，而普通聚乙烯膜中的青椒在30d后开始加快，较普通聚乙烯膜推迟20d。结果表明，对比普通聚乙烯膜，功能助剂为单硬脂酸甘油酯和对羟基苯甲酸丙酯膜能够有效地阻止丙二醛含量增长，更利于青椒的贮藏。这是由于保鲜膜中O_2和CO_2的浓度适宜，未对青椒造成生理伤害。

五、转红指数

颜色的变化是青椒外观质量的重要指标。在贮藏过程中，青椒常出现后熟转红现象，大大降低青椒的商品价值和货架寿命。青椒在（8±0.2）℃下贮藏50d，采用普通聚乙烯膜包装的青椒在10d后，转红速度开始加快，功能助剂为单硬脂酸甘油酯膜、功能助剂为单硬脂酸甘油酯和对羟基苯甲酸丙酯膜2种包装的青椒在30d后开始快速变红，较普通聚乙烯膜推迟20d；50d时，功能助剂为单硬脂酸甘油酯膜、功能助剂为单硬脂酸甘油酯和对羟基苯甲酸丙酯膜以及普通聚乙烯膜3种包装的青椒转红指数分别为49.5、40.0和62.5。由此可见，功能助剂为单硬脂酸甘油酯和对羟基苯甲酸丙酯膜可以有效地抑制青椒转红，功能助剂为单硬脂酸甘油酯膜次之，普通聚乙烯膜最差。

六、好果率

青椒在贮藏过程中易发生软腐病，好果率是反映青椒贮藏品质好坏最为直观的指标之一。青椒在（8±0.2）℃下贮藏50d，好果率最高的是功能助剂为单硬脂酸甘油酯和对羟基苯甲酸丙酯膜。功能助剂为单硬脂酸甘油酯膜、功能助剂为单硬脂酸甘油酯和对羟基苯甲酸丙酯膜以及普通聚乙烯膜包装的青椒好果率分别为65.2%、85.5%和50.2%。功能助剂为单硬脂酸甘油酯和对羟基苯甲酸丙酯膜的好果率较普通聚乙烯膜提高 41.3%。相关研究表明，普通聚乙烯膜可以有效地提高青椒的好果率，其中功能助剂为单硬脂酸甘油酯和对羟基苯甲酸丙酯膜的效果最佳。这是由于功能助剂为单硬脂酸甘油酯膜中添加的功能助剂，可以降低薄膜结露，具有防雾功能；而功能助剂为单硬脂酸甘油酯和对羟基苯甲酸丙酯膜中添加的功能助剂，既有效地降低薄膜结露，又可以抑制微生物繁殖，具有防霉防雾的功能，从而有效提高青椒好果率，大大延长了贮藏期。

相关研究结果表明，在 (8±0.2)℃条件下，添加不同功能助剂保鲜膜的保鲜效果均优于普通聚乙烯膜，其中功能助剂为单硬脂酸甘油酯和对羟基苯甲酸丙酯膜效果最佳。功能助剂为单硬脂酸甘油酯和对羟基苯甲酸丙酯膜可以显著减少失重，抑制呼吸强度，减缓丙二醛增加，将青椒快速后熟转红推迟 20d。这说明功能助剂为单硬脂酸甘油酯和对羟基苯甲酸丙酯膜为青椒提供的微气调环境较适宜，更利于青椒贮藏。功能助剂为单硬脂酸甘油酯和对羟基苯甲酸丙酯膜中添加的功能助剂可以减少结露，抑制微生物繁殖，使其在贮藏 50d 时好果率较普通聚乙烯膜提高 41.3%。不同保鲜膜的贮藏效果不同，可能与膜的成分和理化性质有关，其调控机制还有待进一步研究。

第二节　七种保鲜袋自发气调对青椒贮藏保鲜的影响

采摘青椒预冷后，挑选大小均匀、无病虫害、无机械损伤的果实分别装入 0.02mm 厚聚乙烯抗菌袋、0.03mm 厚聚乙烯抗菌袋、0.04mm 厚聚乙烯抗菌袋、0.02mm 厚聚乙烯普通对照袋、0.03mm 厚聚氯乙烯保鲜袋、0.03mm 厚聚乙烯青椒专用袋、0.02mm 厚聚乙烯微孔袋 7 种保鲜袋中。预冷至接近 10℃后，扎紧袋口，(10±1)℃贮藏。

一、袋内 O_2 和 CO_2 浓度

气调包装袋内的 O_2 和 CO_2 浓度对果蔬的品质和生理具有很大影响，不适宜的 O_2 和 CO_2 浓度可导致果蔬生理严重失调，而且不同包装材料的气调中 O_2 和 CO_2 浓度差异较大。气调包装青椒在 (10±1)℃低温贮藏条件下，包装内 O_2 和 CO_2 浓度可通过改善包装袋内外 CO_2 和 O_2 的透过率来延长贮藏期。在 7 种包装袋贮藏青椒中，各气调包装内的 O_2 浓度比普通对照袋高，CO_2 浓度比普通对照袋

低，除了 0.02mm 厚聚乙烯微孔包装袋外，其余 6 种包装袋内的 CO_2 浓度均在 25d 后趋于平稳，维持在 0.59%~1.25%，O_2 浓度在 25d 后变化逐渐平缓，维持在 7.8%~12.9%，0.02mm 厚聚乙烯微孔袋在整个贮藏期间 O_2 和 CO_2 变化均不明显，几乎呈一条平滑的直线。青椒在气调贮藏中，O_2 和 CO_2 浓度变化取决于两个主要过程，一方面是青椒自身呼吸消耗 O_2 和释放 CO_2 的速率；另一方面是包装薄膜的透 O_2 率和透 CO_2 率，即 O_2 从大气环境透入包装袋和 CO_2 从包装袋透出大气环境的速率，最终达到一个动态平衡。

二、颜色

青椒果皮颜色是评价其成熟度和品质的重要指标，它的变化影响着青椒的外观品质。青椒经各包装处理后贮藏，A 值（红绿值）变化趋势基本相同，均逐渐增大，即表皮颜色逐步褪绿，由刚采摘时的鲜绿色慢慢褪去转变成红色。而 A 值越负，则表示颜色越绿。贮藏初期，各处理之间 A 值变化不明显，数值非常接近，贮藏 8d 后，各处理之间 A 值出现差异，0.02mm 厚聚乙烯普通对照袋 A 值上升迅速，0.03mm 厚聚氯乙烯保鲜袋 A 值上升较缓慢。说明 0.03mm 厚聚氯乙烯保鲜袋青椒对表皮褪绿有一定的抑制作用，延缓了果实的成熟衰老，且与 0.02mm 厚聚乙烯普通对照袋之间差异明显（$P<0.05$）。

三、可溶性固形物含量

不同气调包装青椒可溶性固形物含量总体上呈现先下降后上升的趋势，前期下降可能是由于青椒采收后脱离母体，营养供给被切断，但生理活性仍很高，自身为维持生理需要而消耗糖类等物质，从而使营养物质和可溶性固形物含量下降；后期上升可能是成熟衰老过程中的糖类等物质的降解使可溶性固形物含量升高。贮藏 8~16d 时，可溶性固形物含量呈下降趋势，0.02mm 厚聚乙烯普通对照袋和其他气调包装间可溶性固形物含量差异不显著。此后，可溶性固形物含量呈现明显的上升趋势，其中 0.02mm 厚聚乙烯微孔袋贮藏青椒到后期失水干枯较严重，可溶性固形物含量上升迅速；0.03mm 厚聚氯乙烯保鲜袋贮藏青椒可溶性固形物含量上升较缓慢，其余处理之间可溶性固形物含量上升幅度差异不显著，其中 0.03mm 厚聚氯乙烯保鲜袋青椒上升速率最小，可溶性固形物含量最低，0.02mm 厚聚乙烯微孔袋青椒上升速率最快，可溶性固形物含量最高，除 0.02mm 厚聚乙烯微孔袋青椒的可溶性固形物含量高于 0.02mm 厚聚乙烯普通对照袋外，其他包装可溶性固形物均低于 0.02mm 厚聚乙烯普通对照袋，可见各处理有利于可溶性固形物的保持，以 0.03mm 厚聚氯乙烯保鲜袋的保存率最高。

四、维生素 C 含量

随着气调贮藏时间的延长，青椒维生素 C 含量整体上均呈现逐渐下降的趋势。在（10±1）℃气调贮藏环境下，青椒可减缓其维生素 C 的氧化速率，从而不同气调贮藏青椒的维生素 C 含量损失率均低于 0.02mm 厚聚乙烯普通对照袋，有利于保持青椒维生素 C 含量，尤其是 0.03mm 厚聚氯乙烯保鲜袋对青椒维生素 C 含量的保持有显著作用。在不同气调贮藏之间，青椒维生素 C 含量差异显著。

五、腐烂指数

青椒在贮藏期间腐烂指数逐渐增加，导致商品性降低。0.03mm 厚聚氯乙烯保鲜袋的腐烂指数最低，保鲜效果最好，其次为 0.03mm 厚聚乙烯青椒专用袋。贮藏湿度大是引起青椒果实，尤其是果柄、萼片腐烂的重要原因，而这两种保鲜袋均具有较好的透湿、透气性能。低温条件下，0.03mm 厚聚氯乙烯保鲜袋的透湿性优于 0.03mm 厚聚乙烯青椒专用袋和其他保鲜袋。贮藏初期各处理均可保持较高的好果，后期腐烂指数迅速上升，这可能与青椒腐烂病的交叉感染有关，一旦有腐烂的青椒出现，会加速保鲜袋中其他青椒的迅速感染腐烂。对 7 种保鲜袋气调贮藏效果比较中，0.03mm 厚聚氯乙烯保鲜袋是青椒贮藏保鲜较为理想的保鲜包装材料。

CO_2 浓度低于 2% 时有利于青椒保鲜，完全吸除贮藏环境中的 CO_2 对青椒贮藏不利。通过 7 种包装袋气调保鲜试验，确定 0.03mm 厚聚氯乙烯保鲜袋保鲜效果最好。用它包装青椒，袋内可维持适宜的 O_2 和 CO_2 浓度，即 O_2 浓度 7% 左右和 CO_2 浓度低于 2%。0.03mm 厚聚氯乙烯保鲜袋包装青椒，较好地抑制青椒果皮褪绿，有利于可溶性固形物的保持，提高维生素 C 的保存率，维持降低腐烂率的上升。

第三节　硅窗气调贮藏对青椒的保鲜

选择大小适中、无病虫害和无机械损伤的青椒平摊于（9±1）℃冷库中预冷

12h。取出后分别进行机械冷藏：将青椒存放于长宽高分别为 40cm、30cm 和
10cm 筐中，套上长、宽和厚度分别为 50cm、70cm 和 0.035mm 高密度聚乙烯膜
气调袋并折口。减压贮藏：将青椒存放于长、宽、高分别为 45cm、35cm 和
25cm 的带盖塑料筐中，压力控制在 35~40kPa，相对湿度控制在 85%~90%。硅
窗气调贮藏：将青椒存放于长、宽、高分别为 40cm、30cm 和 10cm 筐中，套上
制得的面积为 16cm² 硅窗袋，将气调袋口密封。所有贮藏温度皆为（10±1）℃。

一、失重率

失重率变化的原因包括水分损失和呼吸作用的消耗 2 种。通常果蔬的含水
量较高，一般在 85%~95%，失重率主要是由水分损失引起的。随着贮藏时间的
延长，青椒的失重率均呈上升趋势。减压冷藏青椒的失重率最高，贮藏到 8d，
失重率达 4.2%；贮藏 15d，失重率已过 9%。贮藏 25d 后，硅窗气调、机械冷藏
和减压贮藏的失重率分别为 1.85%、9.92%、14.70%。果蔬失水将直接导致其
外观的变化及品质的恶化。有研究发现，失重 3%~6% 就会引起大多数果蔬品质
的明显下降。硅窗气调能有效地减缓青椒失重率的上升，贮藏效果优于减压贮
藏和冷藏。减压冷藏引起快速失水是导致其质量下降的主要原因。

二、呼吸强度

果蔬采后仍是一个生命体，继续进行着呼吸与代谢。呼吸强度越高，说明
代谢越旺盛，营养物质消耗得越快，品质下降得越快。呼吸强度是衡量呼吸代
谢强弱的指标，对果蔬贮藏具有重要的指导意义。青椒是呼吸跃变型蔬菜，在
成长和成熟过程中呼吸强度会突然升高，达到高峰后下降，高峰过后，蔬菜风
味品质逐渐下降。青椒机械冷藏前 5d 呼吸强度从 5mg/（kg·h）降至 0mg/
（kg·h）；之后又快速上升，16d 升至最高点达 26mg/（kg·h）；之后呼吸强度
又快速下降，28d 降至 3mg/（kg·h）。青椒减压贮藏前期呼吸强度快速上升，贮
藏 6d 达最高点 19mg/（kg·h）；之后快速下降，至 16d 为 4mg/（kg·h），之后
至 30d 持续维持在该水平。青椒硅胶贮藏前期一直维持在一个缓慢上升的状态，
至 22d 达最高值 17mg/（kg·h），之后又缓慢下降。

三、维生素 C 含量

维生素 C 是一种己糖醛基酸，广泛存在于果蔬中，容易受到外界因素的影

响而损失，对果蔬本身的质量变化有灵敏的反应，它的含量变化能较好地指示果蔬的品质状况。青椒在不同贮藏方式中，随着贮藏时间的延长，维生素 C 的质量分数都逐渐下降。青椒在常压冷藏下其维生素 C 质量分数下降最快，贮藏 15d，损失率已达 37.12%；减压贮藏的损失率为 34.8%；硅窗气调贮藏的损失率为 22.94%，低于其他两种贮藏方式，说明硅窗气调有利于青椒贮藏。

四、丙二醛、可滴定酸及可溶性固形物

丙二醛是膜脂过氧化产物，其含量多少是膜系统受损害程度的标志，含量越高，说明受损害越严重。有研究结果表明，青椒随着贮藏时间的延长，丙二醛含量逐渐上升。可滴定酸是蔬菜品质主要性状构成之一，是影响蔬菜风味的重要因素。植物组织中可溶性固形物多少可反映组织中糖及其他固形物的含量，此外与细胞的持水力有关，对于果蔬采后水分损失具有意义。有报道，呼吸作用是导致可溶性固形物下降的主要因素。

随着贮藏时间的延长，青椒中的可滴定酸含量逐渐下降，丙二醛积累逐渐增加。贮藏 18d 时，冷藏、减压贮藏和硅窗气调的可滴定酸含量分别是 1.40nmol/100g、1.25nmol/100g 和 1.65nmol/100g，可溶性固形物值分别为 4.6%、4.7% 和 5.1%。硅窗气调一定程度减缓了青椒可滴定酸、可溶性固形物含量的下降。贮藏 28d 时，硅窗气调下青椒的丙二醛积累量最小，约为 1.64nmol/g，冷藏和减压贮藏分别为 4.68nmol/g 和 3.54nmol/g。丙二醛是膜脂过氧化产物，在果蔬正常生长下，氧自由基的产生和清除处于动态平衡状态，不会对果蔬造成伤害，但果蔬被采摘后，生理胁迫和衰老使活性氧的产生增多，而清除能力逐渐降低，原有平衡被打破，自由基的积累会启动膜脂过氧化的连锁反应，加重对膜系统的损伤，使丙二醛含量增加。硅窗气调一定程度降低丙二醛的含量，降低其对青椒细胞膜的损害。

蔬菜采后生理代谢复杂，其中呼吸作用是导致其品质恶化的主要原因，呼吸可导致有害物质的积累。通过比较机械冷藏（10±1）℃、硅窗气调（16cm²）和减压贮藏（35~40kPa）3 种贮藏方式对青椒保鲜的影响。硅窗气调可有效抑制青椒呼吸作用，维持较高的维生素 C、可滴定酸和可溶性固形物保留率，降低丙二醛积累量，有利于延长青椒的保藏期，效果优于其他两种贮藏方式。

第四节　机械气调库贮藏对青椒保鲜的影响

青椒采摘后，用 0.01% 的次氯酸钠溶液清洗，挑选大小均匀，无病虫害和机械伤的果实，预冷清洗好后剪梗处理，留梗 1~2cm。再分别进行 2%、4% 和 6% 的 O_2 浓度以及 1%、2% 和 5% 的 CO_2 浓度筛选后，同时进行青椒贮藏前的热处理和涂膜处理，进一步验证气调保鲜效果，比较机械气调库存贮藏与普通冷藏对青椒采后生理的影响。

一、氧气浓度

比较青椒果实在 2%、4% 和 6% 不同 O_2 浓度下的贮藏效果，发现 O_2 浓度越高，失重率越低，6%O_2 处理在 21d 和 42d 的失重率分别为 3.65% 和 8.47%，2% 与 4%O_2 之间差别不大，但 6% 失重显著低于这两组。腐烂指数在贮藏中期和末期的表现不同，21d 时，6%O_2 处理腐烂指数最低，但 42d 后，4%O_2 处理腐烂最少，效果最好，指数 18.4%，而 2% 和 6% 处理指数都超过 23%，4%O_2 组与另外两组差异显著。结果表明，青椒贮藏采用前期 6%、后期 4% 的变化 O_2 浓度，能取得更佳的保鲜效果。

二、二氧化碳浓度

在相同的温度和压力下，CO_2 能以 30 倍 O_2 的扩散速度渗入细胞，影响蛋白质的生化性质和膜的结构，提高膜的离子渗透能力，改变膜内外的物质平衡。CO_2 也能刺激 ATP 酶的活性，促进 ATP 酶的分解。比较青椒果实在 1%、2% 和 5% 不同 CO_2 浓度下的贮藏效果，发现 5%CO_2 处理比 1% 和 2%CO_2 更利于青椒保持水分，减少失重，5%CO_2 组失重显著低于 2%CO_2。贮藏第 21 天，5% CO_2 处理腐烂指数最低，仅为 3.6%，但贮藏末期，5%CO_2 处理腐烂指数高达 26.4%，显著高于另外两组，效果最差。这表明高的 CO_2 浓度在贮藏前期可较好地保持青椒品质，抑制好氧微生物生长，但后期反而加快果实腐烂，可能是 CO_2 中毒所致，也可能是随着果实衰老加剧，对 CO_2 的敏感性提高。

三、前处理方式

热处理和涂膜处理影响青椒贮藏失重率和腐烂指数，气调贮藏 21d 后，涂膜处理失重 4.54%，腐烂指数 4.0，均显著低于普通冷藏，与热处理相差不大。
42d 时，热处理青椒失重 9.19%，腐烂指数 26.4，略高于涂膜处理，但差异不
显著；普通冷藏组两个指数都显著高于机械气调库贮藏组，表明适当的前处理
结合气调贮藏保鲜青椒的效果优于单一气调。因此，可确定青椒气调参数，贮
藏前期 $6\%O_2+5\%CO_2$，后期 $4\%O_2+2\%CO_2$，同时结合魔芋精粉涂膜处理。

四、品质影响

青椒在贮藏过程中，水分蒸发，叶绿素不断分解，绿色逐渐褪去，维生素 C
含量降低，原果胶逐渐转化成可溶性果胶，使青椒的品质降低，在气调贮藏条
件下可减缓这些变化。青椒在贮藏中不断失重，失重率与贮藏时间呈正相关。
贮藏 21d 时，失重 3.65%，果实还比较新鲜，普通冷藏的青椒失重 5.05%，萎
蔫症状已较明显。贮藏截止时，机械气调库存青椒失重 9.68%，与普通冷藏高
达 10.59%相比，机械气调库贮藏显然抑制了青椒的失重，但其本身也明显萎
蔫，这可能与频繁的取样有关，如果能做到商业气调库的整进整出，失水会有
很大改善。

两种贮藏情况下的青椒腐烂指数在前 21d 增加缓慢，21d 后腐烂加快，特别
是普通冷藏组，增加迅速。贮藏中期，机械气调库贮藏与普通冷藏青椒腐烂指
数无明显差异，21d 时腐烂指数都低于 10%，但后期机械气调库贮藏青椒腐烂指
数明显低于对照，差异极显著（$P<0.01$），42d 时指数为 18.4%，比对照低
52.1%，表明机械气调库贮藏更利于青椒的长期贮藏。但要最大限度减少腐烂，
必须尽可能减少开箱次数。特别是在炎热的夏季，机械气调库贮藏与外面温差
很大，温度波动会加速果实衰老腐烂。

刚采收青椒果实初样的 A 值达 15.13，颜色深绿，随着贮藏时间延长绿色消
退，A 值不断增加。A 值在前 14d 上升较快，在 14～21d 对照出现短暂停滞期，
但随后变化速度加快，而气调组青椒变化相对平稳。第 42 天，机械气调库贮藏
青椒组 A 值为 7.90，比普通冷藏处理低 58.7%，差异显著（$P<0.05$）。这表明
机械气调库贮藏青椒能延缓青椒颜色的变化。贮藏截止时，未见果实有转红现
象发生。

两种贮藏情况下的青椒中，维生素 C 呈不断下降趋势。在一个月以内，机
械气调库贮藏可明显减缓维生素 C 下降速度，保持维生素 C 含量。贮藏第 7 天，
机械气调库贮藏组维生素 C 含量为 43.77mg/100g（仅损失 5.92mg/100g），是普

通冷藏青椒含量的 1.5 倍。但 30d 之后，机械气调库贮藏与普通冷藏维生素 C 含量差别不大，说明机械气调库贮藏只有在一定的保鲜期内，才对减少维生素 C 损失有作用，一旦超过最佳保鲜期，作用就微乎其微。

青椒叶绿素含量在贮藏中不断降低。刚采收的青椒叶绿素含量高达 0.78mg/g，贮藏前期下降速度较快，第 14 天机械气调库贮藏的青椒叶绿素含量为 0.67mg/g，高于普通冷藏处理组 27.2%，比贮藏前期下降 14.2%，14~21d 是青椒的转色期，叶绿素变化很小，但随后变化又加快，与颜色红绿值 A 的变化一致。机械气调库贮藏显著减缓了叶绿素变化速度（$P<0.05$），有利于保持青椒良好的外观品质。

果胶主要对组织起黏合作用，存在于植物的初生细胞壁和细胞之间的中胶层内。在贮藏过程中，在果胶甲酯酶和多聚半乳糖醛酸酶等果胶酶作用下，果实原有的大量原果胶分解为水溶性果胶，使细胞壁间黏胶性下降，胞间空隙加大，胞间连丝消失，从而导致果实硬度下降，衰老软化。青椒在贮藏前期，可溶性果胶含量仅为 0.11%，但在贮藏过程中其含量不断增加。普通冷藏组在第 14 天出现突发性上升，而机械气调库贮藏 21d 时才出现，这种突发性上升持续 7d 后，可溶性果胶开始后续的平稳上升。42d 后，机械气调库贮藏组含量为 0.42%，普通冷藏处理组为 0.45%，气调与对照间差异显著（$P<0.05$）。机械气调库贮藏可抑制原果胶分解，减少可溶性果胶生成。

五、相关酶活性

青椒果实采后还会发生许多生理生化变化，这些引起果实成熟衰老软化的变化与酶活性变化关系密切。超氧化物歧化酶、过氧化物酶、过氧化氢酶和多酚氧化酶都是果实体内重要的抗性酶类，多聚半乳糖醛酸酶促进细胞壁中果胶分解，脂氧合酶启动脂质过氧化，这些酶活性在贮藏中变化趋势不同，但普遍会出现活性高峰。

超氧化物歧化酶是抗氧化酶体系中主要负责清除负氧离子的酶。机械气调库贮藏对青椒超氧化物歧化酶活性先降低，后升高，再降低，第 28 天出现活性高峰，机械气调库贮藏组峰值 59.97U，普通冷藏峰值 56.75U，可能是由于果实组织超氧阴离子积累诱导超氧化物歧化酶酶活升高，从而减轻自由基对果实的伤害。相关研究表明，机械气调库贮藏对青椒超氧化物歧化酶活性有保护作用，从而延缓果实衰老。

青椒贮藏初期的过氧化物酶活性仅为 1.1U/(g·min) FW。贮藏初期活性先缓慢下降，而后上升，第 28 天出现高峰，与超氧化物歧化酶高峰出现时间相同。普通冷藏处理组峰值达 4.31U/(g·min) FW，为初值的 3.92 倍，高于机械气调库贮藏组峰值 116%。表明普通冷藏青椒受活性氧自由基胁迫程度明显高于机械气调库贮藏青椒，机械气调库贮藏在一定程度上抑制了果实自由基的生成和积累。

机械气调库贮藏对青椒过氧化氢酶活性影响显著。普通冷藏在 14d 出现活性高峰，峰值为 21.56U/(g·min) FW，而机械气调库贮藏组 28d 才出现活性高峰，峰值为 30.22U/(g·min) FW，高于普通冷藏处理峰值 40.2%，机械气调库贮藏处理推迟过氧化氢酶活性高峰时间，并提高峰值。贮藏 21d 后，普通冷藏组活性很低，变化不明显。过氧化氢酶活性受 H_2O_2 诱导，并专一清除 H_2O_2，机械气调库贮藏可通过调节过氧化氢酶活性减少 H_2O_2 积累而延缓果实衰老。

多酚氧化酶在植物中以潜伏形式存在，与叶绿体膜紧密结合，通常在成熟、衰老或胁迫条件下，由于膜受伤害而活化，多酚氧化酶能将酚类物质转化成木质素、植保素等，从而提高植物抗病性。青椒果实在机械气调库贮藏中，多酚氧化酶活性在 7d 时接近为 0U/(g·min) FW，之后缓慢上升，42d 达6.0U/(g·min) FW。而普通冷藏中，多酚氧化酶活性一直快速上升，21d 达到高峰值 5.5U/(g·min) FW，然后一直稳定到 28d，之后缓慢下降。

随着贮藏时间延长，酶活逐渐升高，普通冷藏在 20~28d 活性高于机械气调库贮藏处理，出现明显的活性高峰，这可能与果实的褐变有关。在贮藏后期，普通冷藏处理青椒多酚氧化酶活性逐渐下降，机械气调库贮藏处理酶活高于对照，抗病性有所增强。

脂氧合酶以不饱和脂肪酸为底物，代谢产物中有活性氧和氧自由基，对细胞膜有破坏作用，促进植物的成熟与衰老过程。青椒在冷藏过程中脂氧合酶活性高峰明显，分别在 21d 和 35d 出现两次高峰，前次峰值较低，第二次峰值高达157.04U/(g·min) FW，接近前次峰值的 2 倍。机械气调库贮藏抑制了脂氧合酶活性，直到 28d 才出现峰值，为 127.83U/(g·min) FW。高峰出现后，后期活性下降明显。

多聚半乳糖醛酸酶是水解果胶物质的主要酶，一度被认为是控制果实软化的关键酶。多聚半乳糖醛酸酶可任意切断构成果胶的聚半乳糖链分子，使游离果胶成为可以溶解的终端型，从而导致果蔬软化，多聚半乳糖醛酸酶活性越高，果蔬越容易软化。青椒果实多聚半乳糖醛酸酶活性在贮藏中呈上升趋势。普通冷藏青椒在 14d 时出现第一个活性高峰，峰值为 231.28U/（g·min）FW，机械气调库贮藏与普通冷藏青椒均在 21d 时出现突破性上升，35d 时均出现活性高峰，机械气调库贮藏峰值 259.20U/（g·min）FW，比对照低 31.74%，差异显著（$P<0.05$）。机械气调库贮藏处理抑制了多聚半乳糖醛酸酶活性，有利于延缓果实软化。

因此，青椒最佳气调贮藏工艺参数为：贮藏温度为（9±1）℃，相对湿度为 85%~90%。气体成分：贮藏前半期 6%O_2+5%CO_2，后半期 4%O_2+2%CO_2，即双变气调法。青椒热处理和复合涂膜处理后进行气调贮藏可有效保持果实品质，抑制失重和腐烂，涂膜处理略好于热处理，但差异不显著（$P<0.05$）。机械气调库存贮藏青椒果实，与普通冷藏处理相比，叶绿素和维生素 C 含量得到保持，多聚半乳糖醛酸酶活性受到抑制，可溶性果胶含量降低，抗病因子得到激发，相关抗性酶活性增强。贮藏 42d 后，青椒失重 8.47%，比对照低 15.7%，衰老指数 18.4%，低于对照 52.1%，提高了果实商品价值。

第八章　植物精油在青椒贮藏保鲜中的应用

植物精油是植物体内的次生代谢物质，由分子量相对较小的化合物组成，是在常温下能挥发的、可随水蒸气蒸馏并与水不相混的油状液体的总称。

大多数精油具有较强的气味，一般是借助蒸馏、浸提、压榨以及吸附等方法从含精油植物各器官中分离提取而来。精油又叫香精油、芳香油及挥发油等，是几十种到一二百种类型成分的混合物。精油的基本组成为脂肪族、芳香族和萜类化合物。脂肪族化合物较多存在于植物的果实中，包括烃、醇、醛、酮和酯等；萜类主要是单萜和倍半萜，通常它们含量较高，但无香气，不是精油的芳香成分。而某些萜类的含氧衍生物及芳香族化合物含量虽少，但它们具有精油的特异芳香味和显著的生物活性。精油的组成除了上述 3 种物质外，还有一些其他化合物，如含硫化合物大蒜素，含氮和硫的化合物芥子油等。

精油具有下列通性：在常温下易挥发，涂在纸片短时间挥发，且不留油迹；有强烈的特殊香味；在常温下为油状液体；具有较高的折光，大多数有光学活性；可溶于多种有机溶剂，但几乎不溶于水。自古以来，天然植物精油在人类的生活中具有较多的用途，如古代人焚蒿熏衣驱蚊，民间端午节用香艾、菖蒲沐身的习俗和用香料植物作为古建筑的材料，是取其消毒、杀菌、防腐和防虫的功效。另外，精油是香辛料用于食品防腐与调味的活性物质。近代以来，精油不仅作为调香剂广泛用于香料、化妆品、牙膏、香皂、饮料、食品和糖果点心，而且由于它具有生物活性，在医疗上用来止咳、平喘、发汗、祛痰、镇痛、杀灭寄生虫及抗菌等。精油在农产品防腐、抗菌、杀虫方面的研究与应用也日益增多。这方面的研究既能拓宽精油的用途，又能开创农产品天然防腐保鲜的新途径，因此具有重要的理论意义和广阔的应用前景。

植物挥发油中含有的萜类、酚类、醛类和芳香醇类，赋予了其较强的抗菌活性，因此可用于食品的贮藏保鲜。有研究表明，$20\mu g/mL$ 的橙叶油、丁香罗勒油、桂叶油、大蒜油、柠檬草油、肉桂油、冷榨橘子油、蒸馏橘子油、丁香花蕾油和丁香叶油 10 种精油分别处理番茄后，贮藏 12d 后，好果率达 70%以上，上述精油对采后油桃也具有良好的防腐保鲜效果。丁香精油、肉桂油均能显著抑制采后草莓的腐烂以及可溶性固形物、总酸和维生素 C 含量下降，延缓草莓的衰老。丁香精油可延缓冬枣中抗坏血酸含量降低，抑制其硬度、可溶性固形物、还原糖含量的降低以及降低乙烯释放量。22.5μL/mL 丁香叶油处理桃果实后，在 1℃贮藏，腐烂指数比对照组降低 94.1%，好果率提高 46.9%，乙烯释放高峰延迟，同时较好地保持桃果实风味和品质。枫香叶挥发油处理枇杷可以有效抑制其木质化以及维持枇杷的食用品质，其中以 6μL/100mL 用量为宜。龙眼核精油对草莓采后具有显著的保鲜作用，可有效降低草莓的腐烂指数，减缓草莓中可溶性固形物、总糖、维生素 C、总黄酮和总酚的下降。肉桂精油和百里香精油能有效降低腐烂指数，延缓香菇的变色时间，抑制香菇呼吸强度和呼吸高峰的出现，4%的肉桂精油微胶囊对香菇保鲜效果明显。关于丁香精油及山苍子油等精油在青椒保鲜贮藏中也有应用报道。

第一节　不同浓度丁香精油对冷藏青椒保鲜

青椒采收后及时放入冷库进行预冷，挑选大小一致、无损伤的青椒果实，装入聚乙烯保鲜袋中。采用超临界 CO_2 萃取（50℃，10MPa）获得丁香精油，每袋中分别放置加入 0.5mL、1.0mL 和 1.5mL 丁香精油的培养皿，以不放丁香精油为对照，放入 10℃冷库贮藏，定期测定指标并观察腐烂和品质变化情况。

一、多酚氧化酶

多酚氧化酶在植物抗病中发挥着重要作用。多酚氧化酶可催化木质素及其他酚类的氧化产物形成，构成保护性屏障而抵抗病菌的入侵，也可以通过形成酮类物质直接发挥抗病作用。青椒经丁香精油处理后，多酚氧化酶变化趋势与不放丁香精油对照基本一致，早期呈上升趋势，随后开始呈缓慢下降趋势，贮藏后期又呈上升趋势。贮藏 10d 时，不放丁香精油对照青椒的多酚氧化酶活性达到最高值。丁香精油处理的青椒多酚氧化酶活性高峰出现时间晚于不放丁香精油对照，但持续时间长而且随丁香精油浓度的提高，多酚氧化酶活性增大，30d 后随丁香精油浓度的增大，多酚氧化酶活性降低。在整个贮藏后期，与不放丁香精油对照相比，不同浓度的丁香精油均可抑制青椒的多酚氧化酶活性。该试验结果说明丁香精油在贮藏初期能够刺激青椒产生应激性反应而促进多酚氧化酶活性的增大，在贮藏过程中则抑制青椒多酚氧化酶活性的升高。

二、过氧化物酶

过氧化物酶催化植物组织中低浓度的过氧化氢，氧化其底物，用以清除过氧化氢。许多研究表明过氧化物酶活性在贮藏过程中随时间延长而呈上升趋势，可以看作果实衰老的指标，青椒在贮藏过程中，过氧化物酶活性逐渐升高，40d后开始下降。贮藏前期，随丁香精油浓度升高，过氧化物酶活性增大。与不放丁香精油对照相比，1.5mL 的丁香精油熏蒸处理，过氧化物酶活性较大，而另外两个体积（0.5mL 和 1.0mL）处理的青椒过氧化物酶活性低于不放丁香精油对照。在贮藏后期，不放丁香精油对照的过氧化物酶活性降低最大，随丁香精油用量的减小过氧化物酶活性增大。上述结果说明较高浓度的丁香精油能够导致青椒过氧化物酶活性的上升，而较低浓度的丁香精油熏蒸能够抑制青椒过氧化物酶活性的升高。上述结果表明，过氧化物酶对逆境较为敏感，不适的处理可导致过氧化物酶活性上升。贮藏初期，青椒中过氧化物酶活性上升是植物组织的自我保护。而贮藏中后期，合适浓度的丁香熏蒸能够抑制过氧化物酶活性的上升幅度，保持组织的正常代谢和生命力，也可能是果实中过氧化氢含量比较少的原因。过高浓度的丁香精油熏蒸可能造成青椒果实内过氧化氢累积，从而促进过氧化物酶活性上升，也可能是对植物组织的伤害效应。贮藏结束时，过氧化物酶活性降低可能是青椒果实组织代谢紊乱，已不能清理组织中过氧化氢，过氧化物酶丧失了正常功能而引起。总的来看，过氧化物酶活性的峰值与上升幅度可以作为判断青椒果实衰老和丁香精油熏蒸伤害的指标。

三、苯丙氨酸解氨酶

苯丙氨酸解氨酶在植物抗病反应中起着举足轻重的作用，是苯丙氨酸代谢的第一个关键酶，与包括木质素、香豆素、类黄酮、羟基肉桂酸酯以及异类黄酮衍生物等在内的植物抗毒素的合成密切相关。采后青椒在贮藏的第 10 天，苯丙氨酸解氨酶活性达到高峰，其间 3 种丁香精油浓度处理的苯丙氨酸解氨酶活性均高于不放丁香精油对照处理，且随丁香精油量的增大而增大，其中 1.5mL丁香精油熏蒸处理的青椒果实苯丙氨酸解氨酶活性为 147.75 活性单位，是不放丁香精油对照（80.75 活性单位）的 1.83 倍。10d 后，苯丙氨酸解氨酶活性开始降低并保持在稳定水平，各丁香精油处理的青椒苯丙氨酸解氨酶活性低于不放丁香精油对照。在贮藏结束时，丁香精油熏蒸处理的青椒的苯丙氨酸解氨酶活性有所升高，均大于不放丁香精油对照。相关研究结果表明丁香精油熏蒸处理可以诱导采后青椒果实中苯丙氨酸解氨酶活性的迅速升高，但浓度过高时，可能引起青椒果实的组织伤害，导致苯丙氨酸解氨酶活性的降低。

四、酚类物质

酚类物质是植物体内分布最广泛的次生代谢物质，它与果品蔬菜的风味，色泽及抗病性有关，是植物防御系统的重要组分，它们参与许多生理过程，如氧化还原反应，木质化形成。酚类物质中肉桂酸、香豆素、咖啡酸、原儿茶酚和奎宁的单元酚都具一定的抗微生物活性。青椒采后在贮藏初期和中期酚类物质含量呈逐渐增高的趋势，贮藏后期保持稳定，且随丁香精油量的增大而增大。贮藏初期增大趋势较明显，贮藏 10d 时各丁香精油处理差异最大，1.5mL、1.0mL 和 0.5mL 丁香精油熏蒸青椒果实的酚类物质含量分别为 108.96mg/g、91.32mg/g 和 52.51mg/g，分别是不放丁香精油对照 36.63mg/g 的 2.98 倍、2.49 倍和 1.43 倍。以上结果表明，贮藏初期，低温及丁香精油能够刺激青椒果实中酚合成酶活性，引起酚类物质含量升高，这是植物组织的应激反应，可能与其保护机制有关。贮藏过程中，酚类物质含量呈升高趋势，可能与青椒的后熟过程中酚类物质的合成有关。

五、细胞膜透性

细胞膜在植物的新陈代谢过程中具有重要作用。细胞膜透性的高低可以代表细胞膜的完整程度和稳定性，一定程度上反映了细胞受伤害的情况。在整个贮藏过程中，青椒的相对电导率随贮藏期的延长而增大，贮藏结束时，各处理相对电导率达最大值。贮藏初期，各处理的相对电导率变化缓慢，差异不明显，可能因为青椒果实的生理代谢的正常，细胞膜还未受到膜脂过氧化的损伤。随着贮藏时间的延长，差异逐渐增大，说明浆果细胞膜损伤程度显著增大。其中 1.5mL 丁香精油熏蒸处理的青椒相对电导率最大并且高于不放丁香精油对照，1.0mL 和 0.5mL 丁香精油熏蒸处理的青椒相对电导率小于不放丁香精油对照。可能是一定用量的丁香精油能够延缓青椒衰老，维护细胞膜透性。但过量的丁香精油可能破坏了果实细胞膜的稳定性，促进相对电导率升高。

六、丙二醛

在贮藏过程中，青椒果实的丙二醛含量变化与细胞膜相对电导率变化趋势相同，均呈上升趋势。除了 1.5mL 丁香精油熏蒸处理的青椒丙二醛含量高于不放丁香精油对照外，1.0mL 和 0.5mL 丁香精油熏蒸处理的青椒丙二醛含量低于不放丁香精油对照。说明一定用量的丁香精油能够延缓青椒衰老，维护细胞膜透性。但过量的丁香精油可能伤害青椒果实的膜系统，造成膜脂过氧化程度增高，引起丙二醛含量的升高。适当的丁香精油用量有利于保持青椒代谢正常，防止膜脂过氧化程度的提高。

七、营养品质

硬度是青椒贮藏品质的重要指标，与不放丁香精油对照相比，各丁香精油处理效果不同。0.5mL 和 1.0mL 的丁香精油熏蒸有利于保持青椒的硬度，1.5mL 的丁香精油熏蒸与对照差异不大。丁香精油熏蒸处理有利于延缓可滴定酸、可溶性固形物和维生素 C 含量的降低。贮藏 60d 后，0.5mL 和 1.0mL 的丁香精油熏蒸处理的青椒果实的可滴定酸、可溶性固形物和维生素 C 含量均高于不放丁香精油对照，1.5mL 丁香精油熏蒸与不放丁香精油对照差异不大。青椒采收后叶绿素含量会逐渐降低，不同浓度丁香精油处理青椒的叶绿素含量与对照相比有降低的趋势，其中 1.5mL 和 1.0mL 的丁香精油熏蒸处理的青椒果实的叶绿素含量低于对照，说明丁香精油熏蒸可能分解叶绿素或者促进了青椒的新陈代谢导致叶绿素含量的降低。总的来看，丁香精油处理能够有效地保持青椒的营养品质，但过高浓度的丁香精油处理可能对青椒造成一定的不良影响，在试验青椒用量范围（0.75kg）内，以不超过 1.0mL 为宜，即约 1.33mL/kg 青椒。

八、腐烂率

青椒在贮藏过程中容易发生低温冷害、真菌性病害和细菌性软腐病，控制腐烂是青椒贮藏保鲜中的重要问题。不同丁香精油处理均能够有效地抑制青椒贮藏过程中的腐烂，随丁香精油用量的提高，腐烂率降低，贮藏 60d 后 1.5mL 的丁香精油熏蒸处理的青椒腐烂率比对照降低 20%。不过，相关研究发现 1.5mL 的丁香精油熏蒸处理的青椒果实表面有轻微伤害症状，表现为轻微皱缩、软化。说明虽然较高用量的丁香精油有利于抑制病原菌的生长，但是却对植物组织造成伤害。

相关研究表明，丁香精油熏蒸处理能够有效地抑制青椒贮藏过程中的腐烂，贮藏 60d 后 1.0mL 的丁香精油熏蒸处理的青椒腐烂率比对照降低 15%。丁香精油处理能够减少青椒营养成分的下降。同时，丁香精油熏蒸处理能够刺激青椒果实提高抗病性，同时保持青椒贮藏过程中的生理活性，有利于青椒的贮藏保鲜。丁香精油熏蒸处理可以诱导采后青椒果实中苯丙氨酸解氨酶活性和酚类物质含量升高，刺激青椒产生应激性反应而促进多酚氧化酶活性的增大，抑制青椒果实过氧化物酶活性的上升，提高了青椒果实的抗病性。丁香精油熏蒸处理能够维护青椒细胞膜透性，降低丙二醛含量的升高趋势。而超过 1.0mL/0.75kg 青椒用量的丁香精油熏蒸可能造成青椒果实的伤害，导致青椒果实生理代谢紊乱，造成苯丙氨酸解氨酶酶活性过高，伤害青椒果实的膜系统，膜脂过氧化程度增高，引起丙二醛含量的升高。

第二节　不同浓度丁香精油对常温贮藏青椒保鲜的影响

挑选大小一致、无损伤的青椒果实，分别置于水蒸气蒸馏法获得的丁香有效浓度为 1.0μL/L、2.0μL/L 和 3.0μL/L 的密闭熏蒸装置内，常温条件下（20℃）处理 0.5h，以常温下不用精油处理为对照。熏蒸结束后开箱通风，将熏蒸后的青椒装入 0.04mm 厚聚乙烯保鲜袋。所有处理分别在（26±1）℃室温及相对湿度为 80%~90% 贮藏，定期进行感官调查和测定各项品质指标。

一、腐烂率和腐烂指数

青椒在贮藏过程中容易发生真菌性病害和细菌性软腐病而失去食用价值，因此控制腐烂是青椒贮藏保鲜中的重要问题。无精油处理贮藏青椒在第 7 天时开始腐烂，28d 时腐烂率和腐烂指数分别为 42.3% 和 0.315，商品性大大降低。贮藏 7d 左右时 1.0μL/L 和 2.0μL/L 浓度精油熏蒸处理青椒开始有腐烂发生，但 14d 时其腐烂率和腐烂指数均小于无精油处理对照的 50%；3.0μL/L 精油处理的青椒防腐效果最为明显，21d 时才有腐烂发生，28d 时腐烂率和腐烂指数分别为 20.3% 和 0.139，腐烂率只有无精油处理对照的 47.6%，腐烂指数比无精油处理对照降低 58.1%，3.0μL/L 精油处理青椒的腐烂率和腐烂指数与无精油处理对照相比差异显著（$P<0.05$）。可见不同浓度丁香精油熏蒸处理均能够有效地抑制青椒贮藏过程中腐烂的发生，并随丁香精油用量的增加，抑制腐烂的效果逐渐增强。不过，相关研究中发现 3.0μL/L 处理的青椒部分果实表面有轻微皱缩、软化症状，说明虽然较高用量的丁香精油有利于抑制病原菌的生长，但可能对植物组织造成伤害，同时发现贮藏初期各处理均可保持较高的好果率，后期腐烂率和腐烂指数逐渐增加，导致商品性降低，这可能与青椒腐烂病的发生及其交叉感染有关，一旦有腐烂的青椒出现，会加速保鲜袋中其他青椒的迅速感染腐烂。因此，在青椒贮藏过程中要注意多观察，发现腐烂青椒及时挑出，这对青椒腐烂及病害蔓延有一定抑制作用。

二、失重率

在贮藏过程中，果实重量的降低除一小部分是呼吸消耗外，主要是由于水分散失所致。研究认为失水萎蔫不仅损坏果品的外观品质，也同果实内在的生理变化密切相关，并最终影响着果实的成熟、衰老进程。失重率的大小反映了果实保水力的强弱，两者呈负相关。青椒在贮藏中随着时间的延长，失重率逐渐增大，贮藏 28d 时，无精油处理对照的失重率为 4.5%，表现出了萎蔫、皱缩变软的失水症状，大部分失去了商品性。2.0μL/L 精油处理的青椒失重率最小，为 2.9%，与无精油处理对照的差异显著（$P<0.05$），说明 2.0μL/L 处理可在一定程度上抑制青椒在贮藏中失重率的增大，有利于保持果实的新鲜品质。在贮藏前 21d 内各处理的失重率变化趋势很相近，21d 后由于无精油处理对照有病害发生，导致其呼吸强度增大，细胞结构受到破坏，通透性变大，水分及细胞内物质开始流失，果实的失重率升高较快，而经过 2.0μL/L 处理的青椒病害最少，其呼吸强度最小，故而保持了较小的失重率。

三、硬度

随着贮藏时间的延长，果实的硬度逐渐降低，这与果实成熟衰老过程中的果胶物质的转化、果皮细胞壁纤维素降解有关。硬度的下降会影响到青椒的口感及商品质量。因此，可把青椒硬度的变化作为判断贮藏效果的感官依据。青椒在贮藏过程中，无精油处理对照果实的硬度下降迅速，28d 时硬度为 14.8kg/cm²，已经皱缩变软，失去了商品价值，1.0μL/L、2.0μL/L 和 3.0μL/L 处理的青椒硬度下降速度较慢，硬度分别为 20.0kg/cm²、21.7kg/cm² 和

18.1kg/cm^2，尤以2.0μL/L处理效果最佳。方差分析表明，1.0μL/L、2.0μL/L与3.0μL/L无精油处理对照的差异显著（$P<0.05$）。说明丁香精油熏蒸处理可以延缓青椒的软化进程，对保持青椒硬度具有一定效果。分析原因可能在于适当浓度的丁香精油熏蒸对青椒有诱导效应，抑制青椒的代谢水平，减小呼吸强度的升高，从而延缓衰老，保持一定的硬度水平。

四、可溶性固形物含量

可溶性固形物主要是糖分，还包括酸、鞣酸等其他可溶于水的物质，主要是反映果实含糖量的指标。一定的糖分含量可以使果实产生合适的甜味和口感，是果蔬在贮运过程中生命活动的标志物质之一。青椒在贮藏初期可溶性固形物缓慢下降，接着有所回升，后期又有所下降，但幅度不大。前期下降可能是由于青椒采收后脱离母体，营养供给被切断，但自身为了维持生理需要而消耗糖类等物质，从而使营养物质下降，可溶性固形物下降；随着贮藏期的延长，青椒为了维持其基本的生理活动需要消耗大量的能量，使得糖类等物质降解，可溶性固形物得到了一定的积累。但在贮藏后期，随着青椒的逐渐成熟衰老，果实本身不能弥补这种消耗，所以可溶性固形物含量又逐渐降低。贮藏28d时，1.0μL/L、2.0μL/L和3.0μL/L的可溶性固形物分别为4.3%、4.5%和3.7%，无丁香精油处理对照为3.8%，1.0μL/L、2.0μL/L和无丁香精油处理对照的差异显著（$P<0.05$），3.0μL/L的可溶性固形物和无丁香精油处理对照相比差异不大。说明1.0μL/L及2.0μL/L浓度的丁香精油熏蒸处理能在一定程度上减小青椒可溶性固形物含量的下降。

五、总酸含量

总酸含量是衡量果实贮藏质量的标志之一，也是鉴别果实品质的重要化学指标之一。总酸含量对果实的风味和口感有着重要的影响。果实在贮藏过程中需要消耗部分含酸有机物，以获得必要的能量来维持其呼吸作用，因此酸代谢比较旺盛。青椒在贮藏中酸度呈下降趋势，从贮藏开始到结束酸度下降明显。贮藏至28d，无丁香精油处理对照果实总酸含量由最初的0.38%下降到0.11%，减少了0.27%，其下降值超过了70%。而1.0μL/L、2.0μL/L和3.0μL/L丁香精油处理的青椒，总酸含量分别为0.16%、0.18%和0.10%，分别减少了0.32%、0.30%和0.38%，其中1.0μL/L、2.0μL/L处理的青椒总酸含量较无丁香精油处理对照高，与无丁香精油处理对照达显著性差异水平（$P<0.05$），3.0μL/L 的总酸含量和无丁香精油处理对照相比差异不大。说明 1.0μL/L 和 2.0μL/L 丁香精油熏蒸处理有减小青椒酸度下降的趋势，对果实的风味保持较佳。

六、维生素 C 含量

在贮藏期间，青椒维生素 C 含量呈下降趋势，这是生理代谢消耗及衰老的结果。贮藏前期，无丁香精油处理对照和丁香精油处理的果实维生素 C 含量下降迅速，后期丁香精油处理果实维生素 C 的下降减慢。贮藏 28d 时无丁香精油处理对照维生素 C 含量从初始的 58.1mg/100g 降到了 18.6mg/100g，损失了 67.9%；而同期 1.0μL/L、2.0μL/L 和 3.0μL/L 丁香精油处理青椒的维生素 C 损失率分别为 51.7%、50.1% 和 55.2%，说明丁香精油熏蒸处理有利于维生素 C 的保持，2.0μL/L 处理作用效果最好，明显高于同期无丁香精油处理对照，差异达极显著（$P<0.01$）；而丁香精油不同浓度处理之间无显著差异（$P>0.05$），表明丁香精油熏蒸处理对维生素 C 的减少有一定的抑制作用。

七、颜色变化

青椒果皮颜色是评价其成熟度和品质的重要指标，它的变化影响着青椒的外观品质。青椒成熟老化的主要外观特征就是表皮转红。青椒在贮藏过程中，各处理 A 值均呈逐渐增大的变化趋势，即果实表皮慢慢褪去最初的鲜绿色而逐渐转变成红色。在贮藏初期，无丁香精油处理对照与丁香精油处理之间的 A 值变化不明显，贮藏 7d 后，各处理之间 A 值出现差异，无丁香精油处理对照 A 值上升迅速，丁香精油熏蒸处理 A 值上升较缓慢。贮藏第 28 天，与无丁香精油处理对照相比，丁香精油处理的青椒 A 值普遍较低，尤以 2.0μL/L 的 A 值最低（−4.2），青椒表皮颜色最绿。各处理 A 值由大至小的顺序依次为：无丁香精油处理对照>3.0μL/L>1.0μL/L>2.0μL/L，说明 2.0μL/L 处理抑制青椒颜色转变的效果最佳，较好地保持了青椒的绿色，延缓了果实的成熟衰老，且各处理与对照之间差异显著（$P<0.05$）。

八、细胞膜透性

细胞膜在植物组织的新陈代谢过程中具有重要作用。细胞膜透性的高低常用来评价细胞膜系统受伤害的程度，其值大小可用作评价衰老的标志。相对电导率是一个表示细胞膜透性的指标，相对电导率越大，表明细胞膜的破坏程度越大，衰老程度越高。在贮藏过程中，青椒的相对电导率随贮藏期的延长而增大，贮藏结束时，各处理相对电导率达最大值。各个处理在 0~7d 期间电导率值缓慢上升，7~14d 趋于平缓，14~28d 上升幅度增大，但丁香精油处理的青椒始终低于无丁香精油处理对照青椒，第 28 天时无丁香精油处理对照相对电导率达54.21%。1.0μL/L、2.0μL/L 和 3.0μL/L 丁香精油处理的相对电导率分别为42.60%、34.62%和48.11%。2.0μL/L 处理与无丁香精油处理对照达到极显著差异（$P<0.01$），1.0μL/L 和 3.0μL/L 处理与无丁香精油处理对照呈显著性差异（$P<0.05$）。相关研究发现，贮藏初期各处理的相对电导率变化缓慢，差异不明显，原因可能因为青椒果实的生理代谢正常，细胞膜还未受到一定损伤，随着贮藏时间的延长，青椒细胞膜损伤程度显著增大，细胞结构的完整性受到破坏的程度显著增加。可见，一定用量的丁香精油能够延缓青椒衰老，维护细胞膜透性。

因此，丁香精油熏蒸处理能够有效地抑制青椒贮藏过程中的腐烂，室温贮藏 28d 后 3.0μL/L 的丁香精油熏蒸处理的青椒腐烂率只有对照的 47.6%，腐烂指数比对照降低 58.1%。同时丁香精油处理还减缓了青椒可溶性固形物含量、可滴定酸、维生素 C 等的下降。丁香精油熏蒸处理对青椒有诱导效应，抑制青椒的代谢水平，减小呼吸强度的升高，从而延缓衰老，有利于保持青椒的硬度。

第三节　不同浓度山苍子油对冷藏青椒保鲜的影响

挑选成熟度好、大小均匀、无病虫害和无机械损伤的青椒果实，清水清洗后再用无菌水冲洗，无菌室自然晾干，将青椒分成 3 组：0.5mL 山苍子油组、1.0mL 山苍子油组和无山苍子油处理对照组，青椒以及装有山苍子油的称量瓶瓶口朝上放入保鲜盒中，然后用保鲜膜密封，放入（15±1）℃气候箱中，采用熏蒸法对青椒进行防腐保鲜处理。

一、腐烂率

果蔬在采收后仍然有生命活动，对不良环境和微生物浸染仍具有一定的抵抗性。同时，由于果蔬的呼吸作用、生理生化变化以及致病微生物浸染，将不断消耗自身贮藏物质，从而降低其耐贮性和抗病性。因此，将果蔬的生命活动维持在一个较低的水平是果蔬防腐保鲜的重要问题，青椒在15℃的智能人工气候箱贮藏30d后，无山苍子油处理对照组、0.5mL山苍子油组和1.0mL山苍子油组的青椒腐烂率分别为67.5%、47.5%和45.0%，其腐烂指数分别为57.0%、42.5%和42.0%，1.0mL山苍子油组青椒在贮藏30d后腐烂率比无山苍子油处理对照组低22.5%，腐烂指数比对照组低15%，两个山苍子油试验组的腐烂率和腐烂指数相差不大，这表明山苍子油处理能有效抑制青椒的腐烂，但增大山苍子油用量，防腐保鲜效果增加不明显。一方面山苍子油可以抑制病原微生物的生长，有利于抑制青椒的腐烂；另一方面，山苍子油用量增加，也会对植物组织造成药害，该结果也发现1.0mL山苍子油组表现出果实软化等组织伤害症状，因此，山苍子油在青椒防腐保鲜的适宜用量有待进一步研究。

二、失重率

果蔬的含水量一般在80%以上。果蔬在贮藏过程中，由于呼吸作用和蒸腾作用，采收后果蔬水分的丧失不仅使重量减少和品质降低，而且还使正常的代谢发生紊乱，从而影响果实的光度、色泽以及饱满度，商品价值降低，因此失重率是衡量果蔬新鲜度的一个重要指标。各处理组随着时间的增加，青椒失重率逐渐增加。在15℃贮藏30d后，无山苍子油处理对照组、0.5mL山苍子油组和1.0mL山苍子油组的失重率分别为15.74%、9.17%和9.71%，这表明山苍子油能在一定程度上减少青椒水分蒸发，可能是因为以醛类物质为主的植物精油能够明显抑制果蔬的呼吸作用，降低水分蒸发，从而降低青椒在贮藏期间的失重率。同时，随着贮藏时间的增加，青椒失重加快，因为到了贮藏后期，腐烂青椒交叉感染会加速其他青椒的腐烂，导致水分蒸发加快，失重率增加较快。

三、可滴定酸

青椒的有机酸含量丰富，有机酸的含量对青椒的口感和口味影响较大，因此，总酸是衡量青椒贮藏效果和品质的重要指标之一。贮藏期间，无山苍子油处理对照组和两个山苍子油组在贮藏期间，随贮藏时间的延长，青椒中总酸含量呈下降趋势。无山苍子油处理对照组总酸含量由0.165%减少到0.084%，总酸含量下降了49.10%，0.5mL山苍子油组下降了29.70%，1.0mL山苍子油组降低了26.67%。山苍子油组总酸含量的下降幅度明显小于无山苍子油处理对照组，这说明山苍子油用作防腐保鲜剂能够延缓青椒的呼吸作用，正常的生理活动得以缓慢维持，有利于青椒的防腐保鲜，两个山苍子油组的总酸含量变化不显著。

四、维生素 C 含量

青椒贮藏期间，无山苍子油对照组和山苍子油处理组维生素 C 含量随贮藏时间增加呈下降趋势。无山苍子油处理对照组、0.5mL 山苍子油组和 1.0mL 山苍子油组的维生素 C 含量由 0.132% 减少到 0.071%、0.092% 和 0.094%，下降了 46.21%、30.30% 和 28.79%，无山苍子油处理对照组比山苍子油组维生素 C 含量下降快，两个山苍子油组维生素 C 含量下降变化不明显。因此，山苍子油能够抑制青椒中维生素 C 含量的下降，延缓青椒对自由基清除能力的下降以及膜脂质过氧化作用，从而起到防腐保鲜作用。

五、蛋白质

果蔬在贮藏过程中仍然会有生理活动，这些都要靠消耗蛋白质来维持。同时，蛋白质在酶的作用下会分解，因此蛋白含量是果蔬的重要生理生化指标之一。各处理组采后青椒的蛋白质含量随贮藏时间的增加而下降。无山苍子油处理对照组、0.5mL 山苍子油组和 1.0mL 山苍子油组的蛋白质含量由 0.655mg/mL 分别下降到 0.294mg/mL、0.388mg/mL 和 0.317mg/mL，在整个贮藏期，山苍子油处理组蛋白质下降速率明显比无山苍子油处理对照组慢，可能是因为山苍子油能抑制采后青椒的生命活动，降低其新陈代谢水平，减少了蛋白质的降解。两个山苍子油组的蛋白质含量变化没有显著差异。

六、丙二醛

机体通过酶系统与非酶系统产生氧自由基，氧自由基与生物膜中的不饱和脂肪酸作用引起脂质过氧化作用。丙二醛是生物膜过氧化的最终产物之一，丙二醛含量的增加是脂质过氧化加强和膜受伤而加剧衰老的表现，因此，丙二醛含量高低可以反映生物膜脂质的过氧化程度，间接反映细胞氧化损伤的程度。在整个贮藏期，无山苍子油处理对照组、0.5mL 山苍子油组和 1.0mL 山苍子油组的青椒中丙二醛含量随贮藏时间增加而增加，丙二醛含量由 2.56nmol/mg 分别增加到 10.87nmol/mg、8.55nmol/mg 和 10.31nmol/mg。在贮藏初期，三个试验组的青椒中丙二醛含量差异不大，可能是贮藏初期青椒的生理代谢正常，细胞膜还未受到膜脂过氧化的损伤。随着贮藏时间增加，无山苍子油处理对照组的丙二醛含量增加较快，其次是 1.0mL 山苍子油组，丙二醛含量增加最慢的是 0.5mL 山苍子油组，并且差异逐渐增大。这说明山苍子油处理青椒后，能抑制采后青椒的膜脂过氧化作用，减缓青椒衰老。因为正常的生命体能维持体内活性氧自由基的动态平衡。而在外源环境因素影响和衰老的情况下，活性氧自由基的动态平衡被破坏，活性氧自由基累积增多，导致膜脂质过氧化，而山苍子油及其主要成分柠檬醛具有清除自由基的活性，通过山苍子油处理青椒，可以减少自由基的累积，延缓膜脂质过氧化，进而延缓青椒的衰老。1.0mL 山苍子油组的青椒丙二醛含量比 0.5mL 山苍子油组增加快，可能是山苍子油用量增大，一方面，山苍子油可减少自由基累积，延缓脂质过氧化和青椒的衰老；另一方面，过量的山苍子油会伤害青椒果实的膜系统，造成膜脂过氧化程度增高，引起丙二醛含量的增加。因此，山苍子油用于青椒的防腐保鲜的适宜用量有待进一步研究。

七、过氧化物酶

在贮藏初期，两个山苍子油组和无山苍子油处理对照组的过氧化物酶活性随贮藏时间的延长而增加；在贮藏中期，过氧化物酶活性达到最高峰，无山苍子油处理对照组在 15d 时，过氧化物酶活性最高，为 115.45U/mg 蛋白质，0.5mL 山苍子油组和 1.0mL 山苍子油组分别在 21d 时过氧化物酶活性最大，分别为 87.35U/mg 蛋白质和 98.37U/mg 蛋白质，比无山苍子油处理对照组延迟 6d 和 3d。在贮藏后期，随贮藏时间增加，过氧化物酶活性下降，其中对照组下降最快，其次为 1.0mL 山苍子油，0.5mL 山苍子油组过氧化氢酶活性下降最慢。在整个贮藏期，两个山苍子油组的过氧化物酶活性均小于无山苍子油处理对照组，这说明山苍子油能够抑制青椒过氧化物酶活性上升，保持组织的正常新陈代谢和生命活动，从而延缓青椒的衰老，起到防腐保鲜作用。

在贮藏初期和中期，青椒中过氧化物酶活性上升是植物组织的自我保护，植物组织受一定程度的环境胁迫时，会激发保护酶系统中过氧化物酶活性增加，以减轻或消除胁迫因素，因此过氧化物酶活性上升。在贮藏中、后期过氧化物酶活性达到最高峰后下降，因为保护酶系统（超氧化物歧化酶、过氧化氢酶和过氧化物酶）必须协调一致，才能有效维持氧自由基在一个较低的水平，随着青椒加速衰老，青椒组织代谢紊乱，保护酶系统已不能清除组织中过量的氧自由基，过氧化物酶丧失了正常的功能所致。在贮藏期，1.0mL 山苍子油组的过氧化物酶活性高于 0.5mL 山苍子油组，可能是山苍子油对青椒组织的伤害效应，这与失重率和丙二醛含量等指标相一致。

八、苯丙氨酸解氨酶

苯丙氨酸解氨酶广泛存在于植物体内，是苯丙烷类代谢的关键酶和限速酶，苯丙烷类的次生代谢产物木质素、类黄酮、异类黄酮衍生物等在植物的生长发育、抗病、抗逆反应中起着重要的作用。因此，苯丙氨酸解氨酶可以作为植物抗逆境的一个重要生理指标。山苍子油组的苯丙氨酸解氨酶活性呈先增加后下降的趋势，在第 15 天苯丙氨酸解氨酶活性达到最高峰，0.5mL 山苍子油组和 1.0mL 山苍子油组的苯丙氨酸解氨酶活性由 1.67U/mg 蛋白质分别增加到 3.47U/mg 蛋白质和 3.34U/mg 蛋白质，这表明山苍子油能诱导苯丙氨酸解氨酶活性增加，苯丙氨酸解氨酶活性增加，可以促进木质素的形成，木质素的形成可以增加细胞壁的厚度，增加组织木质化程度，形成病原菌入侵的机械屏障。在贮藏中后期，苯丙氨酸解氨酶活性快速下降，抗逆境能力下降，青椒加速腐烂。无山苍子油处理对照组在整个贮藏期，苯丙氨酸解氨酶活性随贮藏时间增加而降低，并且低于山苍子油组。因此，山苍子油通过诱导苯丙氨酸解氨酶活性增加，促进细胞壁的木质化以及酚类物质、植保素等的合成，延缓植物组织的衰老，从而起到防腐保鲜作用。

因此，山苍子油熏蒸处理青椒能有效抑制青椒贮藏过程中的腐烂，减少失重率。贮藏 30d 后，山苍子油组的腐烂率、腐烂指数显著低于无山苍子油处理对照组，1.0mL 山苍子油组的腐烂率和腐烂指数分别比对照组低 22.5% 和 15.0%。山苍子油能够延缓青椒营养成分的下降。在 30d 贮藏期间，总酸、维生素 C 和蛋白质含量下降幅度明显低于无山苍子油处理对照组，延缓了组织的衰老和腐烂，山苍子油对青椒具有较好的防腐保鲜作用。山苍子油熏蒸处理青椒能有效提高其抗病性，提高苯丙氨酸解氨酶的活性，抑制过氧化物酶活性，延缓丙二醛含量的升高幅度，有利于青椒的防腐保鲜。山苍子油可诱导青椒苯丙氨酸解氨酶活性增加，促进细胞壁的木质化以及酚类物质、植保素等的合成，抑制过氧化物酶活性的上升，维持青椒的正常生理活动，延缓膜脂质过氧化，降低丙二醛含量的增加幅度，达到提高青椒抗病性以及防腐保鲜的效果。1.0mL山苍子油组的皱缩、软化等组织伤害症状比 0.5mL 山苍子油组严重，是因为山苍子油用量过大，对青椒组织造成药害所致。

第四节　柠檬烯乳化液对青椒贮藏保鲜的影响

采摘及挑选无机械损伤、无病虫害、大小基本一致的青椒，清水洗净后备用。柠檬烯的乳化液制备按柠檬烯∶蛋黄卵磷脂＝25∶2 的比例混合，磁力搅拌50min，作为药剂相，然后按药剂相∶水相＝1∶4 的比例加入蒸馏水，磁力搅拌20min 之后，超声处理混合液 8min（70%振幅），即得柠檬烯乳化液，将柠檬烯乳化液兑水稀释 1 000 倍后浸泡青椒 3min；以清水浸泡青椒 3min 为对照。浸泡后取出用风扇吹干，装入保鲜袋，扎紧袋口置于（20±1）℃的环境中贮藏，在贮藏期分别进行各项指标的测定。

一、腐烂率

病原菌的侵染是引起蔬菜腐烂变质的主要原因，直接影响蔬菜的贮藏品质。柠檬烯具有广谱抑菌活性，关于其对细菌、真菌抑制作用的报道较多，可以显著降低病原菌的存活率，因此对蔬菜的防腐、保鲜具有很大的应用潜力。随着贮藏时间的延长，青椒果实的腐烂率逐步上升，尤其在贮藏 8d 后，腐烂率上升较快；到 12d 时，对照青椒腐烂率为 86.7%，而柠檬烯乳化液处理青椒腐烂率为 60.0%，总体椒腐烂率偏高可能与设置的温度有关，温度较高不利于青椒的贮藏。对照组青椒的腐烂率在贮藏期内均极显著高于柠檬烯乳化液处理的青椒（$P<0.01$），前者腐烂率在 6d、8d 和 12d 贮藏期分别是后者的 1.67 倍、1.50 倍和 1.44 倍。表明柠檬烯乳化液处理可以有效抑制青椒的腐烂，延长其采后贮藏期。

二、维生素 C 含量

维生素 C 不仅是一种常见的营养物质，还是植物非酶促防御系统的重要组成部分，在保护细胞膜系统方面具有重要作用，对延缓果蔬衰老、抑制果蔬的褐变有一定的效果。在整个贮藏期内，青椒的维生素 C 含量总体呈现出下降的趋势，但柠檬烯乳化液处理组的维生素 C 极显著高于对照组（$P<0.01$）。在贮藏 6d 时，柠檬烯乳化液处理组维生素 C 含量平均为 0.269mg/g，是对照组的 2.05 倍。到贮藏 12d 时，对照组维生素 C 含量下降为平均 0.097mg/g，而处理组仍保持在一个较高水平，平均为 0.184mg/g，比对照组 6d 时含量还高出 40.46%。柠檬烯乳化液处理能有效减缓维生素 C 的分解，对保持青椒的营养成分效果显著。

三、叶绿素含量

叶绿素含量的多少直接体现蔬菜的新鲜度。离体器官中的叶绿素很不稳定，对光、热较敏感，会使蔬菜颜色发生变化。因此叶绿素含量直接影响果蔬的外观品质。青椒中的叶绿素 a 和叶绿素 b 含量随贮藏时间延长，均表现出下降的趋势。在贮藏 6d 时，柠檬烯乳化液处理组叶绿素 a、叶绿素 b 和总含量分别是对照组的 1.13 倍、3.52 倍和 1.38 倍；贮藏 12d 时，柠檬烯乳化液处理组的叶绿素 a、叶绿素 b 和总含量较 6d 时均有所下降，其中，叶绿素 a 和总叶绿素含量下降达到极显著，但仍极显著高于同时期的对照组（$P<0.01$）。

四、可溶性固形物含量

可溶性糖分是农产品中普遍存在的营养成分，高含糖量的果实不仅是栽培育种的目的，也是优良果品的品质特征。可溶性固形物含量是判定果实品质的一项重要指标。青椒的可溶性固形物在采后消耗较快，在贮藏期内含量极显著降低（$P<0.01$），这个生理变化很不利于青椒的贮藏保鲜。另外，柠檬烯乳化液处理组的可溶性固形物含量高于对照组，说明柠檬烯乳化液对可溶性固形物有一定保留作用，但未达到极显著水平（$P>0.01$）。

五、可滴定酸

农产品中所含酸的种类和数量是衡量农产品质量的一个重要指标。贮藏过程中，果实内部分有机酸作为呼吸作用的底物而被消耗，也有部分有机酸转化为糖类，因此，果实中的可滴定酸含量随贮藏期延长而逐渐减少。采后青椒中的可滴定酸含量在两个测定天数之间，柠檬烯乳化液处理组和对照组之间的差异均达到极显著（$P<0.01$）。柠檬烯乳化液处理后的青椒中可滴定酸含量较高，

说明柠檬烯乳化液可一定程度上延缓可滴定酸的消耗和转化。

六、可溶性蛋白质

可溶性蛋白质是植物细胞重要的渗透调节物质，能够增加胞内溶质浓度，防止细胞过度脱水。青椒在贮藏 6d 和 12d，对照组的可溶性蛋白质含量均高于柠檬烯乳化液处理组，但差异未达到极显著（$P>0.01$）。贮藏期间青椒中的可溶性蛋白质含量总体有所下降，但减少量未达到极显著（$P>0.01$）。

七、细胞膜透性

植物组织细胞膜的通透性可以用相对电导率来表示。相对电导率越大则细胞膜透性越高、完整性越差。通过测定，发现贮藏期间青椒果实的相对电导率上升较快，对照组贮藏 12d 时的相对电导率是第 6 天的 4.13 倍，处理组则是 6.54 倍，说明随着贮藏时间的延长，青椒的细胞膜受到了不同程度的损害。贮藏 6d 时，对照组平均值为 15.927，是柠檬烯乳化液处理组的 2.103 倍；而贮藏到 12d 时，对照组和处理组之间的差异有所减小，前者为后者的 1.329 倍，说明柠檬烯乳化液处理有利于保护植物的细胞膜，且贮藏前期的保护效果大于后期。

因此，柠檬烯乳化液具有优良的防腐保鲜作用，能延缓青椒采后的衰老劣变，有利于延长贮藏期和保持青椒的营养品质，而且由于柠檬烯来源于植物，较传统的化学防腐剂更安全、更环保。柠檬烯乳化液可以有效地延缓青椒的采后生理变化，保持青椒的贮藏品质。青椒经柠檬烯乳化液浸泡处理后，腐烂率显著下降，细胞膜透性的增加速度和叶绿素的降解速度均显著减慢，维生素 C、可滴定酸含量较对照显著提高，可溶性蛋白质、可溶性固形物含量较对照相对稳定。

第九章　植物提取液在青椒贮藏保鲜中的应用

　　自然界中已知具有杀菌作用的植物很多，但考虑植物源杀菌剂的气味、颜色和安全等因素，能作为食品及果蔬防腐杀菌剂的却不多。食品及果蔬天然防腐保鲜剂主要集中于天然香辛料和一些中草药，包括芸香科的陈皮，木兰科的辛夷，樟科的山苍子、肉桂和月桂，桃金娘科的丁香和众香，唇形科的黄芩、迷迭香和薄荷等，百合科的洋葱和大蒜，姜科的高良姜，肉豆蔻科的肉豆蔻，胡椒科的胡椒和花椒，茄科的辣椒和山鸡椒等，禾本科的香茅、芳香草，菊科的菊花、苍耳和茵陈蒿，豆科的甘草等植物。

　　利用天然中草药等具有抗菌活性的提取物对水果蔬菜进行处理，保鲜效果比较明显，主要应用方式包括提取物质浸蘸、熏蒸、喷洒或与保鲜纸及涂膜剂等载体相结合等。早期的研究主要集中于普通的天然植物水提液对水果蔬菜浸蘸后的保鲜效果，丁香、白胡椒、豆蔻等粉末对食品中常见的腐败菌和产毒菌的生长均有不同程度的抑菌作用，其中丁香的抑菌作用最佳，最低抑菌浓度为$0.5\mu L/L$，将0.35%的丁香粉末添加到酱油中，可使酱油夏季敞口存放一个月而不产生白花变质，且赋予酱油特殊良好的风味。有研究进行柑橘中草药防腐保鲜试验，用筛选出的高良姜、野菊花、野艾等取其8%的浸出液洗果，收到了防腐保鲜的效果。有研究采用百部、高良姜、虎杖、花椒、丁香、桂皮等中草药提取液处理，结合使用乙烯吸收剂及聚乙烯塑料包装，可使荔枝常温保存$10d$仍具良好的风味。研究采用丁香提取物直接熏蒸保鲜花椰菜；将中草药丁香、大黄、高良姜提取物与氧化淀粉溶液制成保鲜纸和中草药涂膜液保鲜河北水晶梨；采用百部、虎杖、高良姜、甘草和氧化淀粉溶液制成复合保鲜纸结合小袋包装保鲜番茄、青椒、青瓜；用添加大黄、白鲜皮、桉叶、知母、茴香、多菌灵的复合涂料处理苹果、梨、蜜橘等，具有良好的保鲜效果，可大大延长贮藏期。天然提取物在果蔬保鲜上的应用研究国外相关报道也较多。关于肉桂在果蔬保鲜上的应用效果，肉桂中提取出的肉桂酸喷雾处理能够明显延长桃、柑橘、梨、苹果、李子和油桃，以及一些鲜切果蔬如番茄、杧果、甜瓜、苹果、柠檬、猕猴桃等的货架保鲜期。虽然过高的浓度会导致部分果蔬褐变，但可明显延长一些果蔬的货架期。例如番茄切片4℃下可由42d延长到70d，25℃时21d延长到42d。有研究表明，将在30mg/L肉桂精油溶液中浸蘸过的吸水纸放入红毛丹包装内，13.5℃和95%相对湿度条件下14d可以保持其品质基本不变。在青椒贮藏保鲜方面，也有关于丁香、大蒜及油用牡丹皮等植物提取液对青椒保鲜效果研究的报道。

第一节　丁香提取液浸泡不同时间对青椒贮藏保鲜的影响

称取丁香150g，静置于500mL蒸馏水中浸泡1h，加热煮制30min，滤出汁液，再加500mL水煮制20min后过滤，将前后两次的药液合并，定容到1 000mL，即制得15%的丁香提取液，冷却备用。供试青椒挑选当日采摘，新鲜完整，果实体积大小均一、果形良好，果实无病虫害和机械伤，成熟度基本一致的作为供试样品。供试的青椒分别浸泡于质量分数为15%的丁香提取液中1min、3min和5min，以未处理为对照，取出冷风烘干后分别装入聚乙烯保鲜袋中，置于（14±1）℃的冰箱中贮藏。贮藏期间，每3d测一次青椒的失重率、腐烂指数、转红指数、硬度、维生素C含量和叶绿素含量等指标。

一、失重率

果蔬在贮藏期间，由于自身的生理活动会失去部分水分和消耗一些营养物质，导致果蔬重量减轻，从而降低果蔬的品质和经济效益。贮藏过程中测定水果蔬菜失重率的变化，可以用来衡量其品质的优劣及营养的损耗情况。随着贮藏时间的延长，青椒的失重率呈现逐渐上升的趋势，与对照组相比，丁香提取液处理不同时间，青椒的失重率均显著（$P<0.05$）低于对照组，其中3min处理组效果最佳，在贮藏第15天时，失重率只有2.49%，相对于对照组降低了41.41%，显著（$P<0.05$）地抑制了青椒失重率的上升，而1min和5min处理组青椒的失重率分别为3.82%和4.01%，相对于对照组分别降低了10.12%和5.6%，结果表明1min和5min处理青椒效果并没有3min处理组效果好，但是也能显著（$P<0.05$）抑制青椒失重率的上升。该研究结果表明，青椒处理过程中要选择合适的浸泡时间，时间较短（1min）和时间较长（5min）都不利于青椒

水分的保持。

二、腐烂指数

随着贮藏时间的延长，青椒的腐烂指数逐渐上升，丁香提取液不同浸泡时间处理组的腐烂指数均显著（$P<0.05$）低于对照组，说明丁香提取液处理能够抑制青椒腐烂指数的上升。处理时间不同，抑制效果不同。在贮藏过程中，腐烂最严重的是对照组，到贮藏第 15 天其腐烂指数达到 86.5%，青椒已基本失去商品价值；其次是 5min 处理组，在贮藏初期其保鲜效果很好，甚至好于 3min 处理组，但是贮藏 9d 后，其腐烂指数迅速上升，超过 3min 和 1min 处理组，到贮藏第 15 天腐烂指数达到 68.87%，相比于对照组降低了 20.38%，明显延缓了青椒的腐烂速率（$P<0.05$）；贮藏效果最好的是 3min 处理组，其腐烂指数一直保持在较低水平，在贮藏第 15 天，青椒的腐烂指数只有 44.67%，比对照组低 48.35%，显著（$P<0.05$）减缓了青椒的腐烂速率，保证了青椒的好果率。此外，青椒在贮藏初期的腐烂指数相对保持在较低的水平，而一旦开始腐烂以后腐烂指数急剧上升，这可能与青椒的交叉感染有关。

三、感官评价

随着贮藏时间的延长，青椒的品质逐渐下降，与青椒的腐烂指数、失重率变化相一致。在整个贮藏过程中，丁香提取液不同浸泡时间处理组的感官评分均高于对照组，说明丁香提取液能够保持青椒的感官品质，延缓衰老。在贮藏初期，5min 处理组的感官评分显著（$P<0.05$）优于其他处理组，而 1min 和 3min 处理组之间并无明显的差异（$P>0.05$），但是贮藏超过 6d 后，3min 处理组效果优于其他两个处理组，并显著（$P<0.05$）优于对照组。在整个贮藏过程中，对照组的感官评分由贮藏初期的 10 分降低到贮藏 15d 的 2.1 分，降低了 79%，青椒已基本失去营养价值和商品价值，1min、3min 和 5min 的感官评分分别降低 54%、48% 和 66%。

四、转红指数

青椒在贮藏保鲜过程中，随着贮藏时间的延长，果实后熟容易转红，因而转红指数是青椒贮藏保鲜的重要指标之一。在贮藏保鲜的过程中，青椒的转红指数呈上升的趋势，对照组变化速率最快，到贮藏末期（15d）青椒的转红指数达到19%，丁香提取液不同浸泡时间处理组的转红指数均显著（$P<0.05$）低于对照组，说明丁香提取液处理能够延缓青椒后熟，抑制转红，其中3min处理组青椒的转红指数一直保持在较低的水平，到贮藏末期（15d），青椒的转红指数只有9%，比对照组降低了52.63%，很好地抑制了转红指数的上升，延缓了青椒的后熟衰老，另外1min处理组和5min处理组在贮藏末期（15d）的转红指数分别为13%和11%，虽然并没有3min处理组效果明显，但是仍显著低于对照组，两个处理组之间无显著差异（$P>0.05$）。

五、硬度

对照组青椒的硬度迅速下降，很快就变软腐烂，失去商品价值，而经丁香提取液不同浸泡时间处理组青椒的硬度下降速度均较缓慢，且其硬度显著（$P<0.05$）高于对照组。在贮藏初期硬度下降较为缓慢，随着贮藏时间的延长，硬度下降的速率不断增大。到贮藏末期，对照组下降了59.54%；1min处理组硬度下降了47.56%，比对照组降低了20.12%；3min处理组下降了36.34%，比对照组下降38.97%；5min处理组下降51.29%，比对照组降低了13.85%。由此可见，丁香提取液不同浸泡时间处理能起到保持青椒硬度，延缓软化的作用，其中浸泡3min效果最好，5min处理组在贮藏初期效果比较明显，但是到达贮藏后期，由于浸泡时间过长，青椒变软，导致硬度下降速率较快，但是其硬度值仍高于对照组。试验结果表明，丁香提取液处理青椒的过程中选择合适的浸泡时间是保证丁香提取液发挥作用的关键因素，不恰当的浸泡时间只会降低丁香提取液的保鲜效果。

六、维生素C含量

青椒中含有丰富的维生素C，但是随着贮藏时间的延长，维生素C含量逐渐减少。对照组青椒在贮藏的过程中维生素C含量迅速下降，由贮藏初期的101.2mg/100g降低到贮藏末期的32.76mg/100g，变化速率为67.63%，使青椒失去原有的营养价值和商品价值，而经丁香提取液不同浸泡时间处理组青椒的维生素C含量显著（$P<0.05$）高于对照组，出现这种现象的原因可能是丁香提取液处理可以在青椒表面形成一层保护膜，这层保护膜能阻断果实内外气体交换，能有效阻止O_2不断进入果实，从而有效地抑制青椒内部化学组织被氧化，

进而有效延长青椒的贮藏时间。在贮藏的过程中，丁香提取液不同浸泡时间处理，其维生素C含量变化不同，1min、3min和5min处理组的变化速率分别为63.91%、55.53%和57.64%。结果表明，3min处理组维生素C下降速率最慢比对照组降低了17.89%，显著抑制了青椒维生素C的氧化分解（$P<0.05$），抑制维生素C的减少，延缓青椒的衰老。

七、叶绿素

叶绿素含量影响着青椒表皮的色泽。叶绿素含量多则表皮颜色较绿，反之则颜色转红，叶绿素是重要的品质感官指标之一。对照组青椒的叶绿素含量迅速下降，从贮藏初期的0.078mg/g下降到贮藏末期的0.022mg/g，下降速度达到71.79%，而丁香提取液不同浸泡时间处理组青椒的叶绿素含量均显著高于对照组，说明丁香提取液的不同浸泡时间处理青椒，能够保持青椒叶绿素含量，有效延缓青椒的衰老。其中3min处理组叶绿素含量变化最为缓慢，下降速度为44.87%，相较于对照组减慢了37.49%，显著地抑制了青椒叶绿素含量的下降速率（$P<0.05$），较好地保持了青椒中叶绿素含量；5min处理组在贮藏初期能够较好地保持青椒叶绿素含量，甚至保持效果好于3min处理组，但是到达贮藏6d后叶绿素含量迅速下降，下降速率低于3min处理组和1min处理组，但是仍高于对照组叶绿素含量的变化。该研究表明，选择合适的丁香提取液浸泡处理青椒能够较好地维持青椒叶绿素含量，延缓其品质下降。

通过用15%丁香提取液分别浸泡青椒1min、3min和5min，研究不同浸泡时间对青椒外观品质的影响。贮藏期间分别测定青椒的失重率、外观评分、转红指数、腐烂指数和硬度、维生素C含量、叶绿素含量。结果表明，丁香提取液浸泡处理能够显著提高青椒的保鲜效果，能够显著抑制青椒失重率、转红指数、腐烂指数的上升，能够很好地维持外观的品质，能够延缓硬度、叶绿素含量、维生素C含量下降的速率，其中3min浸泡处理效果最佳，1min浸泡时间较短，丁香提取液不能起到很好的作用，而5min浸泡时间较长，虽然初期能够有很好的保鲜的效果，甚至比3min处理都好，但是到达贮藏后期，由于浸泡时间过长，青椒变软、腐烂严重，保鲜效果明显下降，但仍好于对照组处理。因此，丁香提取液浸泡处理青椒的最佳时间是3min。

第二节　不同浓度丁香提取液对青椒贮藏保鲜的影响

分别称取丁香100g、150g和200g，静置于500mL蒸馏水中浸泡1h，加热煮制30min，滤出汁液，再加500mL水煮制20min后过滤，将前后两次药液合并，定容到1 000mL，即分别制得10%、15%和20%丁香提取液，冷却备用。选当日采摘，新鲜完整，果实体积大小均一、果形良好，果实无病虫害和机械伤，成熟度基本一致的青椒作为供试样品，分别浸泡于质量分数0%、10%、15%和20%的丁香提取液中3min，以0%（即蒸馏水）处理为对照，取出冷风烘干后分别装入聚乙烯保鲜袋中，置于（14±1）℃的冰箱中贮藏。贮藏期间，每3d测一次青椒的失重率、腐烂指数、硬度、色差、呼吸强度、相对电导率、维生素C含量、叶绿素含量、超氧化物歧化酶活性、过氧化物酶活性和多酚氧化酶活性等指标。

一、失重率

失重率是青椒保鲜的重要指标。青椒在贮藏的过程中，由于生理代谢活动会失去部分水分并消耗一些营养物质，导致其重量减小，从而降低果蔬的品质和经济效益。青椒在贮藏过程中，随着贮藏时间的延长，失重率呈现逐渐增大的趋势，与对照组相比较，10%、15%和20%丁香提取液处理组青椒的失重率明显低于对照组（$P<0.05$），说明不同浓度丁香提取液处理青椒能够很好地抑制青椒失重率的下降，浓度不同抑制效果不同，其中15%丁香提取液处理组青椒的失重率最小，贮藏结束时（16d）失重率只有3.24%，相对于对照组的4.25%降低了23.76%，其次是20%丁香提取液处理组的青椒，贮藏第16天时失重率达到3.24%，再次是10%丁香提取液处理组的青椒，贮藏第16天时失重率达到3.76%，最次的是对照组的青椒。该研究结果表明，青椒处理过程中要选择适宜的丁香提取液浓度，浓度较高（20%）或较低（10%）都不利于青椒的贮藏保鲜。

二、腐烂指数

青椒在贮藏过程中，随着贮藏时间的延长，腐烂指数呈现逐渐上升的趋势。在贮藏前期，丁香提取液的浓度越大，青椒的腐烂指数越小，其中在贮藏第 9 天时，20%丁香提取液处理组效果最好，腐烂指数只有 16.6%，其次是 15%丁香提取液处理组的青椒，再次是 10%丁香提取液处理组青椒。但是在贮藏后期，10%和 15%丁香提取液处理组的青椒腐烂指数无明显差异（$P>$0.05），而且腐烂指数增加的幅度明显低于对照组（$P<0.05$），到贮藏末期，15%丁香提取液处理组的青椒腐烂指数最小，只有 44.67%，保鲜效果最好。这说明适宜浓度的丁香提取液处理能够抑制青椒的腐烂，保持青椒良好的品质，延长青椒的贮藏期。

三、感官品质

随着贮藏时间的延长，青椒感观品质呈现逐步下降的趋势，慢慢失去商品价值。其中，15%丁香提取液处理的青椒下降的速率最慢，显著地高于对照组（$P<0.5$），在贮藏末期感官评分为 4.2 分，较好地保持了青椒的感官品质，其次是 20%丁香提取液处理的青椒，最次的是未处理组的青椒，在贮藏末期感官评分只有 1.7 分。研究结果表明，丁香提取液对青椒感官品质有很好的效果，浓度不同，保鲜效果不同，其中 15%丁香处理液浓度最佳，能够较好地保持青椒的感官品质，延缓品质的下降。

四、硬度

硬度是衡量青椒品质的主要指标之一。随着贮藏时间的延长，青椒逐渐衰老软化，硬度呈逐渐下降的趋势。未处理组青椒硬度下降的速度最快，由贮藏初期的 32.7N 下降到末期的 13.23N，下降了 59.54%；其次是 10%丁香提取液处理的青椒，由贮藏初期的 33.45N 下降到贮藏末期的 16.54N，下降了 50.55%，相较于对照组降低了 15.1%；下降最慢的是 15%丁香提取液处理的青椒，下降了 36.34%，相较于对照组降低了 38.96%。研究结果表明，丁香提取液处理青椒可以抑制青椒硬度的减小，可有效抑制青椒的衰老进程，具有保鲜的作用，但是浓度不同，抑制效果不同，其中 15%丁香处理液处理的青椒保鲜效果最好。

五、色差

果蔬的外观品质直接影响其商品价值，果皮的色泽变化是果实外观品质的重要指标。随着贮藏时间的延长，青椒会出现转红现象，我们使用色差仪来评价果实颜色，L^* 是明度系数，a^*、b^* 是色度系数。L 值反映的是青椒表皮颜色的明亮程度，0 表示黑色，100 表示白色。a 值反映红色或绿色物质的浓度，$a>0$ 表示颜色偏红，$a<0$ 表示颜色偏绿。负的越多，颜色越绿。b 值反映橙色或蓝色物质的浓度，$b>0$ 表示颜色偏橙，$b<0$ 表示颜色偏蓝。青椒 4 个处理组的 L 值呈现逐渐下降的趋势、a 值呈现逐渐上升的趋势、b 值呈逐渐下降的趋势。就 a 值转红率来说，15%丁香提取液处理组青椒的 a 值上升得最为缓慢，转红率最低，在贮藏末期 a 值为-15.93；其次是 10%丁香提取液处理的青椒，在贮藏末期 a 值为-14.86；转红率最高的是未处理组的青椒，在贮藏末期 a 值为-12.57。研究结果表明，丁香处理液浸泡可以抑制青椒的后熟，减缓其转红的速率，浓度不同抑制效果不同，对青椒具有较好的保鲜作用。

六、呼吸强度

青椒 4 个处理组的呼吸强度呈逐渐下降的趋势，属于呼吸非跃变型果实。丁香提取液处理组的呼吸强度均低于对照组，显著抑制了青椒的呼吸（$P<0.05$），延缓青椒的衰老，其中未处理组呼吸速率最快。在贮藏末期青椒的呼吸强度达到 65.4mg/（kg·h），10%和 20%丁香提取液处理组青椒在贮藏末期的呼吸强度分别为 51.01mg/（kg·h）和 48.99mg/（kg·h），相较对照组分别降低了 21.86%和 25.01%，两个处理组之间无显著差异（$P>0.05$），呼吸速率最慢的是 15%丁香提取液处理组的青椒，在贮藏末期青椒的呼吸强度为 44.74mg/（kg·h），相较于对照组显著减小（$P<0.05$）。研究结果表明，丁香处理液处理青椒可以显著抑制乙烯的释放，抑制青椒的呼吸强度，延缓青椒的衰老，对青椒的保鲜起到较好的效果，其中 15%丁香提取液处理效果最佳。

七、细胞膜透性

4 个处理组青椒的相对电导率呈现逐渐上升的趋势，说明随着贮藏时间的延长，细胞膜遭到破坏，青椒逐渐衰老。其中，未处理组青椒的相对电导率变化最大，由贮藏初期的 11%增长到贮藏末期的 23.37%，其次是 10%丁香提取液处理的青椒，增长速率达到 35.65%，相较于对照组（$P<0.05$）降低了 32.65%；变化最慢的是 15%丁香提取液处理的青椒，增长速率只有 26.58%，相较于对照组显著降低了 49.78%（$P<0.05$）。研究结果表明，丁香提取液处理可以抑制细

胞膜受害，浓度不同抑制效果不同，其中 15% 丁香提取液效果最好，对青椒具有很好的保鲜作用。

八、维生素 C 含量

4 个处理组青椒中维生素 C 含量呈现逐渐下降的趋势，其中未处理组维生素 C 含量下降最快，由贮藏初期的 103.2mg/100g 下降到贮藏末期的 32.76mg/100g，下降速率达到 68.26%；其次是 10% 丁香提取液处理的青椒，下降速率达到 63.91%，显著高于对照组（$P<0.05$）；减少最慢的是 15% 丁香提取液处理的青椒，下降速率达到 54.85%，显著高于对照组（$P<0.05$）。研究结果表明丁香提取液处理青椒可以抑制青椒中维生素 C 含量的减少，浓度不同抑制效果不同，其中 15% 丁香提取液对青椒具有很好的保鲜作用。

九、叶绿素

不同浓度丁香提取液处理组青椒的叶绿素含量呈现逐渐下降的趋势。其中，对照组青椒叶绿素含量迅速下降，从贮藏初期的 0.078mg/g 下降到贮藏末期（15d）的 0.022mg/g，下降速率达到 71.79%；而不同浓度丁香提取液处理组青椒的叶绿素含量均显著高于对照组，说明不同浓度丁香提取液处理青椒，能够保持青椒叶绿素含量，从而有效延缓青椒的衰老。其中 15% 丁香提取液处理青椒的叶绿素含量变化最为缓慢，下降速率为 44.87%，相较于对照组减慢了 37.49%，显著抑制了青椒叶绿素含量的下降速率（$P<0.05$），较好地保持了青椒中叶绿素含量；10% 丁香提取液处理组青椒的叶绿素含量，下降速率为 64.56%，相较于对照组降低了 10.07%；研究结果表明，选择合适的丁香提取液浓度浸泡处理青椒能够很好地维持青椒叶绿素含量，延缓其品质下降。

十、超氧化物歧化酶

青椒在保鲜贮藏过程中，活性氧代谢加快，超氧化物歧化酶活性升高，抑制活性氧等有害代谢产物的积累。青椒随着贮藏时间的延长，超氧化物歧化酶活性呈现先升高后下降再升高再下降的趋势。对照组的超氧化物歧化酶活性高峰出现在贮藏第 9 天，而各处理组的超氧化物歧化酶活性高峰出现在贮藏第 12 天，较对照组推迟了 3d，出现这种结果的原因是不同浓度的丁香提取液可以抑制活性氧等有害代谢产物的积累，从而推迟活性高峰，延缓青椒的衰老。但是研究结果显示，不同浓度的丁香提取液并没有提高活性高峰值，其中未处理组的活性高峰值为1.57U，15%丁香提取液处理组的活性高峰值为1.345U，10%丁香提取液处理组的活性高峰值为1.461U，20%丁香提取液处理组的活性高峰值为1.477U。研究结果表明，丁香提取液处理青椒可以推迟超氧化物歧化酶酶活性高峰的出现，但是并没有提高其峰值，综合保鲜效果还有待进一步研究。

十一、过氧化物酶

过氧化物酶是有机体内重要的自由基清除剂，是果蔬成熟和衰老的标志，在植物的生命活动中具有重要的功能。过氧化物酶是蔬菜中普遍存在的氧化还原酶，它可以有效地清除果实代谢过程中产生的活性氧，使其维持在一个较低的水平，从而防止活性氧引起的膜脂过氧化及其伤害，保护果实的正常生理代谢。4个处理组的青椒过氧化物酶含量呈现先上升后下降的趋势，在贮藏后期又稍有回升。各处理组青椒的过氧化物酶含量高峰期出现在6d左右，对照组、10%丁香提取液、15%丁香提取液和20%丁香提取液的高峰值分别是14.9 $\triangle OD_{470}/(g \cdot min)$、22.34 $\triangle OD_{470}/(g \cdot min)$、30.46 $\triangle OD_{470}/(g \cdot min)$ 和26.11 $\triangle OD_{470}/(g \cdot min)$。研究结果表明，15%丁香提取液处理明显（$P<0.05$）提高了峰值，相较于对照组增加了51.02%，从而能够减少膜脂过氧化作用，对青椒达到很好的保鲜作用。

十二、多酚氧化酶

4个处理组青椒的多酚氧化酶活性呈现先升高后下降，再升高又下降的双峰趋势，出现这种情况的原因可能是贮藏初期，组织氧分充足，出现了活性小高峰，随后多酚氧化酶活性下降，但是随着贮藏时间的延长，青椒细胞膜遭到破坏，氧气大量地进入组织，从而导致活性再次升高，出现第二次高峰，并且峰值高于第一次，随后酶活性又继续下降。青椒对照组、10%丁香处理组、15%丁香处理组和20%丁香处理组的峰值分别为0.812 $\triangle OD_{470}/(g \cdot min)$、0.982 $\triangle OD_{470}/(g \cdot min)$、1.219 $\triangle OD_{470}/(g \cdot min)$ 和1.162 $\triangle OD_{470}/(g \cdot min)$，而且不同浓度丁香提取液处理组推了了高峰的出现，推迟时间接近3d，研究结果表明丁香提取液处理可以提高青椒中多酚氧化酶的活性，抑制细胞膜的损伤，延长贮藏期，其中15%丁香提取液处理青椒效果最好，其次是10%和20%丁香提取液处理，两者之间无明显差异（$P>0.05$）。

通过选择不同浓度的丁香提取液（10%、15%和20%）浸泡青椒3min，研究不同浓度丁香提取液对青椒品质及生理生化的影响。贮藏期间分别测定青椒的失重率、感官评分、腐烂指数、色差、硬度、呼吸强度、维生素C含量、叶绿素含量、超氧化物歧化酶酶活性、过氧化物酶酶活性以及多酚氧化酶酶活性。研究结果表明，丁香提取液对青椒有很好的保鲜作用，浓度不同保鲜效果不同，浓度过高（20%）或过低（10%）都不利于青椒的贮藏保鲜，15%的丁香提取液效果最好，整体优于10%和20%丁香提取液处理效果。其中15%丁香提取液浸泡青椒3min能够很好地抑制其硬度、维生素C、叶绿素的下降；很好地保持感官、色泽的变化；显著抑制青椒在贮藏期间呼吸强度、失重率和细胞膜透性的升高，同时增大了过氧化物酶活性、抑制了多酚氧化酶的活性，推迟了超氧化物歧化酶活性高峰的出现，从而延缓了青椒的衰老，对青椒的贮藏保鲜起到很好的效果。因此，丁香提取液处理青椒的最佳浓度是15%。

第三节　不同超声温度制备大蒜提取液对青椒贮藏保鲜的影响

取无病虫害、无损伤的大蒜100g，搅拌3min，按照料液比1∶5（g/mL）加入500mL的50%乙醇，将混合物于25℃、35℃、45℃、55℃和65℃超声温度下，经100W和20kHz超声波提取30min，用纱布过滤后，即得大蒜提取液。取新鲜、大小色泽均匀、表面无破损青椒分为6组，空白组的青椒用蒸馏水浸泡5min，其余5组青椒分别放入超声温度为25℃、35℃、45℃、55℃和65℃制备的大蒜提取液中浸泡5min，浸泡后取出青椒，置于阴凉通风处晾干，装入保鲜袋，常温20℃下放置。每隔2d随机抽取样品进行各项指标的测定。

一、感官评定

在25℃、35℃、45℃、55℃和65℃超声温度下制备大蒜提取液处理的青椒，分别放置2d、4d、6d、8d和10d观察其感官品质，结果表明，经大蒜提取液处理的青椒感官指标均好于空白组，对照组青椒至4d时表皮微皱，至6d时开始松软腐烂。而经25℃、35℃和45℃超声温度下制得的大蒜提取液处理的青椒在8d时表皮微皱，有轻微异味。其中超声温度为35℃时保鲜效果最佳，贮藏10d

后，青椒依然为鲜绿色，且无腐烂、无松软。

二、腐烂指数

在25℃、35℃、45℃、55℃和65℃超声温度下制备大蒜提取液处理的青椒，分别放置2d、4d、6d、8d和10d观察青椒腐烂指数变化情况，结果表明，对照组的青椒在6d开始出现腐烂，其腐烂指数为18.75，到10d青椒的腐烂指数达到57%，经大蒜提取液处理后的青椒，其腐烂指数均受到不同程度的抑制，其中65℃超声温度下制备的大蒜提取液处理的青椒，在第6天出现轻微腐烂，但腐烂指数均小于对照组，而超声温度为25℃、35℃和45℃制备的大蒜提取液处理的青椒直至10d仍没有腐烂。

三、失重率

青椒采摘后，呼吸和代谢作用不断消耗自身的水分。在前4d内，各条件下处理的青椒失重率基本一致，此后对照组的失重率随着时间的增加迅速升高；到10d时，对照组失重率达9.0%。经大蒜提取液处理后的青椒失重率均有不同程度的抑制，其中当超声温度为35℃时，到10d青椒样品的失重率为6.3%。

四、维生素C含量

随着贮藏时间的延长，对照组青椒维生素C含量显著降低，下降趋势先慢后快，当储存第10天时，维生素C含量为31.2%，含量下降了68.8%。而经过大蒜提取液处理过的青椒维生素C含量下降速度相对较慢。其中35℃超声温度下制备的大蒜提取液处理的青椒维生素C含量下降趋势最为缓慢，至10d时维生素C含量约为50.1%。

五、叶绿素

对照组青椒前4d叶绿素含量下降较缓慢，从4d开始下降速度增加。经大蒜提取液处理过的青椒叶绿素含量与对照组相比，下降速度较慢，其中35℃超声温度下制备的大蒜提取液处理的青椒叶绿素含量下降趋势最为缓慢，保鲜效果最佳。

通过不同超声温度下制备的大蒜提取液对青椒进行保鲜处理，可以有效地延长青椒的保鲜期。其中35℃超声温度下制备的大蒜提取液处理的青椒保鲜效果最佳，能有效抑制青椒腐烂，减缓维生素 C 及叶绿素的损失。果蔬在贮藏过程中腐烂变质在很大程度上是由于微生物侵染，而大蒜中含硫化合物对球菌、杆菌和真菌等多种微生物的生长繁殖具有明显的抑制和杀灭作用，还能在一定程度上调节果蔬的生理代谢，保持果蔬的良好品质。用大蒜提取液保鲜青椒，具有低成本、无污染、操作简便和无毒害副作用等优点。

第四节　油用牡丹皮提取液对青椒贮藏保鲜的影响

选择无腐烂油用牡丹根，洗净剥离牡丹皮，28℃烘干，用电动粉碎机粉碎，称取 100g 的牡丹皮粉 3 份，按照 1∶10 的料液比，分别采用蒸馏处理（牡丹皮粉中加水 1 000mL，将料液装入蒸馏装置，收集乳白色馏出液定容至 1 000mL）、水煮处理（牡丹皮粉中加水 1 000mL，煮 2h，纱布过滤，收集滤液 10 000r/min，4℃离心 15min，收集上清定容到 1 000mL）、超声波处理（牡丹皮粉中加水 1 000mL，50℃，1h 超声波处理，纱布过滤，收集滤液 10 000r/min，4℃离心 15min，收集上清定容到 1 000mL）制备提取液。挑取同一批次、大小质量均匀一致的青椒好果，洗净晾干，分别用蒸馏处理液、水煮处理液、超声波处理液、蒸馏水浸泡青椒 10min，捞出晾干，装入 0.03mm 厚聚氯乙烯薄膜袋内，袋子用打孔器处理 5 个透气孔，8℃温度贮藏，每隔 3d 取样，测定相关成分。

一、损失率

在存放期间，随时间延长，青椒质量损失率表现为上升趋势，可能是因为青椒处于低温的贮藏环境，果实需要提高呼吸速率来抵抗较低的温度，呼吸速率提高使果实释放出一定的热量，散失一定的水分。相比较而言，3 种处理中，油用牡丹皮提取液处理的青椒质量损失率明显低于对照，其中蒸馏处理的青椒质量损失率低于其他两种油用牡丹皮提取液处理，可能是蒸馏处理液更有效地延缓了青椒呼吸高峰的到来。

二、腐烂率

随着贮藏时间延长，果实腐烂率增加。对照在贮藏 9d 时，最早出现腐烂，腐烂率为 1.67%。蒸馏液处理在第 15 天时腐烂率为 1.67%，此时空白处理腐烂率为 8.33%。油用牡丹皮提取液的 3 种处理表现出了明显的抑菌效果，明显延迟了青椒腐烂的发生，这是因为牡丹皮提取液对引起腐烂的微生物有抑菌效果。经方差分析，至 9d 后，3 个处理与对照组之间有显著差异（$P<0.05$）。

三、果实硬度

随着贮藏时间延长，果实硬度下降并逐渐变软。贮藏时间 9d 之前，几种处理的青椒硬度差别不大。9d 后，3 种处理组青椒硬度下降比空白对照组有所减缓。其中蒸馏处理组延缓果实变软效果最好。乙烯、纤维素酶和多聚半乳糖醛酸酶等与果实软化有密切关系。蒸馏处理油用牡丹皮提取液延缓了果实软化，原因可能是减少了乙烯的生成、钝化了纤维素酶、多聚半乳糖醛酸酶等的活性。

四、可溶性固形物含量

可溶性糖作为可溶性固形物的主要成分，与可滴定酸构成果蔬特有的品质，是评价果实质量好坏的关键指标。可溶性固形物随着贮藏时间表现下降趋势。在贮藏 9d 前，可溶性固形物下降平缓，变化不大；9d 后，空白对照组可溶性固形物急剧下降，其他 3 种处理组可溶性固形物变化相对缓慢。这说明，牡丹皮提取液处理组能抑制青椒果实组织的物质代谢，进而降低了可溶性固形物的消耗，其中蒸馏处理组抑制降解效果突出。

五、叶绿素含量

随着贮藏时间延长，叶绿素逐渐降解，含量降低，3 种处理叶绿素含量明显高于空白对照。贮藏 9d 后，空白对照组青椒叶绿素含量快速下降，处理青椒组叶绿素含量降低趋势平缓。贮藏 15d 时的数据表明，超声波、水煮、蒸馏处理组叶绿素含量比空白组叶绿素含量分别高 8%、7% 和 43%，这是因为 3 种处理液延缓了叶绿素降解趋势，可能是通过降低内源乙烯的合成，从而减慢叶绿素的降解，有利于保持贮藏青椒的绿色。

六、细胞膜透性

随着贮藏时间延长，果实逐步衰老，细胞膜透性增加，相对电导率逐步上升。贮藏 9d 之前，处理组相比空白对照组没有明显减缓趋势。贮藏 9d 后，处理组细胞膜透性增大趋势较空白对照组减缓，尤其蒸馏处理青椒组降低细胞膜透性效果非常明显，相对电导率数值比空白对照低 31.7%，这是因为蒸馏处理液能延缓果实衰老，有效抑制细胞内含物的释放，从而减轻细胞膜的受损程度。

七、维生素 C 含量

结果表明，3 种处理青椒组维生素 C 含量均明显高于空白对照组。贮藏 15d 时，蒸馏处理组维生素 C 含量降低 55%，空白对照组维生素 C 含量降低 72%，水煮处理组维生素 C 含量降低 63%，超声波处理组维生素 C 含量降低 62%，3 种处理体现出保鲜效果，可能是由于 3 种处理有效抑制维生素 C 氧化降解酶类的活性，较好地保护果实维生素 C 含量，因此延缓了果实的衰老腐败。

八、可滴定酸

随着贮藏时间延长，青椒均表现下降趋势，且 3 种处理一定程度上延缓可滴定酸的消耗或转化，其中蒸馏组处理可滴定酸降低最迟缓，说明蒸馏处理延缓青椒可滴定酸降低效果最好。

因此，油用牡丹皮处理液可有效保持青椒的商品品质，具有保鲜效果，与化学保鲜剂相比，具有无毒、安全的特点。超声波处理液、蒸馏处理液、水煮处理液 3 种处理的综合评价中，蒸馏处理液对青椒保鲜效果最好，超声波处理次之，水煮处理效果较弱，但也有一定的保鲜效果。蒸馏处理和超声波处理的质量损失率、可溶性固形物、电导率等数据指标没有显著差异（$P>0.05$）。推测可能是因为 3 种牡丹皮提取液的有效成分因子浓度差别不大，生理指标测定期短，部分指标的显著差异没有表现出来。

第十章　植物提取液互配在青椒贮藏保鲜中的应用

不同功能性植物所含的抑菌成分不同，这些不同抑菌活性物质之间可存在协同作用，从而增强了抑菌活性。

有研究发现大黄、丁香和连翘3种提取物单独使用时对交链孢菌的抑制率均在45%以下，但混合并加入其他提取物后，复配物的抑菌率达到100%。大蒜和韭菜的提取物也有类似现象。有研究发现乌梅、肉桂、八角、丁香复配后的抑菌效果要明显强于单一使用效果，说明复配各成分之间存在协同作用。连翘、板蓝根等单味药对嗜水气单胞菌抑菌作用不明显，组成复方后表现较强抑菌作用。但不同的抑菌活性物质之间也可能存在拮抗作用，有研究发现大黄、丁香和连翘的提取物中单一使用时，对胶孢炭疽菌的抑菌率均为100%，但这3种提取物混合并加上其他同样抑菌作用很强的提取物后，复配物的抑菌率仅为28%。不同的抑菌活性物质对各个病原菌的抑制效果不同，这些中草药提取物混合后可以增大其抑菌谱。有研究从20种植物提取物中筛选出抑菌作用较好的几种植物提取物组成复配提取物，发现复配后提取物对黄瓜黑斑病菌、青椒枯萎病菌、黄瓜枯萎病菌、禾谷类作物病菌病原菌的抑制效要显著好于单一植物提取物。抑菌谱的加大一方面是由于抑菌活性物质之间的相加作用，另一方面也存在各个抑菌活性物质之间的协同作用。

虽然有些植物提取物对病菌有较好的抑制作用，但由于价格昂贵，还不具备市场竞争优势，无法得到大规模开发应用。因此，我们通过几种植物资源的复配使用，不仅降低了生产成本，也很有可能增加抑菌效果和抑菌谱。同时也防止了单一植物资源的过渡采伐使用而导致植物资源的匮乏。在实际生产中，要充分考虑抑菌活性物质之间的协同作用和相加作用，研制开发出广谱、高效的植物源杀菌剂。同时又要考虑成本因素，选择那些抑菌效果好、价格低的植物进行抑菌活性物质的提取应用。还要考虑有杀菌抑菌效果的植物资源产量和可持续性，选择那些产量大、能连续收获的植物品种，才能满足工厂化生产的需求，增强植物源杀菌剂在市场上的竞争力。

第一节　四种药用植物复配对青椒保鲜的影响

将效果好的丁香、高良姜、五味子及乌梅 4 种药用植物干燥粉碎，按等质量比例混合制备稳定的药用植物复配提取物。采后青椒预冷 24h 进行分级挑选，洗净果面、晾干，然后用 75% 的酒精消毒，再用紫外线照射 30min。然后在含有 0.1% 吐温-80 的 50% 多菌灵 1 000 倍液、0.05g/mL 药用植物复配提取物以及清水对照 3 种处理各浸泡 3min；1% 壳聚糖液、1% 壳聚糖与 0.05g/mL 药用植物复配提取物 2 种涂膜，共 5 种处理，青椒经不同处理后取出阴干。将青椒置于厚度为 0.03mm 聚乙烯薄膜袋中（袋的中下方用直径为 1cm 的打孔器打 2 个孔），放入（10±1）℃冷库中贮藏，贮藏中定期随机取样测定各项指标。

一、呼吸强度

在低温贮藏过程中，青椒呼吸强度的总体趋势是前期迅速下降而后平缓，果实呼吸强度由最初的 8.87mgCO$_2$/(kg·h) 下降到 6.41mgCO$_2$/(kg·h)，可能低温抑制了其呼吸强度的升高。贮藏后期，经壳聚糖、壳聚糖与药用植物复配涂膜处理青椒的呼吸强度仍保持小幅下降，而经药用植物复配提取物处理组青椒的呼吸强度开始上升，但其上升幅度小于清水对照，说明药用植物复配处理对青椒的呼吸强度有一定的抑制作用。贮藏到 40d 时，清水对照的呼吸强度达到 7.12mgCO$_2$/(kg·h)，药用植物复配处理组为 6.41mgCO$_2$/(kg·h)，高于多菌灵处理组的 5.40mgCO$_2$/(kg·h)，但药用植物与壳聚糖复配涂膜处理组的呼吸强度仅为 4.80mgCO$_2$/(kg·h)，明显低于多菌灵处理果实，说明复配涂膜更有利于抑制青椒呼吸强度的上升，这可能与药用植物复配提取物中的某些成分影响了壳聚糖的成膜性有关，具体原因有待进一步研究。

二、叶绿素

贮藏过程中，青椒叶绿素含量逐渐降低。贮藏到 16d 时，药用植物复配处理果实叶绿素含量仅为 0.057mg/g，明显低于其他处理组 0.08mg/g 左右的含量，说明药用植物复配有促进青椒果实叶绿素分解作用；24d 以后，叶绿素含量变化趋势出现明显的分化，壳聚糖与药用植物复配涂膜组果实叶绿素含量保持基本稳定，而其他处理组叶绿素含量大幅下降；到40d时，壳聚糖涂膜处理叶绿素含量最高为0.081mg/g，药用植物与壳聚糖复配涂膜为0.070mg/g，高于多菌灵、清水对照及药用植物复配的0.061mg/g、0.055mg/g和0.055mg/g的含量，表明壳聚糖与药用植物复配涂膜在一定程度上解决了单用药用植物复配时果实叶绿素降解过快的问题。

三、维生素 C 含量

随着贮藏时间的延长，青椒果实维生素 C 含量呈逐渐下降趋势，开始为106mg/100g FW。贮藏到24d以后，药用植物复配、壳聚糖涂膜、壳聚糖与药用植物复配物涂膜组的维生素 C 含量分别下降到91.44mg/100g、85.97mg/100g和84.04mg/100g；32d时，药用植物复配处理组果实的维生素 C 含量为99.56mg/100g，明显高于壳聚糖涂膜、壳聚糖与药用植物复配物涂膜、清水对照、多菌灵处理组的95.33mg/100g、91.32mg/100g、82.60mg/100g和82.22mg/100g含量，说明药用植物复配能有效降低维生素 C 的降解速率。

四、后熟转红

在贮藏过程中青椒常出现后熟转红现象，大大降低了青椒的商品价值和货架寿命。贮藏中青椒采后转红指数持续上升，在整个贮藏过程中，清水对照处理果实转红指数相对较低，贮藏到30d后清水对照青椒转红指数远低于其他处理组果实，差异达显著水平（$P < 0.05$）。而药用植物复配与壳聚糖处理果实转红严重，贮藏40d时，果实转红指数与其他处理相比差异达到显著水平（$P < 0.05$）。药用植物复配与壳聚糖处理加速了青椒果实的转红速率，其原因有待进一步研究。

五、腐烂指数

10d后清水对照腐烂指数突然上升，此后其腐烂指数显著高于其他处理（$P < 0.01$）。贮藏30d时，清水对照的腐烂指数为51.80，比其他处理组（药用植物复配、多菌灵、壳聚糖与药用植物复配涂膜、壳聚糖涂膜处理的腐烂指数分别为15.22、16.27、14.72和15.58）腐烂指数值高出2倍以上，贮藏20d以

后各处理间（清水对照除外）差异未达到显著水平（$P<0.05$），说明药用植物复配、壳聚糖与药用植物复配涂膜、壳聚糖涂膜处理与常用杀菌剂多菌灵一样有显著降低青椒果实腐烂的作用。

相关研究表明，药用植物复配可以降低青椒的呼吸强度，延缓青椒维生素 C 降解，保持较低的丙二醛含量，能显著地降低青椒在贮藏过程中的腐烂率，有效地延长青椒的贮藏时间。同时，植物源杀菌剂处理也存在一定的不足，青椒在贮藏过程中转红现象比清水对照更加严重，叶绿素含量也低于清水对照，其原因有待进一步研究。壳聚糖与药用植物复配涂膜能够改善单用植物源杀菌剂时存在的一些问题，如能够更好地降低果实腐烂率，缓解单独使用植物源杀菌剂时青椒叶绿素含量降低的问题，保持青椒在贮藏过程中更高的维生素 C 含量，而且能够进一步降低青椒的呼吸强度，如贮藏 40d 时，单独使用药用植物复配时呼吸强度为 $6.41mgCO_2/(kg \cdot h)$，壳聚糖与药用植物复配涂膜的呼吸强度仅为 $4.80mgCO_2/(kg \cdot h)$。

将药用植物复配应用在青椒贮藏保鲜上，可以抑制青椒的呼吸强度上升，延缓青椒维生素 C 分解，显著降低青椒在贮藏过程中的腐烂，有效地延长青椒的贮藏时间，保持其营养价值。但是，药用植物复配处理也存在一定的不足，青椒在贮藏过程中转红现象严重，叶绿素的含量较低，其原因有待进一步研究。壳聚糖与药用植物复配涂膜后，复配涂膜比单用药用植物复配对青椒有更好的保鲜作用，如能够更好地降低果实腐烂率；缓解单独使用植物源杀菌剂时青椒叶绿素含量降低的问题；保持青椒在贮藏过程中更高的维生素 C 含量；而且能够进一步降低青椒的呼吸强度。

第二节　两组复配药用植物对青椒保鲜的影响

制备丁香和大黄 2 种药用植物复配液：称取丁香和大黄各 100g 加入 500mL 水浸泡 1h，煮开后煎熬 20min 滤出汁液，另加 500mL 水再熬制 20min 滤渣，合并前后两次药液并定容到 1 000mL；再取 60g 淀粉用热水化开，定容至 1 000mL；合并药用植物和淀粉定容液获得 2 种药用植物复配液。丁香、大黄和高良姜 3 种药用植物复配液：称取丁香、大黄和高良姜各 100g，与上述 2 种药用植物复配液制备方法一致，获得该 3 种药用植物复配液。挑选中等大小、色泽均匀、无损伤的青椒果实，采用上述两组药用植物复配液制成的涂膜液浸泡 3min，自然晾干；将不做任何处理的青椒作为对照。所有青椒于 12~13℃库中预冷 12h 后装入打孔的 0.035mm 厚聚乙烯塑料薄膜袋，后放入 9℃库中存入，每隔 10d 测定相关成分。

一、呼吸强度

刚采收的青椒呼吸强度为 99.55mgCO$_2$/（kg·h），10d 后降至 40mgCO$_2$/（kg·h）左右，说明 9℃的低温明显抑制了青椒的呼吸。在贮藏过程中，青椒的呼吸呈逐渐下降趋势，为非跃变型呼吸。2 种药用植物复配液处理过的青椒在贮藏过程中呼吸强度略低于对照；而 3 种药用植物复配液处理过的青椒在整个贮藏过程中呼吸强度均高于其余两者，说明 2 种药用植物复配液处理过的青椒略降低了青椒的呼吸，而 3 种药用植物复配液处理过的青椒加速了青椒的呼吸。

二、相对电导率

刚采的青椒果实相对电导率较高为 14.5%，10d 后在 9℃低温下相对电导率降为 7.5%左右，在贮藏前期相对电导率变化不大，中后期升高较快，说明中后期果实的衰老比较严重，细胞膜透性增高，2 种药用植物复配液处理的青椒在采后 30d 之前作用效果不明显，在后期较明显降低了果实相对电导率（$P < 0.05$）。3 种药用植物复配液处理过的青椒果实相对电导率影响不大，甚至起到了相反的作用，增大了细胞膜透性。

三、丙二醛

青椒采后丙二醛的含量变化不大，略呈缓慢上升趋势，贮藏后期略有下降。2 种药用植物复配液和 3 种药用植物复配液处理后青椒的丙二醛含量均明显低于对照果（$P < 0.05$），而 2 种药用植物复配液处理青椒又明显低于 3 种药用植物复配液处理的青椒（$P < 0.05$）。说明中药处理可减少脂质过氧化作用，且 2 种药用植物复配液处理青椒作用效果更好。

四、失重率

青椒采后失重较快，到贮藏 50d 失水在 4%以上，复配药用植物处理对抑制青椒的失重有一定效果，而 2 种药用植物复配液处理青椒效果更为明显一些，这可能与药用植物中具有良好的成膜性以及涂被液中加有部分淀粉，在青椒果实表面形成一层膜，较好地抑制了水分的散失有关。

五、好果率

青椒贮藏前 30d 内，3 种处理的青椒果实品质保持较好；到 30d 后，青椒好果率很快下降，2 种药用植物复配液处理青椒软化腐烂缓于对照，好果率明显高于对照果。3 种药用植物复配液处理的青椒的好果率下降很快，甚至不如对照组，说明 3 种药用植物复配液处理的青椒保鲜效果不理想。

有研究报道，丁香对葡萄球菌及结核杆菌均有抑制作用；大黄对多数革兰氏阳性菌及某些革兰氏阴性菌有抑制作用；而高良姜煎液对炭疽杆菌、枯草杆菌、葡萄球菌等有不同程度的抗菌作用。采用以上 3 种药用植物制成防腐保鲜剂，对青椒进行贮藏保鲜效果研究，发现丁香与大黄复配，较好地抑制了青椒的呼吸作用、脂质过氧化，以及水分损耗，降低了果实相对电导率，对青椒起到了保鲜作用。而丁香、大黄和高良姜复配，只是对抑制果实水分散失及丙二醛含量的增加有一定作用，而对其他几项指标作用不大，反而加速了青椒的软化腐烂。这可能是因为丁香和大黄中再加有高良姜，高良姜中的有效成分与丁香和大黄中的有效成分被相互抵消；也可能是复配药用植物处理浓度或处理时间不当所致；或者青椒采收时已经接近变红，由于成熟度较大，影响了其耐贮性，从而影响到中草药的处理效果。

总体来看，丁香和大黄 2 种药用植物复配液处理青椒具有较好的保鲜效果，而丁香、大黄和高良姜 3 种药用植物复配对青椒保鲜效果较差，甚至不如对照。从长远来看，用药用植物保鲜果蔬操作简便，成本低，污染少，对人体无毒害，在资源开发和食品贮藏上具有很大的经济价值和较为广阔的应用前景。

第三节　三组互配药用植物对青椒保鲜的影响

将不同药用植物在 50~60℃ 的鼓风干燥箱内烘干、用粉碎机粉碎后各称取粉末 100g，分别置于广口瓶，用 60% 乙醇分 3 次浸渍提取，提取剂用量分别为 800mL、800mL 和 400mL，提取时间分别是 6h、8h 和 12h，合并 3 次滤液，定容至 2 000mL（1mL 提取液相当于 50mg 药用植物粉末）。再把丁香、厚朴和苦参，紫丹参、厚朴和苦参，厚朴、苦参和迷迭香 3 组各 3 种药用植物提取液按 1：

1∶1混合配制复配液。采后青椒预冷至10℃左右，进行分级挑选，洗净果面、晾干，然后用75%的酒精消毒，晾干后，分别在上述3组药用植物复配液中浸泡2~3min，对照组青椒用无菌水处理。充分晾干后，装入聚乙烯保鲜袋，入冷库预冷，青椒果实温接近10℃后，扎紧袋口置（10±0.5）℃贮藏。

一、呼吸强度

在贮藏前10d，4种处理青椒呼吸强度均快速从98mgCO$_2$/（kg·h）下降至38mgCO$_2$/（kg·h）；在10~20d，4种处理青椒呼吸强度再缓慢下降至28mgCO$_2$/（kg·h），且4种处理之间均无明显差别，之后青椒呼吸强度维持在一个较低水平，说明低温贮藏抑制了其呼吸作用。在青椒整个贮藏过程中，呼吸强度呈逐渐下降趋势，而厚朴、苦参和迷迭香复配液处理组的呼吸强度略高于对照，而其他两组药用植物复配略低于对照。

二、失重率

在贮藏过程中，不同处理青椒失重率一直缓慢上升。但3组药用植物复配液处理青椒的失重率均明显低于对照组，这可能是因为药用植物复配液内的成分在青椒果实表面形成的保护膜，抑制青椒水分的散失。3组不同药用植物复配液均对青椒的失重率有一定抑制效果，但3者之间区别不大。

三、腐烂率

3组药用植物复配液处理的青椒样品在贮藏过程中，其腐烂率均低于对照；而3组药用植物对青椒贮藏保鲜效果也存在一定差异，其中丁香、厚朴和苦参复配液对青椒贮藏的腐烂率最低，说明该组药用植物复配提取液对青椒起到了最好的抑菌防腐效果。

药用植物复配液在处理果实时会在表面形成保护膜，其中的有效抑菌成分，能减少外源微生物的侵染，减少果实表皮的损伤，从而减少果实营养物质的破坏、损失和果实腐烂。复合提取液处理的青椒在贮藏期间失重率、腐烂率均低于未经药用植物提取液处理的对照。药用植物复合提取液在果实表面形成的保护膜，还会减少氧气进入果实内部，减缓由青椒呼吸作用产生的CO$_2$向外扩散，使内部形成一个高CO$_2$、低O$_2$的环境，从而抑制青椒的呼吸强度，减少营养物质的损耗。该研究表明，药用植物复合提取液处理对青椒保鲜效果明显，在防腐、保重等方面的作用效果较好。尤其以丁香、厚朴和苦参复配液效果较佳，优于其他两组复配液。因此，丁香、厚朴和苦参复合提取液可作为保鲜剂用于青椒的贮藏保鲜。

第四节 大蒜生姜复配对青椒保鲜的影响

分别取无病虫害及机械损伤的大蒜和生姜各 100g，按料液比为 1∶3（g/mL）的比例加入蒸馏水，搅拌研磨成匀浆，将大蒜水溶液于 35℃下不断搅拌 30min，生姜水溶液于 45℃下提取 30min，并不断搅拌，所得滤液即为大蒜提取液和生姜提取液。将大蒜提取液与生姜提取液分别按 1∶3、1∶2、1∶1、2∶1 和 3∶1 比例混合，得 5 组不同比例的复配液，作为保鲜剂。将青椒用蒸馏水和 5 组不同比例的大蒜和生姜复配液各浸泡 5min。处理后将青椒置于阴凉通风处晾干，装入保鲜袋贮藏。贮藏期间进行青椒各项指标的测定。

一、感官品质

大蒜和生姜经一定比例复配液处理组的青椒，其感官评价均明显优于蒸馏水对照组，保鲜期有一定程度的延长。在前 2d 内，所有青椒的色泽以及质地都没有明显的变化，但在 4d 之后，未经处理的青椒质地有了明显的变化，外表变软，并且表面已经有了皱缩。第 6 天之后，蒸馏水对照组就开始有了腐烂且颜色也变黄。随着贮藏时间的延长，腐烂程度越强。而经保鲜处理的青椒，整体保鲜效果要优于蒸馏水对照组。其中，当大蒜提取液与生姜提取液为 2∶1 时保鲜效果最好，第 8 天外表才有了轻微的皱缩，第 10 天才有坏斑形成，保鲜效果最为明显。

二、失重率

青椒采摘后，仍然进行呼吸和代谢作用，不断消耗自身的水分，影响青椒的品质。在前 2d 内，各条件下处理的青椒失重率差别不大。此后蒸馏水对照组的失重率随着时间的增加迅速升高。到 8d，未经任何保鲜处理的蒸馏水对照组青椒失重率已高达 7.44%。而经大蒜提取液与生姜提取液为 2∶1 的保鲜剂处理青椒后失重率最低，在 8d 失重率仅为 3.56%，保鲜效果最好。

三、腐烂指数

蒸馏水对照组的青椒贮藏 6d 开始出现腐烂，其腐烂指数为 7.14，到 12d，腐烂指数已达 51.43。经过大蒜提取液和生姜提取液复配处理后的青椒，其腐烂指数均有不同程度的抑制，其中当大蒜提取液与生姜提取液为 2 : 1 时保鲜效果最好，到 10d 才开始出现较少腐烂，到 12d 腐烂指数为 10.18%，比相同时段蒸馏水对照组处理青椒低 41.25%。

四、维生素 C 含量

随着贮藏时间的延长，青椒中的维生素 C 将会逐渐减少。蒸馏水对照组随着贮藏时间的延长，维生素 C 的含量显著降低，明显低于其他处理组，青椒的品质变差。在 12d 时，蒸馏水对照组维生素 C 含量仅为 33.9mg/100g，下降 66.1mg/100g。而经过保鲜剂处理的青椒维生素 C 含量下降速度相对较慢，其中当大蒜提取液与生姜提取液为 2 : 1 时，维生素 C 含量下降最慢，到 10d，维生素 C 含量仍为 69.4mg/100g，维生素 C 含量明显高于其他各组，保鲜效果最好。

五、叶绿素

叶绿素含量随贮藏时间的延长而降低。在前 4d，所有组别的叶绿素含量的变化均不明显，但在 4d 之后，所有组别的叶绿素的含量都明显减少，特别是蒸馏水对照组，在 4d 之后，叶绿素含量显著下降，到 10d，叶绿素含量仅为 0.44mg/100g。经保鲜处理之后叶绿素下降速度有所减缓，而大蒜提取液与生姜提取液为 2 : 1 时，叶绿素减少速度最小，在 10d 时，叶绿素含量是蒸馏水对照组的 2 倍，保鲜效果最好。

采用大蒜与生姜提取液复配作为保鲜剂，能够有效地减缓青椒的腐败程度，延长青椒的保鲜期。当大蒜提取液与生姜提取液为 2 : 1 时，保鲜效果最佳，能有效抑制青椒腐烂，减缓维生素 C 及叶绿素的流失。果蔬在贮藏过程中腐烂变质在很大程度上是由于微生物侵染，而大蒜和生姜中的含硫化合物及酚类物质等对球菌、杆菌和真菌等多种微生物的生长繁殖具有明显的抑制和杀灭作用。此外还能在一定程度上调节果蔬生理代谢，保持果蔬的良好品质。

第十一章　植物生长物质类保鲜剂在青椒贮藏中的应用

　　植物生长物质，是指在植物生长和发育起着调节作用的物质，包括植物激素和植物生长调节剂。

　　现有的植物生长调节剂根据分子结构不同主要分为两类：一类具有与植物激素类似的分子结构和生理效应，如吲哚丙酸、吲哚丁酸等；另一类结构完全不相同但有与植物激素类似的生理效应，如萘乙酸、矮壮素、三碘苯甲酸、乙烯利、多效唑等。人为地调节外源植物生长激素能够延缓植物的衰老，促进蔬菜成熟衰老的主要激素是脱落酸和乙烯，通过 Ag^{2+}、硫代硫酸银、1-甲基环丙烯等这些物质与乙烯竞争结合受体，控制乙烯合成过程中的关键酶，从而抑制乙烯与植物受体相结合，抑制因乙烯作用带来的植物细胞衰老过程。植物生长调节剂根据其具体作用可分为：促进剂、抑制剂和延缓剂。其中抑制剂和延缓剂常用于蔬菜保鲜。水杨酸及其类似物可以作为天然生长抑制剂用于蔬菜采后贮藏保鲜。茉莉酸甲酯作用于植物的正常生长发育和逆境反应，它广泛存在于植物界中，是植物天然产生的生长调节物质。

　　在生理活性调节保鲜剂研究方面，新型乙烯抑制剂 1-甲基环丙烯是一种安全无毒剂，为乙烯敏感型蔬菜采后贮藏保鲜提供了新的手段。与传统的乙烯吸附剂不同，它作为一种新型、高效的乙烯拮抗剂，其较高的双键张力和化合能可以同植物组织中乙烯争夺与受体蛋白的金属离子结合的机会，从而抑制乙烯生成。施用 1-甲基环丙烯处理生姜根茎后发现，可以降低其发芽速率，减少活性氧的积累，并在室温下储存期间保持生姜根茎的质量，相较于对照组提高了总酚含量，过氧化氢酶、过氧化物酶和超氧化物歧化酶的活性也高于对照组。有研究使用 1-甲基环丙烯处理鲜切莲藕片，结果表明，1-甲基环丙烯处理提高了鲜切莲藕片的抗氧化能力、过氧化物酶活性、超氧化物歧化酶活性、过氧化氢酶活性和 2,2-联苯基-1-苦基肼基自由基清除率。1-甲基环丙烯通过抑制乙烯生物合成和信号转导，从而延缓了莲藕的酶促褐变。1-甲基环丙烯与其他保鲜剂联合处理能起到协同增效的作用。1-甲基环丙烯结合茶多酚处理蕨菜保鲜效果优于单一使用1-甲基环丙烯和茶多酚，复合处理能有效减少可溶性蛋白、可滴定酸和可溶性糖的分解与转化，并维持细胞膜的完整性，进而延缓蕨菜失重率和粗纤维含量的上升。

　　研究用水杨酸溶液浸泡马铃薯块茎和洋葱鳞茎，发现水杨酸可以抑制其发芽和腐烂。但也有研究表明，采前和采后施用水杨酸控制洋葱发芽无效。20世纪80年代有用水杨酸控制柑橘、香蕉等真菌感染的研究报告，证明水杨酸可有效抵抗宽皮橘和马铃薯的采后感染，能控制香蕉采后由炭疽病和曲霉病引起的腐烂。随着人们对化学药剂和防腐剂的排斥，采后果蔬用水杨酸处理防止腐烂引起了学者的关注。猕猴桃采前24h用1.0mmol/L的水杨酸浸泡果实，贮藏后果实的腐烂率为13.2%，而对照则高达26.7%。有研究用0.2%水杨酸处理可提高杧果的呼吸速率，采后11d出现呼吸高峰，峰值远高于对照，0.1%水杨酸处理降低了呼吸高峰，峰值最低。而水杨酸处理对绿熟番茄呼吸强度影响很小，采后5d对照与水杨酸处理果均出现呼吸高峰，峰值相近，对照呼吸强度值稍高。研究表明，水杨酸能干预乙烯、脱落酸和细胞分裂素的生物合成，如水杨酸能够抑制香蕉、梨和苹果乙烯生物合成及生理作用，抑制猕猴桃果肉脂氧合酶的活性。然而，也有研究表明，当外源水杨酸浓度不合适时，也有促进果实内源乙烯生成的作用，如低浓度水杨酸处理能促进胡萝卜内源乙烯生成，而高浓度水杨酸则抑制乙烯合成。

　　在茉莉酸甲酯用于果蔬保鲜方面，有研究发现经过茉莉酸甲酯处理的马铃薯能延缓其褐变，相较于对照组维持了更高水平的铁蛋白多酚和更厚的细胞壁，茉莉酸甲酯通过提高多酚氧化酶、苯丙氨酸解氨酶等酶活性来增加抗病性。关于1-甲基环丙烯对青椒的贮藏保鲜研究方面报道较多，此外关于水杨酸对青椒的贮藏保鲜研究也有报道，而茉莉酸甲酯在青椒抗冷害方面具有重要防护作用，因此常用于青椒的低温贮藏保鲜。

第一节　不同浓度1-甲基环丙烯对青椒贮藏保鲜的影响

　　称取浓度为0.14%的1-甲基环丙烯药剂0.008g、0.016g和0.032g，分别放入3个培养皿中，将其置于密封箱中分别加入1:40的40℃的温水，迅速密封，使1-甲基环丙烯的有效浓度分别为：0.25μL/L、0.5μL/L和1.0μL/L，以清水为对照。选择采收达到商品成熟度的青椒果实，预冷后挑选大小均匀、无病虫害、无机械伤的青椒果实，在上述不同浓度 1-甲基环丙烯各处理温室下熏蒸 20h，结束后开箱通风，将熏蒸处理后的青椒装入 0.04mm 厚聚乙烯保鲜袋。所有处理后青椒果实均在（10±1）℃下贮藏，进行相关成分分析测定。

一、腐烂指数

随着贮藏时间的延长，青椒腐烂指数逐渐升高。1-甲基环丙烯处理的青椒腐烂指数比对照升高缓慢。贮藏 20d 时，1-甲基环丙烯处理的青椒腐烂指数为 3.6%~10.5%，而清水对照达到 15%；贮藏 40d 时，1-甲基环丙烯处理的青椒腐烂指数为 34.1%~78.0%，清水对照则升至 89.0%。可见 1-甲基环丙烯处理的青椒腐烂指数均显著低于清水对照，且 1.0μL/L 的 1-甲基环丙烯浓度处理青椒抑制腐烂效果最明显，各处理之间差异不显著（$P>0.05$）。

二、呼吸强度

青椒在（10±1）℃下贮藏过程中，无呼吸高峰出现。低温贮藏初期，青椒果实呼吸强度呈下降趋势，清水对照下降相对缓慢，从 95.4mgCO_2/（kg·h）下降至 75.9mgCO_2/（kg·h），日均下降幅度 6.5mgCO_2/（kg·h）；1-甲基环丙烯处理青椒呼吸强度下降较快，0.25μL/L、0.5μL/L 和 1.0μL/L 浓度处理青椒呼吸强度日均降幅分别达 7.8mgCO_2/（kg·h）、9.4mgCO_2/（kg·h）和 11.5mgCO_2/（kg·h）；随后各处理的呼吸强度均呈上升趋势，但 1-甲基环丙烯处理的呼吸强度一直低于清水对照，清水对照在整个贮藏期呼吸强度上升速率一直最快。由此可知，1-甲基环丙烯处理青椒呼吸强度低于清水对照，且以 1.0μL/L 浓度处理青椒呼吸强度最低，抑制效果最佳，1-甲基环丙烯各处理间差异不显著（$P>0.05$）。

三、乙烯释放量

贮藏中青椒乙烯释放量总体呈先下降后上升的趋势。后期乙烯释放量突然上升，可能是由于青椒组织结构或细胞膜的解体使乙烯生成增加造成的。不同浓度的 1-甲基环丙烯对青椒乙烯释放量抑制程度不同，0.25μL/L 和 0.5μL/L 浓度的 1-甲基环丙烯处理青椒乙烯释放量抑制效果接近，前期两者交替上升，后期 1.0μL/L 的 1-甲基环丙烯浓度处理青椒抑制效果优于 0.25μL/L 和 0.5μL/L浓度，抑制效果最明显，乙烯释放量一直维持在较低的水平。整个贮藏过程中，1-甲基环丙烯处理青椒的乙烯释放水平始终显著低于对照，说明1-甲基环丙烯处理有效地抑制了乙烯的产生。

四、乙醇含量

贮藏期，清水对照与1-甲基环丙烯处理青椒的乙醇含量均呈上升趋势。贮藏前期，清水对照和各浓度1-甲基环丙烯处理均上升较平缓，上升速率分别为 2.5mg/kg、2.3mg/kg、2.1mg/kg 和 1.9mg/kg，后期乙醇含量迅速上升，清水对照几乎呈直线上升趋势。因此，1-甲基环丙烯处理可以明显地抑制青椒乙醇含量的增加，且 1.0μL/L 浓度处理对青椒乙醇含量上升的抑制效果最好，各处理之间差异不显著（$P>0.05$）。

五、过氧化物酶

研究证明，果实采后的生理代谢及衰老与果实中许多酶的活性有关，其中过氧化物酶对果实衰老有延缓作用，它的活性是反映植物衰老的一个指标。青椒在整个贮藏过程中，过氧化物酶活性呈先上升后下降的变化趋势，0.25μL/L、0.5μL/L 和 1.0μL/L 浓度处理的青椒过氧化物酶活性均比对照低。贮藏 10d 时，青椒过氧化物酶活性达最大值，之后随着贮藏时间的延长，青椒果实衰老速度日趋缓慢，过氧化物酶活性逐渐降低，且 0.25μL/L、0.5μL/L 和 1.0μL/L 浓度处理的青椒比对照降低的趋势缓慢。上述结果说明，1-甲基环丙烯处理青椒的过氧化物酶活性受到抑制，明显低于对照，各处理之间差异不显著（$P>0.05$）。

六、硬度

随着贮藏时间的延长，果实的硬度逐渐降低，这与果实成熟衰老过程中果胶物质的转化有关。青椒贮藏中，清水对照果实的硬度迅速下降，很快变软变烂，失去商品价值；经1-甲基环丙烯处理的果实硬度下降速度较慢，且果实硬度与1-甲基环丙烯处理浓度之间呈正相关，即 1.0μL/L 浓度处理>0.5μL/L 浓度处理>0.25μL/L 浓度处理。相关研究结果说明，1-甲基环丙烯对保持果实硬度作用十分明显，尤以1.0μL/L浓度处理保持硬度的效果最佳，各处理之间差异不显著（$P>0.05$）。

七、丙二醛

在果蔬衰老过程中，常发生膜脂过氧化作用以致衰老加速。在青椒贮藏过程中，随着贮藏时间的延长，丙二醛含量一直呈上升趋势。贮藏前10d，清水对照丙二醛生成速率较1-甲基环丙烯处理慢，之后几乎呈直线上升；0.5μL/L浓度和0.25μL/L浓度处理青椒的丙二醛含量变化趋势相似。与清水对照相比，1-甲基环丙烯对丙二醛上升有一定的抑制作用，且抑制效果与1-甲基环丙烯处理的浓度呈正相关，1.0μL/L浓度处理青椒的抑制效果最明显。这一结果与1-甲基环丙烯处理对果实硬度的影响结果相吻合。

八、细胞膜透性

在青椒贮藏过程中，细胞膜透性一直呈上升趋势。清水对照和1-甲基环丙烯处理细胞膜透性的曲线变化趋势大致相同。贮藏至40d时，清水对照细胞膜透性达88.7%，0.25μL/L、0.5μL/L和1.0μL/L处理的细胞膜透性分别达74.60%、69.16%和51.32%。可见，1-甲基环丙烯对维持细胞膜结构的完整性有良好作用，且与1-甲基环丙烯处理浓度呈正相关，1.0μL/L浓度的1-甲基环丙烯处理青椒效果最佳。

用不同浓度的1-甲基环丙烯处理青椒的研究结果表明，1-甲基环丙烯能有效减少贮藏青椒乙烯的生物合成途径，抑制青椒过氧化物酶活性、细胞膜透性和丙二醛含量的增加，尤其结合低温（10±1）℃贮藏，可以明显地抑制呼吸强度和乙烯释放量的增加，有效地保持较高的果实硬度，延迟青椒的后熟和衰老，提高青椒果实的贮藏期。随着青椒果实的后熟衰老，乙醇含量的积累越来越高，1-甲基环丙烯能较好地抑制乙醇含量的增加；从呼吸趋势上看，青椒属非呼吸跃变型蔬菜。经过相关性分析表明，呼吸强度与乙烯释放量显著相关（$0.01<P<0.05$），与乙醇含量极显著相关（$P<0.01$）；细胞膜透性及丙二醛含量与硬度均呈显著负相关（$P<0.01$），细胞膜透性和丙二醛含量呈显著正相关（$P<0.01$）。在（10±1）℃贮藏条件下，1.0μL/L浓度的1-甲基环丙烯处理青椒效果优于0.25μL/L和0.5μL/L的处理效果。

第二节　1-甲基环丙烯结合热激处理对
青椒贮藏保鲜的影响

采摘果形丰满、大小均一的青椒绿熟果，自然预冷后分别进行以下 2 种处理：1-甲基环丙烯处理组，青椒放置于 1.0μL/L 浓度的 1-甲基环丙烯环境下熏蒸 12h 处理；热激+1-甲基环丙烯处理组，青椒在 55℃ 热水浸泡 30s，取出自然晾干后用 1.0μL/L 浓度的 1-甲基环丙烯熏蒸 12h 处理。熏蒸容器中放置 1%（w/v）的 KOH 用于除去呼吸作用产生的 CO_2。进行 30min 的通风换气后，两组青椒果实均贮藏于（20±3）℃室温，相对湿度 75%～85% 的贮藏条件下，进行相关成分测定分析。

一、失重率和可溶性固形物含量

不同处理组的青椒果实在贮藏期间其失重和可溶性固形物有着显著的变化。贮藏期间，不同处理组果实失重率均呈上升趋势。贮藏 5d 和 10d，热激+1-甲基环丙烯处理青椒果实失重率高于 1-甲基环丙烯处理，而贮藏 15～20d，热激+1-甲基环丙烯处理青椒果实失重率低于 1-甲基环丙烯处理，热激+1-甲基环丙烯处理在青椒果实贮藏后期对失重控制有一定效果。

总体看，青椒果实的可溶性固形物含量在整个贮藏期间呈现逐渐减少的趋势。可能是因贮藏前期果实营养供给被断，生理现象仍然活跃，需要消耗糖和其他物质来维持其生命活动，使得可溶性固形物的含量逐渐减少。贮藏后期青椒果实的可溶性固形物含量会呈现一定的增加，可能与果实成熟衰老后期碳水化合物降解有关。就 1-甲基环丙烯处理和热激+1-甲基环丙烯处理对贮藏青椒果实来说，青椒在贮藏 5d 和 10d 时，热激+1-甲基环丙烯处理青椒果实的可溶性固形物含量显著低于 1-甲基环丙烯处理，而在 15d 和 20d 时，热激+1-甲基环丙烯处理青椒果实的可溶性固形物含量却显著高于 1-甲基环丙烯处理。

二、腐烂率

在果蔬供应链中，腐烂是果蔬采后经济损失的主要原因之一，这种情况在水果的采后供应中尤为突出。青椒在贮藏期间各个处理组果实都有腐烂，而热激+1-甲基环丙烯处理对青椒果实的腐烂控制效果显著。有研究发现热处理结合薄膜包装比只进行热处理对青椒果实的腐烂情况有更好的延缓作用。该研究发现热激+1-甲基环丙烯处理能减轻青椒果实的腐烂，从而有利于延长其货架期。

三、颜色和色差

1-甲基环丙烯和热激+1-甲基环丙烯处理组的青椒果实在贮藏期间颜色变化差异显著，两个处理组的青椒果实在贮藏期的第 15 天时变化最为显著。在第 20 天结束贮藏时，1-甲基环丙烯处理组近一半青椒果实出现了转色，而热激+1-甲基环丙烯处理组青椒果实只有 12% 进入转色期，绿熟青椒果实的颜色在贮藏期内由绿至黄再至红；不同处理组在贮藏期间色度 L^* 值变化较小，贮藏 10d 开始，无论是不同处理组之间还是处理组内，色度 L^* 值逐渐开始都呈现出显著的变化；热激+1-甲基环丙烯处理组青椒果实的转红有一定的延缓作用。因此，热激+1-甲基环丙烯处理组青椒果实的转色有很好的延缓作用，而且在贮藏期结束之后，热激+1-甲基环丙烯处理组的红果率明显低于 1-甲基环丙烯处理组。

第三节　温度变化和 1-甲基环丙烯处理对青椒贮藏保鲜的影响

采收青椒预冷后，挑选成熟度与大小均较为一致、无病虫害和机械损伤的果实，随机分成如下四组。处理 1：将果实直接放入 10℃冷库贮藏。处理 2：将果实放入 10℃冷库贮藏，同时采用 1μL/L 浓度的 1-甲基环丙烯在 10℃条件下熏蒸处理 24h。处理 3：将果实放入 10℃冷库贮藏，贮藏 6d 后，从冷库取出，盖上保温被于 25℃左右室温下放置 24h 后，重新放入 10℃冷库贮藏。处理 4：将果实放入 10℃冷库贮藏，同时采用 1μL/L 浓度的 1-甲基环丙烯在 10℃条件下进行熏蒸处理 24h，贮藏 6d 后，从冷库取出，盖上保温被于 25℃左右室温下放置 24h 后，重新放入 10℃冷库贮藏。

一、呼吸强度

青椒采后的呼吸强度高达 $86.08mgCO_2/(kg \cdot h)$，贮藏期间的环境温度变化对呼吸强度影响极大。处理 3 的青椒在贮藏初期，呼吸强度呈上升趋势，贮藏至 14d 时，呼吸强度达到 94.36$mgCO_2$/（kg·h），增加了 9.62%，随后呼吸强度呈现下降趋势，至贮藏 35d，降至 73.71$mgCO_2$/（kg·h）；（10±1）℃恒温贮藏处理 1 的青椒呼吸强度呈先下降后上升的趋势，原因可能是青椒采收后入冷库贮藏，低温对于呼吸强度有较好的抑制作用，导致贮藏前期青椒呼吸强度下降，随着青椒适应环境温度以及后期发生腐烂霉变，呼吸开始逐渐增强。1-甲基环丙烯处理对于青椒在贮藏和模拟贮运过程中的呼吸强度有较好的抑制作用。贮藏前 28d，处理 4 的青椒呼吸强度显著低于处理 3（$P<0.05$），且处理 4 青椒呼吸强度的变化趋势与处理 1 相似。由此可见，由于温度变化引起的青椒代谢增加的强度，可以通过 1-甲基环丙烯处理加以抑制；贮藏期间，（10±1）℃恒温结合 1-甲基环丙烯处理 2 的呼吸强度在 4 个处理组中处于最低水平，这是青椒品质能够保持良好的主要原因。

二、失重率

青椒在贮藏期间的质量损失不断增加，尤其是贮藏 21d 后，质量损失速率加快。青椒贮藏环境的温度变化对于质量损失影响较大，贮 35d，模拟流通环境变温贮藏处理 3 的质量损失最大，失重率达到 6.66%，而（10±1）℃恒温贮藏处理 1 的失重率为 4.90%，显著低于处理 3（$P<0.05$）；1-甲基环丙烯处理可以有效降低青椒贮藏和模拟贮运期间的失重率，贮藏 35d，处理 2 的失重率显著低于处理 1（$P<0.05$），处理 4 的失重率显著低于处理 3（$P<0.05$）；统计分析结果显示，相同贮藏时间的处理 1 和处理 4 的青椒失重率无显著差异，由此可见，1-甲基环丙烯处理可以减缓青椒贮运期间的质量损失，达到与恒温冷藏相当的效果。

三、果实硬度

贮藏期间的青椒果实硬度呈不断下降趋势，但各个处理之间差异明显。贮藏环境的温度变化对果实硬度有很大的影响，处理 3 的青椒果实硬度下降速率最快，贮藏 35d，果实硬度由初值 32.04kg/cm^2 下降至 27.24kg/cm^2，下降了约 15%；而（10±1）℃恒温贮藏处理 1 的硬度下降速率显著低于处理 3（$P<0.05$），贮藏 35d，硬度下降了约 11%。1-甲基环丙烯处理可以较好地保持青椒贮藏和模拟贮运期间的果实硬度，尤以（10±1）℃恒温结合 1-甲基环丙烯处理 2 的青椒硬度保持效果最好，贮藏 35d，硬度仅下降 3.78%；此外，结合统计分析，相同

贮藏时间的处理 1 和处理 4 的青椒果实的硬度无显著差异。由此可见，1-甲基环丙烯处理可以保持青椒流通期间的果实硬度，能达到与恒温冷藏相当的效果。

四、可溶性固形物含量

青椒采收后可溶性固形物含量为 4.88%，贮藏期间整体呈下降的趋势，且各处理间差异明显。青椒贮藏环境温度的变化导致其可溶性固形物含量下降速率加快，处理 3 的青椒可溶性固形物含量经贮藏 21d 降至 4.2%，随后有所波动；对比相同贮藏时间的处理 1 和处理 4 的可溶性固形物含量，发现两者无显著差异。说明 1-甲基环丙烯处理可以缓解青椒由于温度变化引起的可溶性固形物的消耗，保持较高的可溶性固形物含量，尤其是以（10±1）℃恒温结合 1-甲基环丙烯处理 2 的效果最好。

五、可滴定酸含量

青椒可滴定酸含量在贮藏期间整体呈下降趋势。贮藏环境温度的变化对青椒的可滴定酸含量无显著影响，贮藏 28d，处理 1 和处理 3 之间的可滴定酸含量无显著差异，28d 后，处理 3 下降速度加快。处理 1 则较为缓慢。1-甲基环丙烯处理可以较好地延缓青椒贮运流通期间可滴定酸含量的消耗。

六、维生素 C 含量

青椒采收后的维生素 C 含量可达 94.37mg/100g，贮藏期间维生素 C 含量不断下降，表现为贮藏初期下降较快，贮藏 7d，降低了 18%左右，随后下降速率较为平缓，但各个处理之间下降速率仍有较明显的差异。青椒贮藏环境的温度变化不利于维生素 C 等营养物质的保持。处理 3 的青椒维生素 C 含量下降速率最快，贮藏 35d 降至 60.83mg/100g，下降了 35%之多；1-甲基环丙烯处理可延缓维生素 C 的损失速率，尤以（10±1）℃恒温结合 1-甲基环丙烯熏蒸的处理 2 效果最好，贮藏 35d，维生素 C 损失不到 25%。

七、腐烂指数

青椒采摘一般由果柄处剪下，由于剪切伤口汁液的流出极易导致微生物的侵染与繁殖，因而在贮运过程中青椒的腐烂霉变一般由果柄开始。此外，青椒在贮藏过程中极易发生软腐病，从而腐烂变质，丧失商品价值。在贮运过程中，温度的变化对青椒的腐烂指数有显著影响。处理 3 贮藏 7d 时的腐烂指数为 5.02%，此时青椒的腐烂部位大多为果柄或蒂部霉变，随着贮藏时间的延长，处理 3 腐烂严重，逐步进展到果实表面软烂或大面积霉烂，至贮藏 35d，腐烂指数为 23.34%。处理 1 一直处于（10±1）℃恒温条件下，腐烂情况比处理 3 显著减少，至贮藏 35d，处理 1 的腐烂指数为 13.5%。1-甲基环丙烯可以显著减少青椒在贮运过程中因温度变化而导致的腐烂。贮藏 35d，处理 4 的腐烂指数为 18.25%，处理 2 仅为 6.25%，由此可见，（10±1）℃恒温贮藏结合 1-甲基环丙烯处理对于抑制腐烂和保持青椒的品质具有很好的效果。

八、转色指数

贮运过程中的温度变化对青椒的转色指数有显著影响。处理 3 在贮藏 7d 即有 15.9%左右的青椒表面开始转黄变红；而处理 1 在（10±1）℃恒温条件下贮藏 21d 转色指数才达到 17.75%。1-甲基环丙烯处理可以有效抑制青椒表皮颜色的转变，贮藏 35d，1-甲基环丙烯处理 2 仅有 10%左右的青椒表面颜色变黄转红，青椒商品率达 90%以上；即使贮运过程中有温度变化的处理 4，经过 1-甲基环丙烯处理后，贮藏 35d，转色指数不到 30%，与（10±1）℃恒温条件下贮藏的处理 1 之间无显著差异。

果蔬采后的各种生理活动受环境的影响，特别是受温度的影响最大。在流通过程中，冷藏链的应用可有效保持果蔬的新鲜品质，但是受到环境温度的影响，冷藏链的温度也会产生一定程度的波动。本研究发现，贮藏温度的变化对青椒的品质有很大的影响，与恒温贮藏相比，贮藏温度的变化使青椒的失重率增加，呼吸强度增大，消耗了较多的维生素 C、可溶性固形物和可滴定酸，硬度下降较快，可能是青椒为了适应环境温度的变化而加快了生理反应。贮藏温度的变化还促进了青椒的成熟，其转色指数明显大于恒温贮藏的果实，加快了成熟与衰老的进程。另外，温度的升高还为微生物的生长繁殖提供了有利条件，导致果实腐烂率增加，严重影响了青椒的贮藏品质。因此，流通过程中温度的控制对于青椒的保鲜极为重要。1-甲基环丙烯作为乙烯作用抑制剂，通过竞争性结合乙烯的受体来抑制乙烯诱导的一系列生理活动，可以有效延缓果蔬的成熟与衰老。

该研究结果表明，1-甲基环丙烯处理可以显著抑制青椒由于温度变化而产生的代谢增强，从而较好地保持了可溶性固形物、可滴定酸、维生素C等营养成分和果实的硬度，减少了质量损失和腐败的发生，延缓了青椒果实的成熟和转红。在流通过程中，不可避免的温度变化会导致青椒果实的代谢增强，品质下降，而1-甲基环丙烯处理可以有效减小这种负面影响，从而起到保鲜的作用。本试验模拟青椒贮运条件，采用1μL/L浓度的1-甲基环丙烯熏蒸24h，在10℃贮藏6d时，取出，盖上保温被在室温25℃条件下放置24h，再重新放入10℃冷库中贮藏28d时，青椒果实的商品率可达70%以上。

第四节　1-甲基环丙烯和硅窗袋气调包装对青椒贮藏保鲜的影响

采摘青椒后立即运抵冷库进行预冷，选取成熟度、色泽、大小一致、无病虫害、无机械伤的果实进行不同处理，对照：将青椒果实分装于聚乙烯袋中，半掩口贮藏，包装内未形成气调环境。1-甲基环丙烯处理：用1 000mL/L的1-甲基环丙烯在（8±0.5）℃条件下密封处理24h熏蒸。硅窗袋包装：将青椒果实分装于硅窗袋中，包装内形成气调环境。1-甲基环丙烯+硅窗袋包装：青椒果实进行1-甲基环丙烯处理后进行硅窗袋气调包装。相关处理后的青椒果实置于（8±0.5）℃、相对湿度85%~90%的冷库中贮藏。

一、叶绿素和色差

颜色是青椒果实外观品质的重要指标。随着青椒的成熟，衰老果实开始转红。叶绿素是构成青椒绿色的主要成分，整个贮藏过程中，随着青椒果实的成熟衰老，叶绿素含量不断下降。贮藏42d，对照、1-甲基环丙烯、硅窗袋包装和1-甲基环丙烯+硅窗袋包装处理，叶绿素含量分别为0.142mg/g、0.139mg/g、0.152mg/g和0.155mg/g，分别下降了23.5%、24.8%、18.2%和16.9%，且硅窗袋包装和1-甲基环丙烯+硅窗袋包装处理的青椒果实叶绿素含量显著高于1-甲基环丙烯处理和对照。硅窗袋包装抑制叶绿素降解可能是因为包装内O_2体积分数低，减缓叶绿素的降解。a^*值表示青椒果实的绿色程度，越小表明青椒颜色越绿。随着青椒果实的成熟衰老，a^*呈现上升趋势，表示青椒表皮颜色逐步褪绿，与叶绿素的下降呈现相同的变化趋势。

二、维生素C含量

维生素C含量是反映青椒果实品质优劣的重要指标之一，同时维生素C也是一种重要的抗氧化剂，对延缓果蔬衰老具有一定的效果。整个贮藏过程中维生素C含量呈现下降趋势，其中对照下降速率最快，贮藏42d，由97.6mg/100g FW下降至38.2mg/100g FW，下降60.9%，而1-甲基环丙烯和硅窗袋包装均有效抑制了维生素C含量的下降，但处理间差异不显著。

三、可溶性固形物含量

贮藏过程中，青椒果实可溶性固形物含量总体上呈现先下降后上升的趋势，贮藏前期的21d内，4个处理可溶性固形物含量差异不显著，贮藏后期，1-甲基环丙烯+硅窗袋包装处理可溶性固形物含量上升最快，由4.6%上升至6.3%，上升幅度为36.9%，而对照上升幅度仅为17.9%。前期下降可能是由于青椒采后脱离母体，营养供给被切断，但生理活性仍很高，自身维持生理需要而消耗糖类等物质，从而使营养物质下降，可溶性固形物下降；后期上升可能是成熟衰老过程中的糖类等物质的降解而使可溶性固形物升高。

四、细胞膜透性

随着青椒果实的成熟衰老，细胞膜透性显著增加，电导率上升，贮藏前期上升较快，后期变缓慢，1-甲基环丙烯和硅窗袋包装处理可显著抑制电导率的增加（$P<0.01$），贮藏42d，对照处理电导率达到48.9%，而1-甲基环丙烯、硅窗袋包装和1-甲基环丙烯+硅窗袋包装处理仅为32.4%、31.9%和30.4%，但这3个处理之间差异不显著。

五、商品率

青椒在贮藏过程中易发生软腐病，商品率是反应青椒贮藏品质好坏最为直观的指标之一。贮藏后期，青椒果实发生生理病害，开始腐烂，商品率逐渐降低。贮藏28d，对照处理青椒果实的商品率为82.3%，其余3个处理显著提高了青椒果实的商品率（$P<0.01$），分别为91.2%、90.8%和93.5%；然而，随着贮藏时间的延长，4个处理之间的差距逐渐缩小，硅窗袋包装青椒果实由于袋内

CO_2浓度过高（5%~6%），且包装内相对湿度较大，腐烂现象急剧增加，而1-甲基环丙烯处理效果相对较好，与对照处理差异显著。

通过研究在（8±0.5）℃下，1-甲基环丙烯和硅窗袋气调包装对青椒果实贮藏品质的影响。相关结果表明，1μL/L的1-甲基环丙烯处理能抑制青椒果实叶绿素的降解、维生素C含量的下降、电导率的增加，维持青椒果实较好的内在品质和外观品质。硅窗气调包装适合青椒1个月短时间贮藏，随着贮藏时间的延长，硅窗袋包装内CO_2过高，相对湿度较大，青椒果实腐烂现象增加，因此，将来商业化过程中可以考虑在硅窗气调包装内加入生石灰吸收过高的CO_2，保证青椒的贮藏品质。

第五节 水杨酸处理对青椒贮藏保鲜的影响

采后青椒迅速预冷24h后，挑选无病虫害、无机械伤、成熟度基本一致的青椒，分别用蒸馏水（对照）以及0.1g/L、0.3g/L和0.5g/L的水杨酸溶液浸泡10min，取出自然晾干，装入0.03mm厚打孔聚乙烯薄膜袋内，置于（10±1）℃环境下贮藏30d后，转移至室温下模拟3d货架期。

一、呼吸强度

在10℃贮藏环境下，青椒果实呼吸强度逐渐下降。在整个贮藏过程中，水杨酸处理果实的呼吸强度低于蒸馏水对照，说明水杨酸处理可以明显抑制青椒果实的呼吸强度，减少营养物质的消耗。以0.3g/L水杨酸处理效果较理想。货架期3d后0.3g/L水杨酸处理的呼吸强度为41.75$mgCO_2$/（kg·h），而蒸馏水对照已经高达48.37$mgCO_2$/（kg·h），说明0.3g/L水杨酸处理可以明显抑制青椒果实的呼吸强度，减少营养物质的消耗。

二、相对电导率

青椒果实的相对电导率变化呈均匀的上升趋势。水杨酸处理果实的相对电导率显著低于对照，21d后蒸馏水对照果实的相对电导率急速上升，而水杨酸处理可抑制果实相对电导率的上升。28d时，水杨酸处理的青椒果实的相对电导率分别比对照低20.68%、17.54%和14.01%，货架期3d后，水杨酸处理的青椒果实的相对电导率分别比对照低 14.50%、16.04%和11.76%。对4个处理进行方差分析，在整个贮藏过程中，水杨酸处理的青椒果实的细胞膜透性在贮藏期间一直显著低于蒸馏水对照（$P<0.05$），但水杨酸处理间差异不显著（$P>0.05$）。相关研究结果表明，水杨酸处理降低了青椒果实的细胞膜透性，减轻了膜受损的程度。

三、叶绿素

随着贮藏时间的延长，青椒叶绿素含量逐渐下降。蒸馏水对照果实的叶绿素含量下降最快，明显低于其他处理，贮藏28d时，水杨酸处理的青椒果实的叶绿素含量分别比蒸馏水对照高 12.05%、9.43%和8.06%；室温货架期3d后，分别比蒸馏水对照高 20.10%、18.51%和14.47%。整个贮藏过程中，水杨酸处理的青椒果实的叶绿素含量一直显著高于蒸馏水对照，说明水杨酸处理有利于青椒果实绿色的保持，延缓青椒果实后熟变红。

四、维生素C含量

随着贮藏时间的延长，青椒果实的维生素C含量逐渐下降。28d时，水杨酸处理的青椒果实的维生素C含量分别比蒸馏水对照高 19.06%、10.01%和9.25%。贮藏过程中，0.1g/L水杨酸处理青椒果实的维生素C含量显著高于其他处理，室温货架期3d后，0.1g/L水杨酸处理青椒果实的维生素C含量比对照高22.88%，说明0.1g/L水杨酸处理可显著减少青椒果实维生素C氧化分解。对4个处理进行方差分析，0.1g/L水杨酸处理与蒸馏水对照差异极显著（$P<0.01$），0.3g/L和0.5g/L水杨酸处理与蒸馏水对照差异显著（$P<0.05$）。

五、过氧化物酶

在10℃下，水杨酸处理抑制青椒果实过氧化物酶活性的升高；10℃下贮藏14d时青椒果实过氧化物酶活性达到高峰，之后迅速下降。贮藏28d时，水杨酸处理的青椒果实的过氧化物酶活性是蒸馏水对照的 77.00%、73.01%和82.03%。货架期3d后，水杨酸处理的青椒果实的过氧化物酶活性是对照的 68.02%、75.60%和90.11%。表明水杨酸处理能降低青椒果实过氧化物酶活性，提高整个贮藏期青椒果实的品质，延缓果实衰老。

六、过氧化氢酶

10℃条件下，水杨酸处理的青椒果实过氧化氢酶在 7d 和 21d 分别出现两个高峰。整个贮藏过程中，水杨酸处理的青椒果实过氧化氢酶活性一直明显高于对照。相关研究结果表明，水杨酸处理促进过氧化氢酶活性的上升，刺激青椒保护酶系统的活性，有利于延缓果实衰老进程。

七、丙二醛

青椒果实贮藏期间丙二醛含量上升，与膜透性的变化相似。贮藏前 21d，果实中丙二醛含量变化平缓，而后，蒸馏水对照果实的丙二醛含量急速上升，而水杨酸处理果实的变化则比较缓慢。10℃下，水杨酸处理青椒果实的丙二醛含量一直明显低于对照；室温货架期 3d 后，0.1g/L 和 0.5g/L 水杨酸处理的青椒果实丙二醛含量与蒸馏水对照接近，而 0.3g/L 水杨酸处理的丙二醛含量是蒸馏水对照的 88.31%，说明 0.3g/L 水杨酸处理可以显著抑制青椒果实中丙二醛的积累，抑制膜质过氧化作用。

八、腐烂指数

水杨酸处理能有效保持果实新鲜，提高抗病力，延长货架期。贮藏期间，水杨酸处理可以显著减少青椒果实的腐烂。30d 时，3 个浓度水杨酸由低到高处理青椒腐烂指数比同期对照分别低 65.6%、46.0% 和 36.6%；室温货架期 3d 后，0.1g/L 水杨酸处理的青椒腐烂指数为 11.60，而对照已经达到 25.30，表明水杨酸处理可以显著抑制青椒果实的腐烂，延缓商品品质的下降，以 0.1g/L 水杨酸处理效果较理想。对 4 个处理进行方差分析，在整个贮藏过程中，蒸馏水对照与水杨酸处理差异极显著（$P<0.01$）。

因此，在 10℃贮藏条件下，水杨酸处理减少青椒果实维生素 C 和叶绿素的损失；有效降低果实的呼吸速率、相对电导率和丙二醛，抑制过氧化物酶活性的上升，刺激过氧化氢酶活性的升高，降低贮藏过程中青椒果实的腐烂指数，有效延缓了果实的成熟衰老。相关研究表明，以 0.1g/L 和 0.3g/L 水杨酸处理青椒保鲜效果较理想。

第六节　茉莉酸甲酯处理对青椒冷藏保鲜的影响

采摘并选择大小均匀，无病虫害和机械损伤，成熟度一致的青椒果实，在常温下，分别用浓度为 0μmol/L（对照）、1μmol/L、10μmol/L 和 100μmol/L 的茉莉酸甲酯浸泡 30min，自然晾干，预冷后包装在 0.03mm 厚的聚氯乙烯薄膜袋中，再贮藏于 4℃和相对湿度保持在 80%环境下，测定相关生理参数。

一、冷害指数

对照组在 15d 开始出现冷害，而茉莉酸甲酯处理组未出现冷害。贮藏 20d 时，对照组青椒冷害指数达到 39%，而 10μmol/L 和 100μmol/L 组的冷害指数分别为 8%和 14%，1μmol/L 组此时并未出现冷害。贮藏 25d 时，对照组青椒冷害指数达到 68%，极显著高于其他 3 组（$P<0.01$），此时 1μmol/L 青椒出现冷害，冷害指数为 5%。说明茉莉酸甲酯处理能减轻冷害的发生。

二、相对电导率

在贮藏期间，4 个组贮藏青椒的相对电导率都呈上升趋势，对照组贮藏的青椒相对电导率增加最剧烈。而茉莉酸甲酯处理的青椒相对电导率都低于对照组。贮藏 25d 时，浓度为 1μmol/L、10μmol/L 和 100μmol/L 的茉莉酸甲酯处理组的相对电导率分别为 21.80%、34.15%和 26.88%。而对照组的相对电导率达到了52.45%。因此，随着冷藏时间的增长，青椒膜透性增加，细胞膜受损严重，而茉莉酸甲酯处理可降低膜透性，其中 1μmol/L 浓度效果较好。

三、丙二醛

在 4 组贮藏青椒中，丙二醛的含量随贮藏时间的增长而增加。其中，对照组丙二醛含量增加迅速，25d 内增加了 1.27μmol/g。贮藏 25d 时，对照、1μmol/L、10μmol/L 和 100μmol/L 茉莉酸甲酯处理青椒中丙二醛含量分别到达1.37μmol/g、0.40μmol/g、0.87μmol/g 和 0.62μmol/g。1μmol/g 浓度贮藏的青椒丙二醛含量最低，极显著低于对照组（$P<0.01$）。

四、脯氨酸

青椒在采收后贮藏前 5d，脯氨酸含量突然升高，可能是由于低温贮藏，青椒果实受到冷刺激的应激反应，之后脯氨酸含量有所下降。贮藏 15d 时，对照组青椒脯氨酸含量极显著高于其他 3 个处理组（$P<0.01$），之后一直高于处理组。说明茉莉酸甲酯处理，能有效抑制冷藏青椒中脯氨酸的增加。而 3 个浓度中，1μmol/L 处理组脯氨酸增加最少，贮藏 25d 时，脯氨酸含量为 24.50μg/g，而对照组已经达到 71.08μg/g。1μmol/L 处理的青椒效果最好。

五、膜脂组分

根据相关指标的变化，选取对照和 1μmol/L 茉莉酸甲酯处理的青椒膜脂组分数据进行分析。青椒在贮藏过程中，处理组和对照组的总膜脂含量下降，但经 1μmol/L 茉莉酸甲酯处理的青椒总膜脂下降低于对照组。贮藏 25d 时，对照组和处理组的总膜脂含量分别为 84.24nmol/g 和 106.82nmol/g。说明茉莉酸甲酯处理能够抑制膜脂降解。同时，在贮藏 25d，1μmol/L 茉莉酸甲酯处理的青椒磷脂酸含量为 0.69nmol/g，而对照组磷脂酸含量已达到 1.46nmol/g，并且摩尔组成占比 1μmol/L 也低于对照。茉莉酸甲酯处理也能抑制磷脂酰肌醇、磷脂酰甘油和磷脂酰胆碱的减少。对于糖脂来说，茉莉酸甲酯处理能降低双半乳糖二酰甘油的含量。溶血磷脂胆碱和溶血磷脂乙醇胺含量在处理组中低于对照组。

六、磷脂酶

在青椒贮藏期间，各个处理组的磷脂酶活性都呈上升趋势，经茉莉酸甲酯处理过的青椒磷脂酶活性在贮藏过程中都低于对照组。贮藏 25d 时，对照组、1μmol/L、10μmol/L 和 100μmol/L 4 个处理组的磷脂酶活性分别为 41.19ng/mL、21.13ng/mL、33.02ng/mL 和 27.98ng/mL，对照组极显著高于茉莉酸甲酯处理组（$P<0.01$）。而在茉莉酸甲酯处理的 3 个浓度中，1μmol/L 处理抑制磷脂酶活性明显，效果最好。

综合分析可知，无茉莉酸甲酯处理的贮藏青椒在 15d 时出现冷害，经茉莉酸甲酯处理的在第 20 天出现冷害，1μmol/L 浓度茉莉酸甲酯处理在 25d 才出现冷害，表明茉莉酸甲酯处理能减轻青椒冷害。研究中对照组青椒膜透性一直高于茉莉酸甲酯处理组，而膜透性被认为是衡量细胞膜遭到破坏，发生冷害的重要指标。茉莉酸甲酯处理后，青椒冷害症状减缓，膜透性明显下降，丙二醛和脯氨酸的含量与无茉莉酸甲酯相比，也明显降低。说明茉莉酸甲酯处理能保护细胞膜，维持细胞完整性。不同浓度茉莉酸甲酯处理的青椒，以 1μmol/L 浓度处理膜透性最小，丙二醛和脯氨酸含量最低。茉莉酸甲酯处理贮藏青椒抑制了细胞膜脂的降解，降低了磷脂酸的生成，同时对磷脂酰胆碱、磷脂酰肌醇和磷脂酰甘油也产生了影响。

第十二章　微生物保鲜剂在青椒贮藏中的应用

　　微生物产生的某些次生代谢物具有抑菌杀菌效果，可以用于蔬菜的防腐保鲜。常见的有抗生素、溶菌酶、细菌素、蛋白酶、过氧化氢和有机酸等次生代谢产物。微生物生长繁殖周期短，可通过人工来控制其发酵环境，受季节、地域和病虫害等条件的限制较小，因此该保鲜技术具有较好的应用前景。微生物菌体对蔬菜进行防腐抑菌及保鲜主要是通过拮抗、竞争作用抑制或直接杀灭病害菌。常见的乳酸链球菌素、纳他霉素和曲酸等微生物次生代谢产物都具有较好的杀菌抑菌作用。

　　在防腐抑菌及保鲜中，微生物及其代谢产物作用效果良好。ε-聚赖氨酸是白色链霉菌发酵液中天然代谢产物，具有广谱抑菌活性，对革兰氏阳性菌、革兰氏阴性菌以及真菌的生长繁殖都有较好的抑制作用。有研究发现采用 ε-聚赖氨酸与壳聚糖组合的保鲜剂处理鲜切马铃薯，该涂层能降低样品与环境之间的气体交换，抑制了马铃薯的呼吸速率、丙二醛含量和酶活性的升高，延缓水分以及抗坏血酸等营养物质的损失。天然的抗菌剂常与物理保鲜方式联合进行，研究发现，对鲜切莴苣的保鲜效果，用超声波结合 ε-聚赖氨酸处理优于两者单独处理。联合处理不仅抑制莴苣中不同类型微生物的生长，而且抑制了失重率、色差值、多酚氧化酶和过氧化物酶活性的降低、保持了莴苣叶的叶绿素含量，提高了鲜切莴苣的贮藏品质。

　　乳酸链球菌肽是一种由乳酸球菌属生产的带正电荷的抗菌肽，它能有效地抑制革兰氏阳性菌的生长，有研究使用 2.5% 茶多酚和 500UI/g 乳酸链球菌肽组成的保鲜剂，结合气调包装对甜菜叶进行保鲜处理，研究结果表明，该处理可有效控制李斯特菌和大肠杆菌。在冷藏贮存期间，联合处理产生"强化"效果，大大增加了蔬菜自身的总多酚含量和抗氧化能力，保鲜剂结合物理保鲜技术显著地提高了采后蔬菜的整体质量。在拮抗菌对果蔬采后病害生物防治方面，包括利用自然发生于果蔬表面的拮抗菌和人为引入拮抗菌，人为引入拮抗菌即在果蔬贮藏过程中使用拮抗菌抑制采后病害，目前研究多集中于后者。近年来，大量的拮抗菌被广泛地用于柑橘、葡萄、桃、苹果、樱桃、甜瓜、梨和其他果蔬病害防治上。

生物药剂能否取代化学杀菌剂,主要取决于它们的防病害能力和经济实用性。果蔬采后生物防治中,单一使用拮抗菌来控制果蔬采后病害的效果往往不及化学杀菌剂的好。在寻找新的高效生物拮抗菌的同时,人们也在不断研究提高现有拮抗菌的抑病能力;如将生物拮抗菌与低剂量的化学杀菌剂配合使用是一种提高拮抗菌抑病效果的有效方法。钙能够提高酵母菌对桃采后软腐病的防治能力,水杨酸对增强拮抗菌防治甜樱桃采后病害的效果显著,碳酸氢钠及铝酸铵与拮抗菌配合使用能有效防治冬枣采后病害,利用木霉菌加氨基寡糖可有效地控制黄瓜灰霉病害发生。木霉菌等拮抗剂以及 ε-聚赖氨酸、曲酸以及乳酸链球菌素等复配抑菌液在青椒的贮藏保鲜中也有应用。

第一节　拮抗菌处理对青椒贮藏保鲜的影响

采摘青椒后进行预冷 24h,挑选无病虫害、无机械伤、成熟度基本一致的青椒果实为试验材料。把青椒随机分组,分别用清水、1 000mg/L浓度多菌灵、600 倍木霉菌、600 倍木霉菌+250mg/L 多菌灵、1×10⁶ CFU/mL 放线菌溶液各浸泡 3min,取出自然晾干,装入 0.03mm 厚打孔聚乙烯薄膜袋内,置于(10±1)℃温度下贮藏。定期测定相关品质和生理指标。

一、呼吸强度

在 10℃贮藏环境下,不同处理青椒果实的呼吸强度均呈逐渐下降趋势,贮藏前 10d 快速下降,而后变化不大。在整个贮藏过程中,拮抗菌处理的青椒果实呼吸强度均小于清水对照,但与清水对照相比,差异未达到显著水平($P>0.05$)。40d 时,多菌灵、木霉菌、木霉菌+多菌灵、放线菌等拮抗菌处理的青椒果实的呼吸强度分别比对照低 18.04%、24.00%、24.70%和 23.00%,说明拮抗菌处理一定程度上抑制了青椒果实的呼吸强度,减少营养物质的消耗。

二、叶绿素

随着贮藏时间的延长,青椒果实的叶绿素含量呈显著下降的趋势。贮藏 40d

时，多菌灵、木霉菌、木霉菌+多菌灵、放线菌等拮抗菌处理的青椒叶绿素含量比清水对照分别高 6.93%、12.50%、12.00% 和 14.30%，可以看出，拮抗菌处理显著优于多菌灵和清水对照。表明木霉菌处理对青椒果实有较好的保绿作用。方差分析表明拮抗菌处理青椒果实的叶绿素含量均高于清水对照果实，差异极显著（$P<0.01$），但不同拮抗菌处理间差异不显著（$P>0.05$）。该研究结果表明，拮抗菌处理能够显著抑制青椒果实叶绿素的分解，有利于绿色的保持。

三、维生素C含量

随着贮藏时间的延长，青椒果实的维生素 C 含量逐渐下降。贮藏 40d 时，多菌灵、木霉菌、木霉菌+多菌灵、放线菌等拮抗菌处理的青椒果实维生素 C 含量比清水对照分别高 9.22%、20.40%、23.20% 和 15.30%，拮抗菌处理果实优于多菌灵和清水对照，以木霉菌、木霉菌+多菌灵两种拮抗菌处理效果较理想，表明木霉菌处理能够显著抑制青椒果实维生素 C 含量的氧化分解。方差分析显示拮抗菌处理同清水对照差异显著（$P<0.05$），但拮抗菌处理间差异不显著（$P>0.05$）；多菌灵和清水对照差异未达到显著水平（$P>0.05$）。

四、丙二醛含量

在贮藏期间，青椒果实的丙二醛含量逐渐升高，各拮抗菌处理果实的丙二醛含量均小于对照。贮藏 24d，青椒果实的丙二醛含量变化比较平缓，而后快速上升。贮藏 40d 时，多菌灵、木霉菌、木霉菌+多菌灵和放线菌等拮抗菌处理的丙二醛含量分别是清水对照的 89.44%、86.44%、83.21% 和 88.45%。说明拮抗菌处理能够抑制青椒丙二醛含量的积累，延缓果实衰老。

五、腐烂率

拮抗菌处理可明显抑制青椒果实贮藏过程中腐烂的发生，清水对照果实的腐烂率均显著大于其他处理。贮藏 10d 后，清水对照果实的腐烂率急剧上升，而拮抗菌处理果实的腐烂率上升比较缓慢，差异达极显著水平（$P<0.01$）。贮藏 40d 时，清水对照果实的腐烂率已经达到 97.14%，而多菌灵处理的是清水对照的 47.00%，木霉菌、木霉菌+多菌灵及放线菌等拮抗菌处理的才达到清水对照的 31.76%、28.00% 和 35.43%，说明拮抗菌能够明显减少青椒果实的腐烂率，

其中木霉菌和木霉菌+多菌灵2种拮抗菌处理显著减少果实的腐烂。方差分析显示，在整个贮藏过程中，拮抗菌处理与清水对照相比差异极显著（$P<0.01$），多菌灵与对照相比差异显著（$P<0.05$）。该研究结果表明，拮抗菌处理可抑制病原菌生长，抑制青椒果实腐烂的发生。

六、转红指数

在10℃贮藏条件下，青椒果实转红速度较快。贮藏40d中拮抗菌处理果实转红速度明显低于清水对照果实。40d时，多菌灵、木霉菌、木霉菌+多菌灵、放线菌等拮抗菌处理青椒果实的转红指数分别比清水对照低26.43%、55.00%、61.70%和57.70%，说明木霉菌处理能够显著抑制青椒果实的转红。对上述5个处理进行方差分析，清水对照与拮抗菌处理差异达极显著水平（$P<0.01$），拮抗菌处理间差异显著（$P<0.05$），多菌灵与清水对照间差异显著（$P<0.05$）。表明拮抗菌处理对抑制青椒果实的转红，延缓果实后熟有较明显的效果。

上述研究表明，10℃条件下，拮抗菌处理可明显延缓青椒果实维生素C含量和叶绿素含量的下降，保持较低的呼吸强度，减少了丙二醛含量的积累，降低青椒果实的腐烂率，拮抗菌（木霉菌）处理可显著地延缓果实转红指数上升，延缓青椒果实后熟进程。

第二节　复配抑菌剂对青椒贮藏保鲜的影响

选取大小均匀、无损伤、无病虫害的新鲜青椒，在复配抑菌液（ε-聚赖氨酸161.50mg/L、曲酸13.34g/L、乳酸链球菌素181.00mg/L）中浸泡2min，晾干；对照组青椒不做任何处理。将青椒分装于42cm×35cm、厚0.01mm聚乙烯保鲜袋中，于室温（25~30℃）下贮藏，期间进行感官品质及相关成分测定。

一、感官品质

当评分低于28分时，青椒失去商品价值。青椒整个贮藏期间，复配抑菌液处理组青椒感官品质下降缓慢，且感官评分始终高于对照组。贮藏6d时，对照组感官评分为24.6分，青椒失去商品价值；复配抑菌液处理组感官评分为35.4

分，仍具有商品价值。至第 10 天时，复配抑菌液处理青椒感官评分为 23.7 分，完全失去商品价值。结果表明，复配抑菌剂能有效防止青椒腐烂兼具护色作用，对青椒感官品质的维持作用明显。

二、失重率

检测失重率是衡量贮藏期保鲜效果的重要指标之一。两组青椒随贮藏时间的延长而失重率均呈上升趋势。贮藏 10d 时，复配抑菌液处理组失重率为 0.97%，对照组失重率达到 1.18%，两者差异显著（$P<0.05$）。青椒采用保鲜袋包装后贮藏，起到了减少水分蒸发的作用，因此，各组间失重率可能受呼吸消耗影响较大。贮藏结束时，复配抑菌液处理组失重率最低，表明复配抑菌剂对青椒采后呼吸也有抑制作用。

三、叶绿素

新鲜青椒叶绿素含量高，掩盖了红色的类胡萝卜素色泽显现，呈鲜绿色。但贮藏过程中叶绿素不稳定、易分解，青椒出现转红现象，这是影响青椒外观色泽的主要原因之一。两组青椒随贮藏时间的延长，叶绿素含量均呈下降趋势。贮藏 4d 时，对照组青椒叶绿素含量下降 32.52%，复配抑菌液处理组叶绿素含量仅下降 11.67%。贮藏 10d 时，复配抑菌液处理组叶绿素含量为 0.094mg/g，对照组叶绿素含量为 0.069mg/g，两组差异显著（$P<0.05$）。结果表明，复配抑菌剂能够延缓叶绿素的分解，有利于保持青椒的色泽，延长货架期。

四、维生素 C 含量

青椒在整个贮藏期，两组青椒维生素 C 含量均呈下降趋势，但复配抑菌液处理组青椒维生素 C 含量始终高于对照组。贮藏 10d 时，复配抑菌液处理组维生素 C 含量为 44.32mg/100g，对照组维生素 C 含量仅为 30.33mg/100g，复配抑菌液处理组显著高于对照组（$P<0.05$）。复配抑菌剂能有效抑制维生素 C 含量下降，保持青椒的营养价值，这可能与曲酸的抗氧化能力有关。

五、可溶性固形物含量

可溶性固形物含量可用于评价青椒的营养价值和贮藏效果。贮藏初期复配抑菌液处理组和对照组可溶性固形物含量差异不显著，贮藏 4d 后，复配抑菌液处理组可溶性固形物含量下降较为缓慢，且含量显著高于对照组（$P<0.05$）。贮藏 10d 时，复配抑菌液处理组和对照组可溶性固形物含量分别下降了 32.76% 和 48.53%，两者差异显著（$P<0.05$）。复配抑菌剂处理能延缓青椒可溶性固形物含量的下降进程，保持青椒果实的营养价值。

六、相对电导率

贮藏期间两组青椒的相对电导率均持续升高，但对照组升高更为迅速。贮藏 10d 时，复配抑菌液处理组和对照组相对电导率分别提升至 20.89% 和 25.54%。结果表明，复配抑菌液处理组能有效抑制青椒相对电导率的升高，相较于对照组差异显著（$P<0.05$）。

通过以上相关研究发现，3 种生物抑菌剂复配使用可增强对细菌性软腐病的防治效果。ε-聚赖氨酸可与细菌细胞膜磷脂双分子层相互作用，使细胞膜通透性增加，导致细胞自溶死亡，从而有效抑制细菌、真菌、病毒等多种微生物；乳酸链球菌素可作用于细胞膜，使细胞膜和磷脂化合物的合成受阻，引起细胞裂解死亡，能有效抑制革兰氏阳性菌，在一定条件下（如冷冻、加热、低 pH 值等）对革兰氏阴性菌也有抑制作用，两者共同作用于细胞膜，加剧了细胞的不稳定性，具有协同抑菌效果。曲酸对革兰氏阴性细菌有显著的抑制作用，其抑菌机理尚未明确，但可为 ε-聚赖氨酸和乳酸链球菌素提供更稳定的酸性环境，增强了两者的作用范围及效果。3 种抑菌剂抑菌作用相辅相成，抑菌范围相互补充，更好地发挥了各自的抑菌性能。同时，复配抑菌剂对青椒也有较好的保鲜效果。曲酸能够抑制酪氨酸酶，对果蔬具有护色和抗氧化的作用。ε-聚赖氨酸、乳酸链球菌素在该研究中已被证明具有降低果蔬失重，维持维生素 C、可溶性固形物含量等保鲜作用，与未经处理相比较，三者复配使用对青椒的保鲜效果更明显。

第十三章　化学保鲜剂在青椒贮藏中的应用

化学保鲜方法是国内外应用较为广泛的食品保鲜技术。然而，一些传统保鲜剂会对人体产生一定的毒副作用，而且有的还会影响食品的风味和口感。随着人们对食品安全问题的日益重视，研究开发高效、安全的新型食品保鲜剂成为人们关注的重点和热点。

亚氯酸钠是一种具有广泛用途的产品，近年来，其大力发展的一个方向是作为生产二氧化氯的原料，原因是二氧化氯是目前国际上普遍认可的最新一代安全、高效、广谱、快速的杀菌消毒剂和食品保鲜剂，近年来已被许多国家广泛应用于水处理、医疗卫生、食品保鲜等领域，取得了良好的效果。尤其是在食品保鲜方面，二氧化氯在有效杀菌的同时，不产生有害物质，不影响食品的风味和外观品质，显示出了优于一般保鲜剂的卓越性能，是一种效果显著，安全性高的保鲜剂，因此，研制稳定的二氧化氯产品及应用技术，有着广阔的发展前景和良好的经济效益及社会效益。

二氧化氯具有很强的氧化能力，它通过释放次氯酸分子和新生态原子氧，实现双重强氧化作用，能迅速使微生物机体内部蛋白质的氨基酸断链，酶系统被破坏，进而导致微生物死亡。用二氧化氯杀菌，不易产生抗药性，且消毒效果基本不受 pH 值及有机物的影响。二氧化氯能较好地杀灭微生物，却不会对动、植物机体产生损伤，原因在于微生物细胞的绝大多数酶系统分布于细胞膜近表面，易受攻击；而动物细胞、植物细胞的酶系统多深入到细胞器中而得到保护，而且机体还会自动产生抵抗外来物质的保护机制，从而保证机体不受其伤害。另外，二氧化氯可以和多种无机物以及有机物发生氧化还原反应，使一些异味物质或有毒物质迅速氧化转变成其他物质，这就是二氧化氯可以消毒除臭的原理。而且二氧化氯与各种物质主要发生氧化反应，一般不发生氯代反应，不能生成氯酚、三氯甲烷等致癌物质，因此不会对环境造成二次污染，其残留的生成物主要是水、氯化物、二氧化碳等无毒物质，安全性被世界卫生组织列为 A1 级。此外，二氧化氯消毒的成本低于臭氧，且持续消毒能力强。以上这些优点使得二氧化氯成为目前最理想的消毒剂、保鲜剂之一。

钙是一种符合绿色环保要求的保鲜处理剂。在植物生长发育、成熟衰老等生理生化方面，钙离子起着极其重要的作用。钙能够抑制采后果实细胞壁酶活性，使非水溶性果胶物质的降解速度变慢，有效缓解了果实衰老而达到保鲜的目的。在实际贮藏中，浸钙处理可以保持果实的硬度，延缓果实的衰老，降低果实的腐烂率等。目前，国内的浸钙处理已被用于桃、梨、苹果等多种水果的贮藏中。热处理是一种环保、有效的非化学保鲜手段，它无化学残留，安全性高，简便，可以有效抑菌防腐，降低果实的呼吸强度，在果蔬的采后保鲜中应用广泛。目前，钙和热处理相结合的方法已应用于一些果蔬，如木瓜、草莓、无花果等的保鲜试验，效果较好。亚氯酸钠、二氧化氯、氯化钙以及钙和热处理对青椒贮藏保鲜相关研究也有报道。

第一节　二氧化氯对青椒贮藏保鲜的影响

挑选无病害、无机械损伤、果柄萼片完整、大小匀称、成熟度一致的绿熟青椒果为试验材料，将适量青椒放入保鲜袋中，分别称取 0.09g、0.18g、0.36g 和 0.90g 二氧化氯消毒粉剂装入塑料小袋中，扎数孔，使其完全释放后浓度分别为 5mg/L、10mg/L、20mg/L 和 50mg/L，以不加二氧化氯处理青椒为对照。样品放入（10±0.5）℃恒温培养箱中贮藏。

一、呼吸强度

青椒果实具有较高的呼吸强度。二氧化氯可以有效抑制青椒的呼吸强度，在贮藏期间，二氧化氯使青椒呼吸小于对照，特别是 20mg/L 和 50mg/L 浓度二氧化氯处理，对青椒呼吸有显著的抑制作用，从开始时的 60.85mgCO$_2$/（kg·h）快速下降到 10d 的 19.73mgCO$_2$/（kg·h）和 13.63mgCO$_2$/（kg·h）；5mg/L 和 10mg/L 浓度二氧化氯的处理在整个贮藏期间和对照无显著差异（$P>0.05$）；20mg/L 和 50mg/L 浓度二氧化氯处理青椒，呼吸显著下降（$P<0.05$）；30d 后趋于平稳；40d 时各浓度间差异不显著，但仍小于对照青椒。表明二氧化氯处理能够抑制青椒的呼吸，以 20mg/L 和 50mg/L 浓度处理最显著。

二、腐烂率

二氧化氯可以显著减少水果病原菌。对照青椒在贮藏 10d 左右开始有腐烂发生，到 40d 时腐烂率已经达到 36.3%，且整个贮藏期均大于各浓度的二氧化氯处理。随着二氧化氯处理浓度的增大，抑菌效果逐渐增强。5mg/L、10mg/L 和 20mg/L 的处理同对照相同，在贮藏 10d 左右时开始有腐烂发生；但 40d 时其腐烂率也小于对照的 50%；50mg/L 浓度处理对腐烂的抑制效果最明显，直至贮藏到第 30 天左右时才有腐烂发生，40d 时也只有 9.0%，仅为对照的 1/4，说明二氧化氯对青椒的腐烂有明显的抑制作用。

三、丙二醛含量

青椒在整个贮藏期间，各处理丙二醛含量均不断增大，5mg/L、10mg/L 和 20mg/L 浓度的二氧化氯处理青椒中的丙二醛含量，小于对照且无显著差异（$P>0.05$）；50mg/L 浓度二氧化氯处理青椒的丙二醛含量大于对照，与对照间基本无显著差异（$P>0.05$）；在贮藏末期，50mg/L 浓度二氧化氯处理与其他浓度有显著差异（$P<0.05$）。表明 50mg/L 二氧化氯会引起青椒丙二醛含量的增加，但较低浓度的处理会延缓丙二醛的积累。

四、叶绿素

除 5mg/L 二氧化氯处理青椒可以较好地保持叶绿素含量外，其他处理均使叶绿素含量低于对照。说明除 5mg/L 外，二氧化氯处理对青椒叶绿素有一定的破坏作用，会加速叶绿素的降解，而且浓度大使叶绿素的降解加快，但它们之间均无显著差异（$P>0.05$）。

五、失重率、维生素 C、可滴定酸和可溶性固形物含量

在果蔬贮藏中，一般失重率超过 5%，就会有皱缩萎蔫现象的发生。贮藏青椒直至贮藏末期失重率最大为 3.32%，小于 5%，没有出现明显的皱缩失水现象，说明二氧化氯处理对青椒失重率的影响不大。贮藏至 10d 时，各浓度的二氧化氯处理维生素 C 含量稍低于对照，但无显著差异（$P>0.05$）；从 20d 开始，随贮藏时间的延长，各处理的维生素 C 要大于对照，40d 时各处理对维生素 C

的保存率为 45.0% ~ 50.1%，而对照已降至初值的 39.1%，有显著差异（$P<0.05$）。说明二氧化氯处理可对青椒的维生素 C 含量起到较好的保存作用。可滴定酸和可溶性固形物含量对果蔬品质有较大影响。青椒在贮藏中各处理对滴定酸的保留要大于对照，40d 时除 50mg/L 浓度二氧化氯处理青椒与对照有显著差异外（$P<0.05$），其他处理均无显著差异（$P>0.05$）。可溶性固形物含量在贮藏期间变化不大，40d 时各处理的可溶性固形物含量要稍大于对照，但无显著差异（$P>0.05$）。说明二氧化氯对青椒的滴定酸和可溶性固形物有一定的保护作用。

因此，青椒经二氧化氯处理后可保鲜 40d。20mg/L 和 50mg/L 浓度的二氧化氯可显著抑制青椒的呼吸（$P<0.05$）；5mg/L 和 10mg/L 浓度的二氧化氯对青椒呼吸的抑制作用不显著（$P>0.05$）。二氧化氯处理可以明显减少青椒的腐烂；除 50mg/L 浓度的二氧化氯外，5mg/L、10mg/L 和 20mg/L 浓度二氧化氯处理使青椒丙二醛含量低于对照，但无显著差异（$P>0.05$）。5mg/L 浓度的二氧化氯处理可以减缓青椒叶绿素的降解，10mg/L、20mg/L 和 50mg/L 浓度二氧化氯处理使青椒叶绿素含量低于对照，但无显著影响（$P>0.05$）。二氧化氯可保持青椒的营养成分，对青椒维生素 C、可滴定酸和可溶性固形物含量有一定的保鲜作用。

第二节　稳定性亚氯酸钠对青椒贮藏保鲜的影响

挑选新鲜、饱满、大小均一、硬度大、色泽好及无损伤青椒分别进行亚氯酸钠溶液、二氧化氯和清水对照处理。亚氯酸钠处理组：在 80mg/L 的稳定性亚氯酸钠溶液中浸泡 5min。二氧化氯处理组：将青椒在 80mg/L 的稳定性二氧化氯溶液中浸泡 5min。与青椒在自来水中浸泡 5min 为对照。将 3 种处理后的青椒沥干水分用打孔保鲜袋包装，在 25℃下恒温贮藏。

一、感官变化

在贮藏过程中由于环境及微生物等因素的影响青椒的感官质量会逐渐降低。稳定性亚氯酸钠溶液对青椒有良好的保鲜效果，保鲜期在 20d 以上，各项感官指标均明显优于对照组。这是由于稳定性亚氯酸钠溶液通过活化释放出的二氧化氯能有效杀灭青椒中的微生物，从而延缓了因微生物污染而引起的腐烂；另外，二氧化氯还能有效阻止乙烯的生成，延缓青椒的后熟和衰老。贮藏中结合保鲜袋包装可减少水分的蒸发和品质变化，而在保鲜袋上打 1 个约 5mm 的小孔，可起到自发气调的作用，使袋内 CO_2 和 O_2 的浓度不会发生剧烈变化，并保持相对平衡，从而控制青椒的呼吸作用提高保鲜效果。

二、失重率

两组处理失重率随贮藏时间的延长而增大，对照组变化幅度最大，12d 的失重率为 10.38%，稳定性亚氯酸钠为 6.81%，明显小于对照组。说明稳定性亚氯酸钠溶液能在一定程度上抑制青椒的呼吸作用，减少水分蒸发，进而延缓青椒的萎蔫进程。

三、菌落总数

细菌菌落总数是一项主要的卫生指标，它反映了样品受有机污染的程度。青椒在贮藏过程中，由于外界微生物的侵染和繁殖，细菌菌落总数会不断增加，进而引起腐烂变质。贮藏 12d 时，对照贮藏青椒的细菌菌落总数达到了 $3.72×10^7 CFU/g$，而稳定性亚氯酸钠处理贮藏的青椒细菌菌落总数为 $8.32×10^4 CFU/g$，对照组比稳定性亚氯酸钠组高出近 3 个数量级。说明稳定性亚氯酸钠溶液具有较好的抑菌作用，能有效控制细菌的繁殖，从而延长保鲜时间。

四、维生素 C 含量

青椒的维生素 C 含量很丰富，但性质不稳定。在贮藏过程中会因外界环境影响而逐渐损失。两组青椒在贮藏期间维生素 C 含量随时间的增加均逐渐下降。贮藏 12d 时，稳定性亚氯酸钠处理青椒的维生素 C 损失率为 20.39%，而对照组的维生素 C 损失率为 42.08%，高出 21.69%。说明稳定性亚氯酸钠溶液能在一定程度上减少维生素 C 损失，保持样品的营养价值。

五、可溶性糖含量

由于酶的作用和外界其他因素的影响，青椒可溶性糖含量在贮藏过程中会发生变化，进而引起青椒的口感和营养成分的变化。两处理组青椒的可溶性糖含量基本呈现先升后降的趋势，这是因为果蔬样品在贮藏前期，机体的代谢活动还在继续，在机体中酶的作用下，样品中的部分碳水化合物会发生水解而转化为糖，从而使可溶性糖含量增加；而到了后期又会因为样品中微生物的分解作用及自身的代谢活动消耗一定的糖分，从而使可溶性糖含量降低。研究显示，稳定性亚氯酸钠处理青椒在贮藏中，最高值出现在4d，为2.32%；贮藏8d时降为1.85%；对照组最高值也出现在4d，为2.56%；贮藏8d时降为1.65%。从数值的变化幅度可以说明，稳定性亚氯酸钠溶液能够一定程度地抑制碳水化合物的转化，减缓贮藏青椒样品的新陈代谢，使其维持较高的糖含量。

因此，将稳定性亚氯酸钠溶液结合保鲜袋自发气调方法应用于青椒保鲜，效果较好，25℃下保鲜期在20d以上，各项感官指标无明显变化，比对照组延长了8d。失重率、细菌菌落总数、维生素C含量、可溶性糖含量的变化幅度明显低于对照组。所以，将稳定性亚氯酸钠溶液用于果蔬保鲜，使用方便、操作简单、安全性高，具有实用意义和推广价值。

第三节　钙处理对青椒贮藏保鲜的影响

挑选大小均匀、无损伤、无病虫害、成熟度适中、果形一致的青椒果实；配备不同质量分数的 $CaCl_2$ 溶液，其质量分数分别为1.0%、2.0%和3.0%；然后将选好的青椒放入不同浓度的 $CaCl_2$ 溶液中浸泡10min，同时以清水浸泡作为对照；最后，将浸泡好的青椒快速捞出，冷风风干。将处理后的青椒包装后置于（20±2）℃、通风和无阳光直射的条件下贮藏，观察、测量并记录各组样品的各项指标变化情况。

一、腐烂指数

常温贮藏条件下，以不同质量分数 $CaCl_2$ 溶液处理青椒，青椒的果实腐烂指数变化不同。前一阶段，即10d内，为稳定期，经不同浓度钙处理的青椒腐烂指数差异不大；后一阶段，从10d开始，为上升期，青椒的腐烂指数急剧上升。经对比分析可知，在整个贮藏阶段，经质量分数为2%氯化钙溶液处理青椒果实的腐烂指数与其他3组果实的腐烂指数差异极显著。经质量分数为3%氯化钙溶液处理青椒果实的腐烂指数与对照组果实的腐烂指数差异不明显，都属于腐烂指数比较高的。贮藏结束时，腐烂指数最高的是经质量分数为3%氯化钙溶液处理的青椒果实，腐烂指数最低的是经质量分数为2%氯化钙溶液处理的。因此，以质量分数为 1% 和 2% 的 $CaCl_2$ 溶液处理青椒果实，可有效抑制青椒果实的腐烂，而以质量分数为 3% 的 $CaCl_2$ 溶液处理，则会加速果实的腐烂。

二、失重率

在常温贮藏条件下，以不同浓度的钙对青椒进行处理后，各样品青椒的失重率均呈现出逐渐上升的变化趋势，但在整个贮藏阶段，不同样品青椒果实的失重率变化情况存在差异。具体的数据结果表明，在贮藏前 3d，各组青椒的失重率变化差异不明显；到 6d 时，对照组、以质量分数为 2% 和 3% 的 $CaCl_2$ 溶液处理的试验组之间的失重率有了明显的差异，并且以质量分数为 1% 和 2% 的 $CaCl_2$ 处理青椒果实的失重率低于对照组。试验结束时，以不同浓度 $CaCl_2$ 处理青椒的失重率存在明显的差异，其中，失重率最高的为以质量分数为 3% 的 $CaCl_2$ 溶液处理的样品，最低的为以质量分数为 2% 的 $CaCl_2$ 溶液处理的样品，不明显的为以质量分数为 1% 的 $CaCl_2$ 溶液处理的样品。因此，钙处理浓度合适，则可明显减缓青椒失重率的上升。而以质量分数为 3% 的 $CaCl_2$ 溶液处理则会显著促进青椒失重，以质量分数为 1% 的 $CaCl_2$ 溶液处理则对青椒的失重率变化影响不大。因此，处理青椒的最适宜 $CaCl_2$ 溶液的质量分数为 2%。

三、维生素 C 含量

随着贮藏时间的延长，各组青椒的维生素 C 含量均出现下降。其中以质量分数为 2% 和 3% 的 $CaCl_2$ 溶液处理组与对照组的区别较大，而以质量分数为 1% 的 $CaCl_2$ 溶液处理组则与对照组的区别不明显。比较可知，青椒果实中维生素 C 保持效果最好的是经质量分数为 2% 的 $CaCl_2$ 溶液处理组；而效果最差的是经质量分数为 3% 的 $CaCl_2$ 溶液处理组。不同浓度的钙处理对青椒中维生素 C 含量的影响不同，以 1% 的 $CaCl_2$ 溶液处理对青椒果实的维生素 C 含量变化无显著影响，而以 3% 的 $CaCl_2$ 溶液处理则会显著促进青椒中维生素 C 含量的减少。因此，处理青椒最适宜的 $CaCl_2$ 溶液质量分数为 2%。

四、可溶性糖

常温贮藏条件下，经不同浓度钙处理，青椒中可溶性糖的质量分数均呈现出先缓慢下降而后上升的变化趋势。在贮藏期间的前 3d，青椒果实中可溶性糖的质量分数缓慢下降，且其下降幅度大小依次为：对照组>以质量分数为 3%的 CaCl₂溶液处理组>以质量分数为 2%的 CaCl₂溶液处理组>以质量分数为 1%的 CaCl₂溶液处理组。这个阶段下降幅度小的原因，可能是由于青椒果肉处于浸泡处理刚结束阶段，主要通过消耗自身可溶性糖维持自身营养供给的需要。而贮藏至 6d 时，经不同浓度 CaCl₂处理青椒的可溶性糖质量分数分别达到最低值，其中对照组>以质量分数为 3%的 CaCl₂溶液处理组>以质量分数为 2%的 CaCl₂溶液处理组>以质量分数为 1%的 CaCl₂溶液处理组。分析表明，此时对照组与以质量分数为 1%和 2%的 CaCl₂溶液处理组的可溶性糖含量差异显著。这表明，在青椒贮藏前期，钙处理可有效地减缓果实中可溶性糖的消耗。

因此，对照组和以质量分数为 2%和 3%的 CaCl₂溶液处理组之间，果实可溶性糖含量差异达极显著水平，对照组和以质量分数为 1%的 CaCl₂溶液处理青椒的可溶性糖质量分数无明显差异。由此可以得出，钙处理可以在一定程度上延缓糖的消耗，保持青椒的新鲜及可食用性；并且钙处理浓度不同，果实的可溶性糖的质量分数也不一样，随着钙处理浓度的提升，青椒中可溶性糖质量分数呈现出先降低后升高的变化趋势。青椒可溶性糖整体上是呈现先下降后上升的变化趋势，前一阶段下降的原因可能是由于青椒采摘之后从母体脱离出来，从而直接切断了营养供给，可是生理活性依然很高，青椒为维持自身的生理需要而消耗糖类物质，使得可溶性糖下降；后期上升，可能是青椒成熟衰老过程中的糖类等物质的降解，使得可溶性糖质量分数升高。整个贮藏过程中，以质量分数为 2%的 CaCl₂溶液处理组的变化幅度最小。

第四节　钙和热处理对青椒贮藏保鲜的影响

选取鲜绿、无病虫害和机械损伤，且大小和成熟度基本一致的青椒，经处理后晾干备用；通过单因素试验和正交试验，确定青椒进行钙和热处理的最佳组合为：在 45℃环境下，3%的 CaCl₂浸泡 25min 处理。青椒分别进行 3 种处理：单因素试验和正交试验获得最佳组合处理；20℃常温 3%浓度 CaCl₂浸泡 25min 处理；常温蒸馏水浸泡 25min 为对照；3 种处理青椒后装入聚乙烯保鲜袋中，打孔，8℃条件下贮藏，进行相关成分测定。

一、失重率

在贮藏过程中，青椒的质量不断降低，失重率整体呈上升趋势。在贮藏前

14d，45℃和3%的 CaCl₂ 处理的青椒失重率，始终高于对照组青椒。20℃和3%的 CaCl₂ 处理样品和对照没有显著的差异，说明钙处理对青椒失重率没有显著影响。热处理不仅促进了青椒果实内部水分的蒸发，而且加速了氯化钙分子渗入青椒果肉细胞中，在细胞外部形成一定的渗透压，迫使细胞内水分向外渗透，导致失重率的增加。

二、呼吸强度

在贮藏前 2d，对照组和各处理青椒果实的呼吸强度均出现升高现象，其中对照组升高最明显，呼吸强度为 46.47mg/（kg·h），贮藏结束时，仍是对照组果实的呼吸强度最高，其次是20℃和3%的 CaCl₂ 处理，45℃和3%的 CaCl₂ 处理的青椒果实呼吸强度最低。

三、可溶性固形物含量

随着贮藏时间的延长，青椒果实中的可溶性固形物含量呈下降趋势。原因是随着果蔬的成熟与衰老，可溶性固形物作为果蔬的呼吸底物逐渐被消耗。在整个贮藏期间，对照组的可溶性固形物含量下降趋势最明显，均低于处理果实。贮藏结束时，经20℃和3%的 CaCl₂ 处理与45℃和3%的 CaCl₂ 处理的可溶性固形物含量较高，45℃和3%的 CaCl₂ 处理最高。可能是因为钙和热处理均能抑制青椒果实的呼吸强度，延缓果实组织内的代谢过程，从而有效地抑制了青椒果实的成熟进程，降低了果实可溶性固形物的消耗。

四、可滴定酸含量

在贮藏过程中，青椒果实的可滴定酸含量整体呈下降趋势。贮藏结束时，对照组的可滴定酸含量最低，为 0.059%，45℃和3%的 CaCl₂ 处理的青椒可滴定酸含量最高，为 0.077%。原因可能是随着青椒贮藏时间的延长，有机酸作为呼吸作用的基质逐渐被分解消耗，而在贮藏过程中45℃和3%的 CaCl₂ 处理的青椒果实呼吸强度始终最低，此组呼吸作用消耗的有机酸最少，故有机酸含量最高。

五、维生素 C 含量

青椒在贮藏期间的维生素 C 含量整体呈下降趋势。贮藏结束时，45℃和3%

的 $CaCl_2$ 处理的青椒维生素 C 含量最高，为 14.17mg/100g。原因可能是 45℃和 3%的 $CaCl_2$ 处理有效地抑制青椒中酸含量的下降，较好地保护了果实中的维生素 C 含量。

六、叶绿素含量

在贮藏过程中，青椒果实中的叶绿素含量整体呈下降趋势。生长期的果蔬中，叶绿素的合成作用大于分解作用，采后的果蔬中则只有分解作用，随着贮藏时间的增加，叶绿素在酶的作用下逐渐分解，含量下降。贮藏结束时 45℃和 3%的 $CaCl_2$ 处理的青椒叶绿素含量最高，为 0.036mg/g，对照组以及 20℃和 3%的 $CaCl_2$ 处理的青椒叶绿素含量没有显著差异，说明钙处理对青椒中叶绿素含量的下降没有明显的抑制作用。而热处理可有效地抑制青椒叶绿素含量的下降，可能是由于温度的升高能够抑制叶绿素过氧化物酶活性的上升。

该研究表明，青椒贮前在 45℃和 3%的 $CaCl_2$ 溶液中浸泡 25min，可有效地降低其呼吸强度，提高叶绿素的稳定性，同时延缓果实中维生素 C 含量的下降，达到青椒贮藏保鲜的目的。这一处理明显优于常温浸泡处理。说明热处理结合浸钙是青椒保鲜的一种有效手段，具有易于操作、安全、有效等优点，值得应用推广。

第十四章　复配保鲜剂在青椒贮藏中的应用

　　果蔬在保藏过程中很易被各种微生物污染，保鲜剂的种类、浓度发生改变时，其抑菌活性也会发生较大改变。虽然单一天然保鲜剂能在果蔬贮藏过程中发挥出较好的保鲜作用，但单一的保鲜剂往往抑菌谱较窄，不能抑制绝大部分微生物的生长繁殖。由于单一保鲜剂生物保鲜效果有限，产品往往达不到预期品质，用量少时达不到抑菌效果，用量大时可能影响食品的品质和风味。为了得到具有广谱抑菌作用的保鲜剂配方，很多时候把几种保鲜剂复配后再使用，即将多种不同功能的保鲜剂按一定的比例混合，形成保鲜性能更好的复合生物保鲜产品，这样能发挥各个保鲜剂之间的协同抑菌和抗氧化作用，提高保鲜质量。将不同的保鲜剂进行复配不仅能优势互补，获得更优的保鲜效果，而且还能降低保鲜剂的使用量，保证果蔬品质安全，同时降低经济成本，更好地发展果蔬产业。研究发现，将多种天然保鲜剂复配使用能很好地解决单一保鲜剂的不足，因为各天然保鲜剂之间存在着抗菌性的协同增效和抗菌谱拓宽作用，复配使用抑菌保鲜效果要优于单独使用。

　　多种天然保鲜剂配合使用，利用不同保鲜剂之间的协同作用，不仅能降低单一保鲜剂的使用剂量，而且还能扩大作用范围和降低成本。因此，复配型天然保鲜剂的研究为寻找和筛选广谱无毒、高效、天然的食品保鲜剂有着重要的应用价值和科学意义，也满足了消费者提出的高效、安全、广谱、经济、方便的要求，复配型天然保鲜剂必将成为天然保鲜剂发展的主流。目前，复配保鲜剂在市场中占有较大比例，比单一源保鲜剂效果好，符合现代人的消费心理和消费理念，也是未来保鲜剂发展方向。复配保鲜剂不含制毒化学试剂，绿色安全，符合国家标准，在各自发挥作用的前提下，又充分发挥协同作用，低廉高效，并使保鲜效果达到极致。复配保鲜剂在青椒贮藏中也有应用。

第一节　川陈皮素及其复配对青椒贮藏保鲜的影响

采用三因素三水平正交试验考察川陈皮素、壳聚糖和海藻酸钠复配对青椒的保鲜效果，并以维生素 C 含量为评价指标，筛选出复合保鲜剂的最佳配方为：4g/L 浓度壳聚糖为+2g/L 浓度海藻酸钠+0.06g/L 浓度川陈皮素。采摘并选择颜色鲜艳、着色均匀、果实饱满、富有一定的硬度和弹性、无病虫害、无损伤的青椒，将青椒预冷 2~3h 至室温，分别喷淋复合保鲜剂组、0.06g/L 浓度壳聚糖组和清水对照组，后于（9±1）℃温度下贮藏。

一、转红指数

青椒在贮藏保鲜期间转红指数呈逐渐上升的趋势。对照组在贮藏 18d 已达到 12.3%，此后更是迅速增加；壳聚糖组和复合组在 18d 前无显著差异，壳聚糖组 24d 后急速上升，36d 时转红指数达到 36.8%，复合保鲜剂组在第 48 天时转红指数为 39.8%，在相同指数下，复合保鲜剂组比对照组推迟 18d 左右，比壳聚糖组推迟 12d 左右。由此可见，复合保鲜剂组能够显著抑制青椒后熟转红，从而延缓衰老。

二、可溶性固形物

可溶性固形物参与机体各种酶类的代谢，是新陈代谢的物质基础，是果蔬贮藏保鲜过程中的一个重要的营养指标。随着贮藏时间的延长，各处理组青椒的可溶性固形物含量呈现先上升后下降的趋势。壳聚糖处理组和对照组青椒贮藏至 6d 时，可溶性固形物达到最大值 4.81% 和 4.7%，复合保鲜组至 12d 时可溶性固形物达到最大值为 4.8%。壳聚糖处理组在 24d 后急剧下降，对照组在 18d 后急剧下降。在 30d 时，复合组比壳聚糖组高 11.4%，比对照组高 28.5%。可溶性固形物的变化现象是因为在贮藏初期，果实尚未完全成熟，淀粉等大分子物质缓慢降解成可溶性小分子，代谢量小于降解产生量，所以出现上升现象；随着贮藏时间不断增加，降解量越来越少，可溶性固形物作为呼吸底物被逐渐消耗，出现下降的趋势。该研究可知，复合保鲜剂处理组可以减缓可溶性固形物的降解速率，较好地保持营养物质的稳定，保持果实的贮藏品质。

三、叶绿素

叶绿素含量直接反映青椒的表面色泽，叶绿素降解则引起青椒褪绿转红，感官品质降低。青椒在贮藏期间叶绿素含量逐渐减少。复合组和壳聚糖组在12d前差异不显著；壳聚糖组在24d后叶绿素含量迅速降解，对照组在18d后迅速减少；复合组在贮藏期间一直保持缓慢降解的趋势，在48d时仍保持0.051mg/g的叶绿素含量。由此可见，复合保鲜剂组比壳聚糖组和对照组可较好地保持青椒叶绿素含量，维持青椒高品质。

四、丙二醛

青椒在贮藏期间丙二醛含量逐渐增加，但不同处理方式能够明显抑制（$P<0.05$）丙二醛含量的上升，保持青椒表皮结构的完整，达到很好的贮藏保鲜效果。其中对照组在12d后丙二醛含量急剧增加，壳聚糖组在24d后丙二醛含量急剧增加，这是由于低温或保鲜剂的作用，延迟丙二醛急剧上升的时间。在贮藏到30d时，对照组丙二醛含量是复合组的1.32倍，壳聚糖组丙二醛含量是复合组的1.15倍；复合组直到48d时，丙二醛含量才在达到7.8nmol/g。由此可见，复合组能够明显抑制膜脂氧化反应发生，减少丙二醛含量的积累，保持青椒较高的品质。

五、过氧化物酶

青椒在贮藏期间过氧化物酶酶活性呈现先上升后下降的趋势，出现这种现象的原因可能是贮藏期间青椒机体内活性氧代谢加快，从而青椒自身过氧化物酶酶活性自动增强，以维持活性氧一个相对低的水平。复合组和壳聚糖组在贮藏第18天出现过氧化物酶活性高峰，对照组在第12天出现过氧化物酶活性高峰。在贮藏的前30d，复合组和壳聚糖组过氧化物酶活性差异不显著（$P<0.05$），之后壳聚糖组酶活迅速降低；在贮藏期间，复合组总体表现缓慢上升和缓慢下降的现象。由此可见，复合组保鲜剂能够较好维持过氧化物酶活性的相对稳定性，保鲜效果明显优越于其他组。

壳聚糖现已广泛用于各种蔬菜的贮藏保鲜，也取得一定的保鲜效果，但是单一的壳聚糖保鲜效果并不理想，存在成膜性差、透气性大、阻水性及抗菌效果不佳等缺点。川陈皮素对常见食品腐败菌、病原菌及病毒均有很好的抑制和杀灭作用，通过破坏菌丝细胞结构，并抑制其孢子萌发，也可以通过某一途径作用于微生物某些特殊靶位细胞壁、细胞膜、蛋白质或核酸等，来达到抑制和杀灭各种微生物的作用，可以弥补壳聚糖在抑制致病菌方面的不足。壳聚糖含有大量的羟基（—OH）和游离氨基（—NH$_2$）等极强基团，阻水能力较差，会增加果蔬的蒸腾作用；而海藻酸钠是一种天然多糖，溶于水形成一定黏度的液体，涂抹在果蔬表面形成致密的保护膜，减少蒸腾作用，并减少一定的透光率，且对 O$_2$、CO$_2$ 和 C$_2$H$_4$ 等具有一定的选择透过性，可以弥补壳聚糖在成膜方面的不足。由此可见，三种保鲜剂复合可以做到优势互补，在果蔬贮藏领域能到达更好的保鲜效果，现已通过试验证实。

第二节　酸性功能水复配对青椒贮藏保鲜的影响

通过试验确定酸性功能水复配保鲜剂处理青椒的最优配比为：2.81% NaCl 电解的酸性功能水+0.3%浓度 CaCl$_2$+0.005%浓度水杨酸处理 22min。供试青椒挑选大小基本一致，无病虫害和机械损伤、成熟度大体一致的青椒作为供试样品。将试供的青椒平均分为 3 组，分别用 2.81% NaCl 电解的酸性功能水和 2.81% NaCl 电解的酸性功能水+0.36%CaCl$_2$+0.005%水杨酸浸泡 22min，同时以未处理作为对照，待冷风烘干后装入聚乙烯保鲜袋中于 (14±1)℃冷藏柜中贮藏，在贮藏过程中，测定青椒在贮藏过程中感官及生理生化的变化。

一、失重率

对照组青椒采后失重较快，到贮藏 30d 时，失重率达 4.12%。酸性功能水及其复配保鲜剂处理对青椒的失重有一定的抑制作用，其中 2.81% NaCl 电解的酸性功能水+0.36%CaCl$_2$+0.005%水杨酸处理效果最为明显，到贮藏至 30d 时，青椒的失重率只有 2.34%，比对照组降低了 43.2%，显著低于对照组（$P < 0.05$），单一的酸性功能水处理组比对照组降低了 30.58%，与对照组相比差异显著（$P < 0.05$）。该研究结果表明，酸性功能水及其复配处理都能较好地减少青椒的失重，可能是由于酸性功能水对酶活以及呼吸产生抑制，从而降低代谢，减少失重。

二、腐烂指数

青椒在贮藏过程中腐烂指数逐渐上升，失去商品价值和食用价值。随着贮藏时间的延长，青椒的腐烂指数逐渐上升，酸性功能水及其复配保鲜剂处理组青椒的腐烂指数均低于对照组，说明酸性功能水及其复配处理能够抑制青椒腐烂指数的上升，其中 2.81% NaCl 电解的酸性功能水 $+0.36\%$ CaCl$_2$ $+0.005\%$水杨酸处理的效果最好。贮藏 30d 时，2.81% NaCl 电解的酸性功能水及其复配保鲜剂处理组青椒的腐烂指数分别为 38% 和 21%，分别比对照组低 44.93% 和 69.58%，显著减缓了青椒的腐烂速率（$P<0.05$）。而复配处理组效果较单一的酸性功能水处理组效果更显著（$P<0.05$）。

三、感官品质

随着贮藏时间的延长，青椒的品质逐渐下降，与青椒的腐烂指数、转红指数相一致。在整个贮藏过程中，2.81% NaCl 电解的酸性功能水及其复配保鲜剂处理组的感官评分均高于对照组。在贮藏初期，各处理组之间感官评分并无明显的差异（$P>0.05$），但是贮藏超过 15d 后，2.81% NaCl 电解的酸性功能水 $+0.36\%$ CaCl$_2$ $+0.005\%$水杨酸处理组效果优于 2.81% NaCl 电解的酸性功能水处理组，并显著优于对照组（$P<0.05$）。

四、转红指数

青椒在贮藏过程中转红指数呈上升趋势，相比对照组来说，2.81% NaCl 电解的酸性功能水及其复配保鲜剂处理均能够显著地（$P<0.05$）抑制青椒的转红速率，从而延缓衰老。其中 2.81% NaCl 电解的酸性功能水 $+0.36\%$ CaCl$_2$ $+0.005\%$水杨酸处理组作用效果最明显，贮藏到 30d 时，其转红指数只有 2%，相较于对照组降低了 89.47%。

五、硬度

对照组青椒的硬度迅速下降，很快就变软腐烂，失去商品价值，而 2.81% NaCl 电解的酸性功能水及其复配处理组青椒果实的硬度下降速率均较为缓慢，且其硬度值均显著高于对照组硬度（$P<0.05$）。以贮藏期为 30d 观测，对照组青

椒的硬度下降了 38.19%，2.81%NaCl 电解的酸性功能水及其复配保鲜剂处理组青椒的硬度分别下降了 30.97% 和 27.99%。由此可见，2.81%NaCl 电解的酸性功能水及其复配保鲜剂处理均能起到保持青椒硬度延缓软化的作用，其中 2.81%NaCl 电解的酸性功能水+0.36%CaCl$_2$+0.005%水杨酸处理效果最为明显。

六、呼吸强度

贮藏期间，通过测定果蔬的呼吸强度，来衡量果蔬贮藏期间的生命活动状态，从而为果蔬贮藏的最佳条件设置提供必要的依据。在贮藏过程中，青椒的呼吸强度呈逐渐下降的趋势，为非跃变型呼吸类型。从整个贮藏过程来看，2.81%NaCl 电解的酸性功能水及其复配保鲜剂处理组青椒的呼吸强度均低于对照组，显著地抑制了青椒的呼吸（$P<0.05$），延缓衰老，其中 2.81%NaCl 电解的酸性水复配保鲜剂处理的抑制效果优于 2.81%NaCl 电解酸性功能水处理。各处理组在贮藏 25d 以后，呼吸强度呈上升趋势，可能是由于青椒贮藏后期出现腐烂的原因。

七、细胞膜透性

随着贮藏时间的延长，各处理组青椒的相对电导率逐渐上升，其中对照组的相对电导率变化最大，从贮藏前期的 9.1% 增加到 30d 时的 21.64%，增加了 137.8%，而 2.81%NaCl 电解的酸性功能水及其复配保鲜剂处理组青椒的相对电导率分别增加了 103.56% 和 91.22%。相关研究表明，2.81%NaCl 电解的酸性功能水及其复配保鲜剂处理能不同程度地抑制青椒相对电导率的升高，减少细胞膜的破坏，其中 2.81%NaCl 电解的酸性功能水+0.36%CaCl$_2$+0.005%水杨酸处理效果最好。

八、叶绿素

青椒在整个贮藏期间，2.81%NaCl 电解的酸性功能水及其复配保鲜剂处理组青椒的叶绿素含量变化呈逐渐下降的趋势，但始终高于对照组。贮藏到 30d 后的末期，对照组叶绿素含量较贮藏初期降低了 48.09%，而 2.81%NaCl 电解的酸性功能水及其复配保鲜剂处理组的叶绿素含量较贮藏初期分别降低了 42.01% 和 36.15%，可见酸性功能水及其复配保鲜剂处理能有效地抑制青椒叶绿素含量的下降，有利于叶绿素的保存，其中 2.81% NaCl 电解的酸性功能水+ 0.36%CaCl$_2$+0.005%水杨酸处理效果较显著（$P<0.05$）。

九、维生素 C 含量

在贮藏过程中，青椒中维生素 C 大量损失，2.81%NaCl 电解的酸性功能水及其复配保鲜剂处理能够有效地抑制青椒中维生素 C 含量的损耗。对照组青椒的维生素 C 含量由 102.4mg/100g 降低到 52.63mg/100g，下降了 48.6%；2.81% NaCl 电解的酸性功能水+0.36%CaCl$_2$+0.005%水杨酸处理组青椒中维生素 C 含量损失最少，从 98.89mg/100g 降低到 69.51mg/100g，降低了 29.71%，相较于对照组降低了 38.86%，显著地（$P<0.05$）抑制了青椒中维生素 C 含量的损耗。

十、超氧化物歧化酶

超氧化物歧化酶普遍存在于动、植物体内，可以清除体内的超氧自由基，减少自由基对细胞膜的损伤。有研究表明，较高水平的超氧化物歧化酶活性可以抑制 1-氨基环丙烷羧酸向乙烯的转化，从而增强果实自身免疫性，延缓衰老。青椒在整个贮藏过程中，超氧化物歧化酶活性呈现先上升后下降的趋势，出现这种现象的原因可能是青椒在贮藏过程中，活性氧代谢加快，超氧化物歧化酶活性有所提高，以提高果实抗逆性，抑制活性氧等有害代谢产物的积累，到贮藏后期，果实衰老腐烂，超氧化物歧化酶活性逐渐下降。2.8%NaCl 电解的酸性功能水及其复配保鲜剂处理组青椒的超氧化物歧化酶活性均都高于对照组，其超氧化物歧化酶活性高峰出现在贮藏的 15d，相对于对照组贮藏 10d 推迟了 5d，且活性高峰期值均高于对照组。其中 2.81%NaCl 电解的酸性功能水+0.36% CaCl$_2$+0.005%水杨酸处理组青椒的超氧化物歧化酶活性高峰值最高，达到 2.19U，较对照组差异显著（$P<0.05$）。

十一、过氧化物酶

各处理组青椒中的过氧化物酶活性含量均呈现先上升后下降的趋势，在贮藏末期又稍有回升。分析出现这种现象的原因可能是青椒在贮藏过程中活性氧代谢加快，过氧化物酶活性有所提高以清除果实代谢过程中产生的活性氧，使其维持在一个较低水平。研究结果表明，各处理组的过氧化物酶含量高峰期都出现在贮藏第15天，相比对照组过氧化物酶峰值来说，2.81%NaCl电解的酸性功能水+0.36%CaCl$_2$+0.005%水杨酸处理组青椒的过氧化物酶峰值明显升高（$P<0.05$），且高于单一的2.81%NaCl电解的酸性功能水处理组，从而可以减弱青椒膜脂过氧化作用，延缓青椒的衰老。

十二、丙二醛

丙二醛是膜脂过氧化作用的产物，含量可以表示膜脂过氧化程度和植物衰老状态，丙二醛含量越小说明果蔬越新鲜，青椒各处理组丙二醛含量均呈现逐渐上升的趋势，但是2.81%NaCl电解的酸性功能水处理及其复配保鲜剂处理青椒能够明显抑制（$P<0.05$）丙二醛含量的上升，保持青椒表皮结构的完整性，抑制果实的成熟衰老，从而达到很好的保鲜效果。其中2.81%NaCl电解的酸性功能+0.36%CaCl$_2$+0.005%水杨酸处理组在贮藏末期的30d，青椒中丙二醛含量为0.000 951μmol/（g·m），较对照组丙二醛含量降低了29.56%，单一的2.81%NaCl电解的酸性功能水处理组青椒中丙二醛含量降低了17.78%，说明2.81%NaCl电解的酸性功能水+0.36%CaCl$_2$+0.005%水杨酸处理青椒效果最好，能够很好地延缓青椒的衰老，该结果与细胞膜透性相一致。

因此，相比对照组，单一的2.81%NaCl电解的酸性功能水和2.81%NaCl电解的酸性功能水+0.36%CaCl$_2$+0.005%水杨酸处理22min对青椒均有很好的保鲜效果。均能够延缓青椒硬度和维生素C含量的下降，抑制青椒失重率、相对电导率、呼吸强度的上升，另外自由基清除酶超氧化物歧化酶和过氧化物酶活性显著提高，进而可以有效地延缓青椒在采后贮藏过程中的衰老，延长贮藏时间。但是2.81%NaCl电解的酸性功能水+0.36%CaCl$_2$+0.005%水杨酸处理比单一的2.81%NaCl电解的酸性功能水处理效果更优，能够更好地延长青椒的贮藏期，延缓衰老。

第三节　1-甲基环丙烯和二氧化氯联合使用对青椒贮藏保鲜的影响

当日采摘青椒在0℃预冷24h后选取大小一致、果皮颜色均匀、无病害无损伤的果实作为试验用果。将青椒用0.5%次氯酸钠溶液浸泡2min消毒，自然阴干后，将果实随机分为4组：不加保鲜剂对照组；袋中放置一袋用水浸湿的最终浓度为 3μL/L 的 1-甲基环丙烯处理组；袋中放置 3g 用压片法制成的有效浓度为 0.1% 的二氧化氯固体缓释剂、最终浓度为 100μL/L 二氧化氯处理组；最终浓度为 3μL/L 的二氧化氯+最终浓度为 100μL/L 的 1-甲基环丙烯联合处理组。各处理组青椒置于 0.03mm 厚的聚乙烯保鲜袋内，在整体放入温度为 20℃，相对湿度为 85%~90% 保鲜柜中贮藏 12d，每 3d 取样，进行观察和分析。

一、外观品质

对照组青椒转色率较高，失水皱缩，青椒梗染菌严重。1-甲基环丙烯处理组转色率较低，含水量较高，但染菌也较多。二氧化氯处理组与对照组相比，转色率较低，染菌较少，但失水皱缩也比较严重。联合处理组青椒转色率最低，含水量较高，坚挺饱满，色泽明亮，并且染菌最少，有效保持采后青椒品质。

二、失重率

贮藏期间，青椒失重率逐渐上升，主要与采后青椒果实的失水有关。贮藏前 3d，失重率上升较快，对照组失重率最高，联合处理组最慢，但各处理组间并无显著差异。之后对照组失重率依然增长迅速，与其余 3 个处理组开始出现显著差异。3 个处理组都可以不同程度减缓贮藏期间青椒果实失重率的上升，1-甲基环丙烯处理组效果要好于二氧化氯处理组，而联合处理组效果最好。贮藏至 12d，对照组失重率为 9.87%，1-甲基环丙烯处理组与二氧化氯处理组分别为 8.3% 和 8.76%，联合处理组失重率最小，为 8.13%，与对照组差异显著（$P<0.05$）。整个贮藏过程中，对照组青椒果实失重率都处于四组中最高水平，果实萎蔫也较快，联合处理可以有效减缓采后青椒果实失重率的上升，减缓青椒果实失水萎蔫，保持其商品价值。

三、转红指数

在贮藏过程中，随着青椒果实的成熟与衰老，果皮叶绿素含量会逐渐降解，果皮颜色由绿色逐渐转为红色。采后青椒转色指数逐渐升高，其中对照组转色指数上升最快，在整个贮藏过程中均处于最高水平。3 个处理组转色指数上升较慢，在贮藏前 6d，不同处理组间转色缓慢，差异不显著，随着贮藏时间增长，处理组转色指数上升速度加快，1-甲基环丙烯与二氧化氯组上升速度高于联合处理组。贮藏至 12d，对照组青椒果实转色指数为 84.3%，1-甲基环丙烯与二氧化氯处理组转色指数分别为 52.9% 和 56.8%，联合处理组青椒果实转色指数最低，为 40.9%。说明不同处理均可以减缓贮藏青椒果实的转色，联合处理组效果最好。

四、色差

a^* 代表红绿色，a 值越高，绿色越淡。采后青椒 a^* 逐渐升高，颜色逐渐由绿色转变为红色，与转红指数相对应，对照组 a^* 上升较快，在整个贮藏期间 a^* 处于最高水平。处理组 a^* 值较低，前 6d 上升较为缓慢，在 9d 开始出现显著差异，贮藏至 12d，对照组 a^* 最高，为 17.6，其次为二氧化氯处理组和 1-甲基环丙烯处理组，分别为 11.5 和 8.9，联合处理组 a^* 最低，为 6.3，说明不同处理组都可以减缓采后青椒 a^* 上升，减缓其转色，其中联合处理组保绿效果最好。L^* 代表明暗度，L^* 值越高，亮度越高，可以反映采后青椒的明亮程度，影响其商品价值。贮藏期间青椒果实 L^* 逐渐下降，果皮亮度逐渐下降，对照组下降最快，亮度最小。二氧化氯处理组在前 6d 的 L^* 与对照组无显著差异，但从第 6 天开始，二氧化氯处理组青椒果实 L^* 下降减缓，显著高于对照组。1-甲基环丙烯处理组与联合处理组青椒果实在贮藏期间 L^* 下降较慢，高于二氧化氯处理组与联合处理组。贮藏至第 12 天，对照组 L^* 最小，为 30.77，1-甲基环丙烯与二氧化氯处理组分别为 39.3 和 35.5，联合处理组最高，L^* 为 41.3，有效减缓了采后青椒亮度的下降，保持其感官品质和商品价值。

五、叶绿素

贮藏过程中，青椒果皮颜色会由绿色转为红色，转色过程中青椒果皮叶绿素会逐渐降解。贮藏期间，不同处理组青椒叶绿素含量均呈下降趋势。贮藏前 3d，1-甲基环丙烯、二氧化氯处理组与联合处理组叶绿素含量下降不明显。对照组青椒叶绿素含量下降较快，在整个贮藏期间叶绿素含量均处于最低水平。贮藏至 12d，对照组青椒叶绿素含量为 0.021mg/g，1-甲基环丙烯处理组与二氧化氯处理组青椒果皮叶绿素含量分别为 0.065mg/g 与 0.057mg/g，联合处理组青椒叶绿素含量为 0.074mg/g，显著高于对照组（$P<0.05$）。3 个处理均可以减缓青椒叶绿素含量下降，1-甲基环丙烯处理效果优于二氧化氯处理，联合处理优于单一处理，保绿效果最好。

六、呼吸强度

采后青椒呼吸强度呈先上升后下降趋势。贮藏前 6d，各组青椒呼吸强度逐渐上升，对照组上升最快，贮藏至 6d，四组青椒呼吸强度均达到峰值，其中对照组呼吸强度最大，为 91.8$mgCO_2$/（kg·h），1-甲基环丙烯处理组与二氧化氯处理组分别为 83.4$mgCO_2$/（kg·h）和 86.8$mgCO_2$/（kg·h），低于对照组，联合处理组最小，为 79.6$mgCO_2$/（kg·h）。达到峰值后，青椒呼吸强度开始下降，贮藏至 12d，对照组青椒果实呼吸强度为 61.2$mgCO_2$/（kg·h），1-甲基环丙烯处理组与二氧化氯处理组青椒果实呼吸强度分别为 55.1$mgCO_2$/（kg·h）和 57.3$mgCO_2$/（kg·h），联合处理组呼吸强度为 48.2$mgCO_2$/（kg·h），与对照差异显著（$P<0.05$）。整个贮藏期间，对照组青椒呼吸强度均处于最高水平，不同处理可以有效减弱采后青椒的呼吸强度，降低呼吸峰值，其中联合处理组效果最好。

七、硬度

硬度是青椒很重要的品质指标，青椒在贮藏过程中容易软化萎蔫，影响商品价值。贮藏前 3d，青椒硬度下降缓慢，各处理组之间没有显著差异（$P<0.05$）。随着贮藏时间增长，各处理组青椒硬度快速下降，其中对照组下降最快，贮藏 6d，对照组青椒硬度为 207g，二氧化氯处理组硬度为 226g，1-甲基环丙烯处理组为 238g，联合处理组硬度最高，为 265g。之后硬度下降速度减缓，对照组青椒硬度始终最低，其余 3 个处理组下降较少，贮藏至 12d，对照组硬度最小为 135g，1-甲基环丙烯处理组与二氧化氯处理组分别为 165g 和 153g，可以有效减缓青椒硬度的下降，联合处理组青椒硬度最大，为 184g，说明联合处理可以有效保持贮藏期间青椒硬度，保持其贮藏品质。

八、维生素 C 含量

贮藏期间，采后青椒维生素 C 含量逐渐降低，对照组青椒果实维生素 C 含量下降较快，在整个贮藏过程中均处于最低状态。贮藏期间二氧化氯处理组果实维生素 C 含量高于对照组，在前 6d 下降速度较慢，之后下降速度开始加快。1-甲基环丙烯处理组与联合处理组青椒果实维生素 C 含量下降趋势大致相同，下降速度要慢于二氧化氯处理组。贮藏至12d，对照组青椒果实维生素C含量为61.2mg/100g，下降最多。二氧化氯处理组果实维生素C含量为66.6mg/100g，高于对照组。1-甲基环丙烯与二氧化氯处理组果实维生素C含量分别为70.1mg/100g与71.2mg/100g。说明二氧化氯处理可以有效减缓贮藏期间青椒果实维生素C含量的下降，1-甲基环丙烯处理组与联合处理组对保持采后青椒果实维生素C含量效果更佳，可以有效保持采后青椒营养价值。

九、可溶性固形物含量

采后青椒在成熟过程中，淀粉等大分子物质会逐渐分解成小分子可溶性物质，可溶性固形物含量会逐渐上升；进入衰老期，可溶性固形物含量会逐渐下降。青椒在整个贮藏期间，可溶性固形物含量呈先上升后下降趋势。对照组在第6天达到峰值，可溶性固形物含量高于处理组，之后迅速下降。1-甲基环丙烯、二氧化氯单独处理组和联合处理组贮藏前3d可溶性固形物含量变化不大，之后快速上升，到9d时达到峰值后缓慢下降，联合处理组青椒可溶性固形物含量高于单独处理组。贮藏至12d，对照组可溶性固形物含量为5.4%，1-甲基环丙烯与二氧化氯处理组分别为6.83%和6.53%，联合处理组青椒可溶性固形物含量最高，为7.37%。

以上研究表明，1-甲基环丙烯、二氧化氯及复合处理都能不同程度地减缓采后青椒失重率的上升，有效保持果实硬度、可溶性固形物、可滴定酸、维生素C含量。可以抑制与叶绿素降解相关基因的表达，降低相关酶活性，减缓了果皮叶绿素的降解，其中，1-甲基环丙烯与二氧化氯联合处理效果优于单一处理，对保持青椒营养价值和商品价值效果显著。

第四节　月桂酰精氨酸乙酯盐酸盐复配对青椒贮藏保鲜

选择新鲜、大小均匀、无机械损伤及病害青椒，分级清洗后用体积分数为1%的次氯酸钠溶液浸泡1min，取出晾干后分别用下列试剂浸泡10min：10mg/mL壳聚糖，800μg/mL月桂酰精氨酸乙酯盐酸盐，2 000μg/mL尼泊金甲酯钠，700μg/mL月桂酰精氨酸乙酯盐酸盐+100μg/mL尼泊金甲酯钠+10mg/mL壳聚糖优化复配防腐剂溶液。浸泡后取出晾干。将各处理青椒装入聚乙烯袋中敞口放置，25℃、相对湿度80%贮藏一定时间后进行测定。以去离子水为空白对照，以经活化并稀释 100 倍的浓度为 100μg/mL 稳定态二氧化氯溶液作为阳性对照。

一、腐烂情况

在贮藏过程中，与空白对照相比，经最优配方处理的青椒好果率显著升高（除 3d 外），腐烂指数显著降低（$P<0.05$）。到贮藏末期的 15d 时，与空白对照相比，该配方将青椒的好果率从 60.3% 提高到 90.7%，将腐烂指数从 32.3% 降低至 8.7%，防腐效果明显。与阳性对照稳定态二氧化氯相比，最优配方的好果率和腐烂指数均与之无显著性差异（$P>0.05$），说明优化得到的最优配方能达到与市售防腐剂一致的保鲜效果。

二、损失率及硬度

青椒在贮藏期间，最优配方与空白对照、阳性对照的质量损失率及硬度之间基本上无显著性差异（$P>0.05$）。青椒质量损失主要由蒸腾失水和呼吸消耗引起，主要表现为水分的散失，通过在青椒表面涂膜来降低质量损失率是常用的手段。而该最优配方并未表现出色的保水能力。有文献表明，壳聚糖的保水能力与其分子质量、结构特性都有关系，经过电子束辐照处理后小分子质量的壳聚糖有更好的保水性能。因此要使复配防腐剂达到全面的保鲜效果，可能还需要对壳聚糖进一步筛选和改性。

青椒硬度主要受果实中果胶水解酶和代谢活动强弱的影响，青椒硬度随其成熟和衰老逐渐降低。最优配方并未表现出有效延缓青椒硬度下降的作用。因此需要进一步研究月桂酰精氨酸乙酯盐酸盐的抑菌机理，明确月桂酰精氨酸乙酯盐酸盐对病原菌侵染青椒的实际抑制作用，减缓青椒细胞壁纤维素和半纤维素的降解。

三、抗坏血酸及叶绿素

青椒中的抗坏血酸很丰富，但在贮藏期间性质不稳定，易氧化分解，抗坏血酸含量的变化能客观反映青椒新鲜度的变化。该研究采用青椒的初始抗坏血酸含量为 95.53mg/100g。在贮藏的前 6d，经最优配方处理后的抗坏血酸含量与空白对照并没有显著性差异（$P>0.05$），此时，阳性对照也没有延缓抗坏血酸含量下降的作用。从 9d 开始到贮藏末期，最优配方处理组的抗坏血酸含量均显著高于空白对照（$P<0.05$），且与阳性对照无显著性差异（$P>0.05$）。该研究表明，最优配方对青椒抗坏血酸含量的下降有显著延缓作用（$P<0.05$），将贮藏 15d 的损失率从 44.1%（空白对照组）降低至 28.5%。

青椒中叶绿素丰富，但是离体器官中的叶绿素很不稳定，对光、热都敏感。青椒采摘后，随着贮藏时间的延长，青椒内部叶绿素在相关酶的作用下逐渐分解，叶绿素含量能反映青椒在贮藏过程中的新鲜程度。本研究中采用的青椒的初始叶绿素含量为 11.05mg/100g。贮藏青椒从 6d 开始，最优配方处理组的叶绿素含量显著高于空白对照组（$P<0.05$），贮藏过程中，最优配方组叶绿素含量的损失率为 31.4%，与空白对照组（45.8%）相比降低。而阳性对照的叶绿素含量与空白对照组在整个贮藏过程中并无显著性差异（$P>0.05$）。该研究表明，在维持叶绿素含量方面，所筛选优化得到的最优配方优于部分含氯保鲜剂。

将月桂酰精氨酸乙酯盐酸盐与尼泊金甲酯钠复配，并以壳聚糖为成膜剂，筛选优化得到最优复配配方为：月桂酰精氨酸乙酯盐酸盐质量浓度 700μg/mL、尼泊金甲酯钠质量浓度 100μg/mL、壳聚糖质量浓度 10mg/mL。相关研究表明，与空白对照相比，该最优复配配方能在贮藏期内将青椒的好果率从 60.3% 提高到 90.7%，将腐烂指数从 32.3% 降低至 8.7%，防腐效果明显。同时，该复配配方也有效延缓了贮藏期内青椒抗坏血酸及叶绿素含量的下降，将抗坏血酸含量损失率从 44.1% 降低至 28.5%，将叶绿素损失率从 45.8% 降低至 31.4%，有效保证了贮藏期内青椒的营养品质，对青椒有较好的综合保鲜效果。

第十五章　生物涂膜在青椒贮藏保鲜中的应用

涂膜是一种有效的蔬菜保鲜方法，其原理是用浸涂、刷涂和喷涂等方法，将特定配方配制的保鲜膜液涂抹在果蔬表面，以起到隔绝空气，防止蔬菜内部生理代谢过快的作用。

近年来，涂抹保鲜已经广泛应用于果蔬保鲜领域。涂膜保鲜的特点为果蔬表面有细微的孔道，通过涂膜处理，可以将孔道堵塞，使蔬菜的呼吸作用减弱，防止微生物侵害，抑制水分蒸发。涂膜保鲜可以增加蔬菜表面亮度和色泽，使蔬菜的外观品质增加。涂膜保鲜不仅可以手工操作，更适合机械自动化处理，效率更高，节省人力成本；与保鲜膜包装相比，涂膜处理的价格更低。涂膜保鲜一直是果蔬贮藏保鲜的一个重要方式，随着人们绿色消费和环保意识的增强，可食性涂膜也应运而生。可食性果蔬涂膜是一种采用天然糖类、淀粉、蛋白质、油脂等可食材料为主要原料，通过添加成膜助剂，控制成膜条件，在果蔬表面涂覆或直接成膜而成的保鲜膜。可食性涂膜能在果蔬周围形成一个小环境，对气体和湿度起到屏障作用，减少水分的损失，降低呼吸作用，从而达到保鲜效果。可食性膜因可生物降解、营养可食、隔水阻气等性能优点，已经成国内外学者研究的热点。目前国内外研究较多的可食性涂膜剂主要有多糖类膜、蛋白质膜和脂质膜等。

近年来，壳聚糖在果蔬保鲜中的研究较多，在保持果蔬采后品质，降低失水率，保持果实营养品质和感官品质中效果显著。壳聚糖是天然保鲜剂的一种，来源广、无污染，已经被运用在许多果蔬的贮藏保鲜上。果蔬经过壳聚糖处理后，会在表面形成一层膜，有利于果蔬内部高 CO_2 低 O_2 环境的形成，从而抑制呼吸作用，还有利于提高果蔬的抗病性。壳聚糖以其优良的成膜性，将其单一或复合保鲜广泛应用于水果及蔬菜等保鲜。

可食糖保鲜膜属于一种气调保鲜方式，通过浸泡使其在果蔬表面形成一个微气调环境，减慢内外气体交换速度，从而抑制果蔬的呼吸代谢。这层致密的保护膜也阻止了外界营养物质进入细菌细胞，起到一定的抑菌作用。虽然壳聚糖本身的阻抑性能以及成膜效果都很好,但若进行单一涂膜,则容易出现膜透 CO_2、O_2 比例不适的现象,因此对其复合保鲜剂的研究也十分必要。

有研究用 0.95% 的壳聚糖+1.25% 的明胶+0.4% 的甘油可降低南果梨采后果实失重和硬度下降,使保鲜期延长至 20d 仍有较高的可溶性固形物和维生素 C 含量。在 1.5% 的壳聚糖中加入了 3% 的沸石和 0.1% 的吐温对番茄进行涂膜可延缓果实成熟。用 1% 的壳聚糖或与 0.05% 的茶树油复配对香蕉进行涂膜可延缓呼吸速率,降低机械损伤和延缓成熟。用添加了薄荷精油和壳聚糖的涂料对草莓进行涂膜,可在贮藏 12d 时仍保持较高的感官品质和降低微生物数量。壳聚糖与葡萄糖酸钙对草莓进行涂膜处理,可保持冷藏期间的硬度,并减少真菌造成的腐烂率的上升。以壳聚糖为载体添加抗菌药物,对果蔬进行涂膜可保持自身品质和减少腐烂,如在壳聚糖中加入纳他霉素对草莓和兰州百合进行包衣可降低耗氧量,保持可溶性固形物含量,并且有显著的抑菌效果。壳聚糖与其他生物保鲜剂复配用于青椒保鲜也有报道。

第一节　壳聚糖结合茶多酚涂膜对青椒贮藏保鲜的影响

选择新鲜、无病虫害和机械损伤、色泽均匀,大小一致青椒进行相关试验。称取 15g 壳聚糖置于 0.6% 的 985g 冰乙酸溶液中,充分搅拌溶胀制得浓度为 1.5% 壳聚糖溶液。在已经配制好的壳聚糖溶液中分别添加 0mg、100mg、200mg 和 300mg 茶多酚,搅拌混合均匀后于 40℃ 水浴中保温备用。取青椒分别放入上述配制好的涂膜液中浸渍 20s,取出低温风干后室温贮藏,定期取样测定指标,不做任何处理的贮藏青椒为对照。

一、呼吸强度

果蔬在贮藏过程中,主要的生命活动就是呼吸作用。随着呼吸作用的进行,果蔬体内的有机物质逐步被分解,其营养价值和口感随之下降,呼吸作用越强,消耗的养分就越多,果蔬衰老越快,保鲜期越短。各组青椒在贮藏前期呼吸强度呈逐渐下降趋势,后期平稳并略有回升,无明显呼吸高峰,为非跃变型呼吸类型。涂膜组青椒在整个贮藏过程中呼吸强度较低,与对照组相比差异极显著($P<0.001$),说明壳聚糖涂膜处理可在一定程度上降低青椒的呼吸强度。壳聚糖中添加茶多酚对抑制青椒的呼吸作用较单一涂膜效果好,随着茶多酚添加量

的增加，抑制呼吸的作用越明显，当茶多酚的添加量达 200mg/kg 时，再进一步增加浓度，对呼吸作用的影响不再显著（$P > 0.05$）。

二、维生素 C 含量

在整个贮藏过程中，各组青椒维生素 C 含量均逐渐减少，其中，对照组青椒的维生素 C 含量下降速度最快，损失最多，贮藏至 30d 时，含量由 80.25mg/100g 下降到 26.13mg/100g，下降了 67.44%，与涂膜处理组差异极显著（$P < 0.01$）。说明壳聚糖在青椒表面形成的薄膜能有效抑制膜内外的气体交换，延缓了青椒体内维生素 C 的氧化损失。同时，壳聚糖中添加茶多酚对贮藏期青椒维生素 C 含量的下降有抑制作用，当壳聚糖中茶多酚的添加量达到 200mg/kg 时，抑制作用最显著，贮藏至 30d，维生素 C 含量由 80.25mg/100g 下降到 68.02mg/100g，仅下降了 15.24%，和对照组差异极显著（$P < 0.01$），和壳聚糖溶液中分别添加 0mg 和 100mg 茶多酚组差异显著（$P < 0.05$），进一步增加浓度，抑制作用无明显变化，说明一定浓度的茶多酚的抗氧化用能有效抑制青椒中维生素 C 的氧化损失，提高青椒的贮藏品质，延长保藏期。

三、失重率

各组青椒的失重率随着贮藏时间的延长而逐渐上升。其中对照组样品失重率上升速度最快，与涂膜处理组相比差异极显著（$P < 0.001$），说明壳聚糖在青椒表面形成的膜可一定程度上延缓青椒水分散失。壳聚糖中添加茶多酚可抑制青椒失重率的上升，对涂膜保鲜有促进作用，且在一定范围内浓度与其促进作用呈正相关，当壳聚糖中茶多酚的添加量达到 200mg/kg 以上时，对失重率的抑制作用不再显著（$P > 0.05$）。茶多酚抑制青椒失水的效果可能与茶多酚具有抑制微生物的生长繁殖作用从而减少了果蔬的病理性失水有关。

四、腐烂率

随着贮藏时间延长，青椒的腐烂率呈不同程度的上升趋势。在常温条件下，对照组青椒腐烂率上升很快，而经过涂膜处理的青椒腐烂率上升较慢。在贮藏过程中，壳聚糖溶液中分别添加 200mg 和 300mg 茶多酚处理组的腐烂率差别不大（$P > 0.05$），但均低于其他试验组，和对照组及不加茶多酚壳聚糖溶液组相比差异极显著（$P<0.001$），和壳聚糖溶液中分别添加100mg茶多酚组差异显著（$P<0.05$），说明当壳聚糖中茶多酚的添加量达到200mg/kg时可增强涂膜的保鲜效果，这可能与茶多酚具有抗氧化及抑菌功能有关。

五、叶绿素含量

贮藏的前6d，各组青椒叶绿素的含量变化不大，青椒表皮呈深绿色；6d以后，各组青椒的叶绿素含量均开始下降，其中，对照组叶绿素含量下降速度明显比涂膜处理组快，贮藏至30d，对照组叶绿素含量由125.7mg/kg下降至51.2mg/kg，下降了59.3%，部分青椒出现转红转黄现象，可见，涂膜处理对青椒的护绿呈现出较好的效果。研究同时表明，复合涂膜比单一涂膜的效果好，壳聚糖中茶多酚的添加量达到200mg/kg时，可显著增强涂膜的护绿效果，表现为青椒叶绿素含量下降缓慢。贮藏至30d，青椒叶绿素含量由125.7mg/kg下降至85.1mg/kg，仅下降了32.3%，整个贮藏期间没有出现转红、转黄现象，但进一步增加浓度，护绿效果的增强作用不再明显。

通过贮藏期青椒呼吸强度、维生素C与叶绿素含量、失重率与腐烂率等指标的测定分析，得出了壳聚糖涂膜处理对青椒有一定的保鲜作用，壳聚糖-茶多酚复合涂膜对青椒的保鲜效果又优于单一的壳聚糖涂膜处理。茶多酚是茶叶中多酚类物质的统称，主要成分为儿茶素类、丙酮类、酚酸类和花色素类化合物等。该研究用1.5%的壳聚糖溶液中添加200mg/kg茶多酚制得的涂膜液处理青椒，通过在常温条件下贮藏30d后，失重率和腐烂率分别为16.8%和29.1%；维生素C及叶绿素含量分别为68.02mg/100g和85.1mg/kg，与对照组及单一壳聚糖涂膜处理组相比，青椒的失重率和腐烂率明显降低，维生素C和叶绿素含量下降速度明显放缓，青椒的贮藏期得以延长。

第二节 壳聚糖结合蒲公英提取物涂膜对青椒贮藏保鲜的影响

取蒲公英全草于60℃下烘干，粉碎至40~60目，再用70%乙醇以质量体积比为1:25料液比80℃下回流提取3h，减压抽滤，收集滤液，然后将滤液浓缩至浓度为1g/mL的蒲公英提取物备用。取平均分子量为$1.5×10^5$Da壳聚糖3g于1%的醋酸中溶解，蒸馏水定容后配制成3%的壳聚糖溶液。取3%的壳聚糖溶液和适量 1g/mL 蒲公英提取物互配，使复配液中壳聚糖终浓度为 1.5%，蒲公英提取物浓度分别为 0%、1.0%、1.5% 和 2.0%，超声波处理 15min，使其均匀分散备用。将新鲜青椒分为 5 组，其中 4 组分别在各复配液中浸渍涂膜 1min，在自然气流中晾干，表面形成一层均匀透亮的保护膜．另外一组用蒸馏水以同样方法处理作为对照。处理后置于人工气候箱中（25±2）℃贮存，期间进行相关理化指标进行的测定。

一、失重率

水分是果蔬中含量最高的成分，失水会引起果蔬代谢失调，细胞膨压下降造成结构改变，水解酶活性提高，水解过程加强，严重影响到果蔬的口感、脆度、颜色、风味和营养价值。因此，在青椒采后处理及贮藏、运输过程中应尽量控制水分散失。青椒随着贮藏时间的延长，失重率呈现出逐渐增大的趋势；在贮藏的前 6d，各组失重率差异不大。但在此之后，复配液涂膜处理对青椒失水表现出明显的抑制作用。而 4 组经涂膜处理的青椒之间失重率相差甚微。

二、叶绿素

青椒在贮藏前 6d，叶绿素含量较为稳定，此后各组青椒的叶绿素含量均有明显下降，但是，和对照组相比，4 组涂膜处理组叶绿素含量下降明显较缓，并且随蒲公英提取物的浓度增大，叶绿素含量下降速度进一步减缓，由此可见，壳聚糖涂膜处理对青椒叶绿素的降解有抑制作用，而蒲公英提取物对这种抑制作用有进一步的帮助。

三、可滴定酸

涂膜处理青椒在贮藏前期可滴定酸含量缓慢下降，12d 后又开始增加，在整个处理期间，与对照相比，壳聚糖和蒲公英提取物对青椒可滴定酸含量下降有明显的抑制作用（$P<0.05$）。而不同浓度蒲公英提取物对青椒可滴定酸含量的影响基本一致，无显著差异（$P>0.05$）。

四、维生素 C 含量

不同处理后的青椒在贮藏过程中维生素 C 含量随贮藏时间延长均呈下降趋

势。在贮藏前9d，维生素C含量相对稳定；贮藏9d之后，对照组维生素C含量迅速下降，而涂膜处理组维生素C含量下降相对较缓，其中3组含蒲公英提取物的复配液较单壳聚糖处理维生素C含量下降更缓慢，在3组含蒲公英提取物的复配液中，含1.5%和2.0%的蒲公英提取物的复配液处理组，维生素C含量下降最慢，效果最好，在21d时维生素C含量比对照组提高了42.3%。说明壳聚糖和蒲公英提取物复配后涂膜青椒，能够较好地抑制贮藏期间青椒的维生素C的损失，提高单壳聚糖涂膜处理对青椒维生素C的保护作用。

五、过氧化物酶

果蔬采摘后，过氧化物酶通过催化酚类、类黄酮等的氧化和聚合，导致组织褐化，过氧化物酶与果蔬产品及其制品的变色和变味关系密切，因此常常需要部分或者全部抑制过氧化物酶的活性。对照和各处理组青椒的过氧化物酶活性在贮藏期间总体呈现上升趋势；在贮藏21d时，各组过氧化物酶活性均达到较高的水平，其中单壳聚糖涂膜处理组青椒中过氧化物酶活性较对照组略有下降，但是无显著性差异（$P>0.05$），而3组含蒲公英提取物的复配液涂膜处理组青椒中过氧化物酶活性较对照组均明显下降（$P<0.05$），其中，含1.5%和2.0%的蒲公英提取物的复配液处理组过氧化物酶活性均下降最明显（$P<0.05$），但是两者之间差别不大。

六、超氧化物歧化酶

对照和各处理组青椒的超氧化物歧化酶活性在贮藏期间总体呈现下降趋势；其中，对照组和单壳聚糖涂膜处理组下降速度较快，而且之间没有显著性差异。但是，贮藏9d开始，含蒲公英提取物的三组复配液处理组超氧化物歧化酶的活性下降较缓，对超氧化物歧化酶的活性下降有明显的抑制作用，在贮藏21d后，壳聚糖和蒲公英提取物涂膜处理的青椒超氧化物歧化酶活力比对照组高出24.8%。

因此，在25℃左右室温条件下，壳聚糖与蒲公英提取物复合涂膜处理可以较好地延长青椒采后的贮藏时间。壳聚糖的成膜性使青椒中失水速率显著下降，从而使叶绿素、可滴定酸和维生素C的含量降低得到有效控制，保持了青椒营养成分，使青椒的保鲜期得到明显延长。蒲公英提取物虽然无法形成薄膜，但是其所含的抗氧化成分和抑菌成分可以进一步提高壳聚糖涂膜的保鲜效果，相关研究中，1.5%的蒲公英提取物组和2.0%的蒲公英提取物组均能显著减少青椒中可滴定酸含量及维生素C含量的下降，降低过氧化物酶活性，增强超氧化物歧化酶活性，从而显著提高单壳聚糖涂膜处理对青椒的保鲜效果。

第三节　壳聚糖与马铃薯淀粉涂膜对青椒贮藏保鲜的影响

采收新鲜青椒后用0.01%次氯酸钠溶液浸泡5min进行消毒，除去表面的泥土和微生物。将青椒分成5组，分别为：等量蒸馏水空白对照组，1%壳聚糖+1%马铃薯淀粉，1%壳聚糖+2%马铃薯淀粉，2%壳聚糖+1%马铃薯淀粉，2%壳聚糖+2%马铃薯淀粉。将5组青椒分别于膜液中浸泡20min。其中，溶液壳聚糖制备为一定量的壳聚糖溶于1%的醋酸溶液，完全溶解；溶液马铃薯淀粉为一定量的马铃薯淀粉在80℃水中完全溶解。待所有处理后的青椒自然风干后，将样品放入7℃，相对湿度85%~90%的冰箱内贮藏。贮藏期间取样观察并测定其品质指标。

一、失重率

在整个贮藏过程中，试验组的青椒失重率均小于对照组，其中1%壳聚糖+1%马铃薯淀粉和2%壳聚糖+2%马铃薯淀粉组在贮藏初期失重率与对照组无显著差异，但贮藏18d开始，两组显著优于对照组，在贮藏第30天，失重率均为对照组的76%。另外，在贮藏前期，1%壳聚糖+2%马铃薯淀粉组失重率优于2%壳聚糖+1%马铃薯淀粉组，但在贮藏30d时，两组失重率差异较小，分别为对照组的65%和58%。所以，由壳聚糖与马铃薯淀粉复合膜在青椒外部制造的微气调环境，可以有效地减缓其呼吸、蒸腾速率，抑制青椒失水，其中1%壳聚糖+2%马铃薯淀粉和2%壳聚糖+1%马铃薯淀粉组效果更好。在涂膜保鲜时，并非膜液浓度越大效果越好。如壳聚糖，其浓度越大时，形成的保鲜膜越厚，但其透湿系数也变大，此时因水蒸气更容易通过而使质量损失增加，但同样含有2%壳聚糖的2%壳聚糖+1%马铃薯淀粉和2%壳聚糖+2%马铃薯淀粉组中，2%壳聚糖+1%马铃薯淀粉组失水率明显低于2%壳聚糖+2%马铃薯淀粉组，这可能是由于马铃薯淀粉的增稠效果使复合保鲜膜更致密而减少了水分的散失。

二、可溶性固形物含量

青椒在贮藏过程中，由于大分子营养物质的分解，对照组可溶性固形物含量持续上升。试验组 2%壳聚糖+2%马铃薯淀粉与对照组趋势相同，但上升速度以及含量均低于对照组。而 1%壳聚糖+1%马铃薯淀粉、1%壳聚糖+2%马铃薯淀粉以及 2%壳聚糖+1%马铃薯淀粉三组在贮藏第 18 天均有一个下降的趋势，在第 24 天又恢复上升，其中 1%壳聚糖+2%马铃薯淀粉组在贮藏第 24 天可溶性固形物含量仅为对照组的 73.9%，这是因为在复合保鲜膜的作用下，青椒的代谢速率减缓，呼吸强度降低，对能量的消耗减少。而此时对照组可溶性固形物含量依然在上升，说明此时并非是由于青椒成熟后大分子物质分解进行的可溶性固形物含量补充，而是由复合保鲜膜起到的调节作用。在各组试验中，1%壳聚糖+2%马铃薯淀粉试验组效果优于其他组。

三、维生素 C 含量

青椒果实自身带有能促使维生素 C 分解的抗坏血酸氧化酶。青椒在贮藏过程中维生素 C 含量整体呈下降趋势，其中也有个别数据由于个体差异与总趋势走向不同。这是由于采后不久的青椒仍有生理活性，依然会缓慢合成维生素 C，但是维生素 C 消耗的速度一般大于其合成的速度。除 1%壳聚糖+1%马铃薯淀粉组，其他各组在贮藏第 24 天时维生素 C 含量均高于对照组，其中 1%壳聚糖+2%马铃薯淀粉和 2%壳聚糖+1%马铃薯淀粉组分别为对照组的 1.1 倍和 1.3 倍。说明壳聚糖与马铃薯淀粉复合膜能有效保持青椒中抗氧化物质的含量，抑制青椒维生素 C 含量的下降，其中 2%壳聚糖+1%马铃薯淀粉试验组效果最好。

四、色差

以色差表示青椒颜色变化。色差值越大，颜色变化越大。在贮藏过程中，青椒色差呈现先上升后下降的趋势，其中对照组、2%壳聚糖+1%马铃薯淀粉以及 2%壳聚糖+2%马铃薯淀粉组峰值与最小值差异较大，1%壳聚糖+1%马铃薯淀粉组波动较大，而 1%壳聚糖+2%马铃薯淀粉组色差值较稳定。贮藏到 12d 时，青椒的色差值主要呈上升趋势，这是由于贮藏前期低温环境的影响，使青椒的颜色变深，因而色差值发生变化；而贮藏到 18d 开始，因复合保鲜膜的作用，有效地抑制了颜色改变的第二步——转红，使色差值总体趋势下降。该研究同时也对部分青椒进行长达 60d 的保存，观察其变化。在 60d 时，半数以上的青椒未出现转红现象，说明壳聚糖与马铃薯淀粉复合膜能起到有效的护色作用。

五、丙二醛

在贮藏过程中，所有试验组青椒丙二醛含量均呈先上升趋势，然后再缓慢积累和上升，这可能是由于随着贮藏时间增加，青椒受到的冷害更严重，该复合保鲜膜形成的微气调环境的保护效果也开始变弱。其中 2%壳聚糖+1%马铃薯淀粉和 2%壳聚糖+2%马铃薯淀粉组的丙二醛含量始终低于对照组，说明壳聚糖与马铃薯淀粉复合膜在短期贮藏中能减少贮藏过程中丙二醛的产生，其中效果最明显的为 2%壳聚糖+1%马铃薯淀粉组，但在贮藏后期该抑制效果减弱。

六、过氧化物酶

在贮藏过程中，1%壳聚糖+2%马铃薯淀粉和 2%壳聚糖+1%马铃薯淀粉组，过氧化物酶活性变化趋势完全相同，峰值出现在第 6 天，之后迅速下降并保持稳定；对照组和 2%壳聚糖+2%马铃薯淀粉组，过氧化物酶缓慢下降并在之后很长时间内保持稳定，其中 1%壳聚糖+1%马铃薯淀粉组在 12d 之后过氧化物酶活性明显减弱。

以糊化后的马铃薯淀粉作为增稠剂，结合近年来被广泛应用于果蔬保鲜中的壳聚糖涂膜材料，通过浸泡的方法在青椒表面形成复合膜，使青椒果实对氧气的吸入减慢，同时减缓二氧化碳的对外扩散，减少营养物质的损耗。虽然壳聚糖单一涂膜对果蔬保鲜也有较好的作用，但因其价格昂贵而很难大规模使用，因此对于其复合保鲜方法的研究很有必要。壳聚糖与马铃薯淀粉复合保鲜膜处理后置于 7℃下保存的青椒，由于色差值是由亮度、红绿度及蓝黄度 3 个值计算得出，且其数据受个体差异影响较大，因此在试验中对部分样品进行长期感官检测。发现在 30d 后个别青椒开始出现转红的状态，这可能是由于在前处理的过程中，部分样品未能很好地浸泡形成完整的复合包裹膜，以及样品原始的个体差异，使得个别样品转红较早。60d 后近半数青椒均开始转红，未转红的青椒果实色泽良好。相关研究表明，壳聚糖与马铃薯淀粉复合保鲜膜能有效抑制青椒失水，减缓大分子物质和维生素 C 分解，并起到一定的护色作用，在一定时间内抑制膜脂过氧化产物丙二醛含量上升，减弱低温对膜系统的伤害，保持过氧化物酶活性，说明壳聚糖与马铃薯淀粉涂膜对青椒能起到有效的保鲜作用，减缓青椒转红速率，延长青椒保存期限。综合各指标变化，2%壳聚糖+1%马铃薯淀粉复合膜保鲜效果最佳，其次为1%壳聚糖+2%马铃薯淀粉。

第四节　壳聚糖与明胶复配对青椒贮藏保鲜的影响

选择外观一致、果形完好、着色均匀、成熟度一致、无病虫害、无损伤且大小较均匀的青椒，进行壳聚糖和明胶复配涂液的配制：将1.0%的壳聚糖加入0.7%的冰醋酸水溶液中，同时，添加0.1%吐温-80；然后，在40℃条件下，采用磁力搅拌器进行搅拌3h至完全溶解。最后，将称取好的明胶加入已配制好的壳聚糖溶液中再进行搅拌至完全溶解，形成1%壳聚糖、1%壳聚糖+0.5%明胶和1%壳聚糖+1%明胶等不同质量分数的复配涂膜液。以去离子水作为空白对照。采用浸涂法，即将经过选取的青椒浸入已配制好的保鲜膜液中2min，随后将样品取出、晾干，放入（20±1）℃室温、相对湿度为65%左右的封闭泡沫箱内。

一、感官评价

不同保鲜配方涂膜的青椒贮藏12d后，各组青椒形态较为饱满，颜色较为鲜嫩，随着时间的延长，各处理的青椒开始陆续出现表皮皱缩、失水的状态。其中，1%壳聚糖+0.5%明胶处理组的青椒硬度和饱满感最佳，明显优于未处理组；1%壳聚糖处理组和1%壳聚糖+1%明胶处理组效果次之，对照处理组的青椒呈现水浸状态并有明显皱缩，外观和口感品质最差。这表明明胶与壳聚糖复配对青椒的贮藏保鲜具有一定的保水性，能减少水分的散失、营养成分的分解和水溶性果胶的增加，从而保持果蔬外观的硬度和饱满感。

二、失重率

随着贮藏时间的增加，各处理组青椒的失重率均呈现逐渐上升的趋势。贮藏12d后，与对照组的相比，其他处理组失重率的降低效果均达到显著水平（$P<0.05$），其中，1%壳聚糖+0.5%明胶处理组的青椒失重率最低，说明该处理组抑制水分散失的效果最佳。这可能是由于涂膜处理后，膜液干燥在果蔬表面

可形成一层薄膜，堵塞了皮孔以减少膜内外水分的交换，从而阻止水分蒸发，降低了失重率的变化。

三、抗坏血酸

抗坏血酸随着果蔬贮藏时间的延长而降低，影响到果蔬的风味与口感。青椒在贮藏保鲜后第 9 天，对照组抗坏血酸含量最低，仅有 89.71mg/100g；其他涂膜处理组青椒的抗坏血酸含量均高于对照组，都达到显著水平（$P<0.05$）。其中，1%壳聚糖+0.5%明胶处理组的抗坏血酸含量最高，达 173.55mg/100g。

四、丙二醛

青椒随着贮藏时间的延长，丙二醛含量总体是呈增长趋势。各处理组的青椒果实丙二醛含量均低于对照组，其中 1%壳聚糖+0.5%明胶处理组和 1%壳聚糖+1%明胶处理组的效果最佳，均达到显著水平（$P<0.05$）。该结果表明壳聚糖与不同含量明胶复配的涂膜能够抑制贮藏期间青椒组织中丙二醛含量的上升，减缓果实细胞的衰老。

可食性涂膜能够在果蔬表面形成一层防护膜，防止病菌的侵染，也能减少水分的挥发，减缓果蔬的呼吸作用，推迟果蔬的生理衰老，从而达到保鲜的效果。该研究发现明胶分子特定的线性结构利于明胶与壳聚糖结合成网络结构，可以在一定程度上弥补壳聚糖成膜方面的缺陷。该研究结果也表明，明胶与壳聚糖复配涂膜能够显著降低青椒的失重率，将壳聚糖与明胶进行复配涂膜能够很好地维持果实内抗坏血酸的含量，比壳聚糖单独涂膜的效果更佳。同时，涂膜处理能阻断果实表面内外气体的交换，通过阻止氧气进入果实而有效地抑制维生素 C 被氧化，起到维持甚至改善果实品质的效果。另外，丙二醛的积累是由于不饱和脂肪酸降解而引起的，它是膜过氧化作用的产物。壳聚糖涂膜能够抑制果实在后熟衰老过程中丙二醛的积累，该结果表明，与壳聚糖涂膜相比，明胶与壳聚糖复配对丙二醛含量的上升抑制效果更佳，能够有效减缓果实细胞的衰老，延长果实货架期。该研究表明，与其他处理组相比，1%壳聚糖+0.5%明胶复配处理后使得青椒在贮藏保鲜过程中感官指标维持最佳，并能更好地延缓水分散失，保持抗坏血酸含量，抑制丙二醛的积累，从而达到延长保鲜时间，维持果实品质的效果。

第十六章　复合涂膜在青椒贮藏保鲜中的应用

复合涂膜是指由 2 种或 3 种主要成膜物质，经一定优化配方处理而制成的。由于各种物质的性质不同，在功能上具有互补性，所以复合涂膜剂既保留了膜基质中各组成成分的优点，又克服了单一涂膜剂的不足，具有更广阔的应用前景。

复合保鲜膜在果实表面形成一层光滑的保护层，减少果实之间的机械损伤，避免果实表皮细胞破裂时营养物质流出，减少果实营养成分的破坏和损失，同时复合膜中的抑菌成分，可抵御外源微生物侵染，从而有效减少果实腐烂。复合涂膜剂按照原料的来源大致可分为生物复合涂膜剂和生物化学混合涂膜剂等。其中魔芋葡甘聚糖结合其他生物或化合物复合保鲜剂涂膜应用广泛。

魔芋是天南星科魔芋属单子叶植物纲多年生宿茎草本植物，是目前葡甘聚糖的主要来源之一。魔芋葡甘聚糖分子量高，有着独特的化学组成与特性，可作为增稠剂、胶凝剂、乳化剂、絮凝剂、稳定剂，具有优良的生物学活性和流变学性能，如亲水性、成膜性、增稠性、胶凝性、可逆性、黏结性、悬浮性、抗菌性等多种特性，不仅广泛应用于食品、医药行业，而且在环保、纺织、化工、石油钻探等涂膜业中也有着广泛的应用前景。魔芋葡甘聚糖作为一种可食性的天然保鲜剂用于果蔬涂膜贮藏，不仅有效抑制果蔬呼吸作用，降低营养成分消耗，还能抵御外界的有害微生物侵染，减缓褐变程度。将其用在青枣、番茄、黄瓜、草莓、青椒的保鲜贮藏中，能够有效地抑制果实的腐烂，较好地保持果实的品质，延长果蔬保鲜时间。有研究用鲜切苹果使用 1% 的抗坏血酸浸泡后，再进行魔芋葡甘聚糖涂膜处理，能有效抑制其呼吸作用，减少贮藏期内水分的损失，防止苹果褐变，具有良好的保鲜效果。

单一的魔芋葡甘聚糖膜存在着成膜时间较长、膜强度较低、抗菌能力不足以及吸湿度大等问题，为了改善这些不足，常与其他多糖、蛋白等共混并添加功能性添加剂、活性物质等制成共混复合膜。有研究以魔芋葡甘聚糖为基材，添加增塑剂、补强剂、脂质、乳化剂和天然防腐剂作为辅料，在 30~40℃ 条件下烘干 1h 制成可食性复合抑菌膜，其强度和阻湿阻气性良好。用于食用菌和柑橘类保鲜，效果明显优于对照。壳聚糖与葡甘聚糖在共混膜中存在强烈的相互作用及良好的相容性，有报道，壳聚糖和葡甘聚糖的体积比为 7：3，甘油添加量为 15% 时，共混膜的各项性能达到最优。研究以魔芋精粉、虫胶、乳球菌肽等制成复合涂膜液保鲜番茄、黄瓜，结果表明，0.5% 浓度对番茄保鲜效果好，0.3% 浓度对黄瓜保鲜效果好。采用分子动态模拟方法研究魔芋葡甘聚糖和大豆分离蛋白之间的相互作用，发现魔芋葡甘聚糖与大豆分离蛋白复合膜的稳定性比两者的单一膜大为改善。另外，魔芋葡甘聚糖还可与卡拉胶、黄原胶、结冷胶、明胶、羧甲基纤维素、淀粉、中草药提取物等许多物质共混，大大拓宽了魔芋葡甘聚糖的应用范围。关于魔芋葡甘聚糖及其复配涂膜在青椒贮藏保鲜中的应用也有报道。

第一节　魔芋葡甘聚糖等 6 种成分复配对青椒保鲜的影响

采收成熟度适中青椒，用 0.01% 的次氯酸钠溶液清洗。从中挑选大小均匀、无病虫害和机械伤的果实，预冷后分成：8.0g/L 魔芋葡甘聚糖+0.35% 甘油+1.0g/L 曲酸+0.2g/L EDTA+0.25g/L 抗坏血酸复配最佳组合涂膜液中浸泡 1m 优配方涂膜后取出晾干组；8.0g/L 魔芋葡甘聚糖+0.2% 甘油+1.0g/L 曲酸+0.2g/L EDTA+0.1g/L 抗坏血酸复配涂膜液中浸泡 1min 优配方涂膜后取出晾干组；不涂膜低温处理组。所处理组青椒进行聚乙烯薄膜袋包装，装入泡沫箱内，置于 (9±1)℃、相对湿度 85%~90% 的冰箱内贮藏。不涂膜常温处理对照组青椒直接装入聚乙烯薄膜包装袋中，置于室温下泡沫箱内。所有贮藏青椒在贮藏期间取样观察并测定其品质指标。

一、呼吸速率

呼吸活动消耗果蔬营养成分，加快果蔬成熟衰老，对贮藏效果有重要影响。青椒采后的呼吸活动并无一致规律，有些属于呼吸跃变型，有些外源乙烯处理也不能诱导果实出现呼吸高峰。呼吸速率是影响果蔬采后生理的重要指标，速率大小直接影响果实保鲜效果。青椒采收时呼吸速率 23.39mgCO$_2$/(kg·h)，贮藏初期迅速降低，在 6d 时出现呼吸低谷，之后各组青椒呼吸速率逐渐升高，出现峰值后再次下降，表现出呼吸跃变型特征。常温对照 12d 便出现高峰，峰值高达 28.22mgCO$_2$/(kg·h)，低温处理高峰出现在 24d，峰值为 22.31mgCO$_2$/(kg·h)，两个涂膜处理均在 30d 时才出现峰值，最佳组合涂膜和复合涂膜分别为 21.23mgCO$_2$/(kg·h) 和 25.41mgCO$_2$/(kg·h)。对照组出现呼吸高峰时间最早，峰值最高，是优配方涂膜处理的 1.95 倍，说明低温能有效推迟果实呼吸高峰出现并降低呼吸强度。涂膜处理呼吸峰出现时间比不涂膜低温处理组延后 6d，且优配方涂膜处理的峰值比复配涂膜低 22.4%，说明涂膜处理可推迟青椒呼吸高峰出现，而且优配方涂膜抑制呼吸速率的作用好于复配涂膜。

二、营养成分

随着贮藏时间延长，青椒水分蒸发，叶绿素、维生素 C 含量和可溶性蛋白质等营养成分逐渐流失，不同处理青椒果实营养成分变化趋势大致相同，常温下变化速度最快。青椒果实的失重率随着贮藏期延长而上升，优配方涂膜处理和复配涂膜上升缓慢，失重较少，优配方涂膜略低于复合涂膜。不涂膜低温处理组在前 24d 上升平缓，后 12d 变化加快，贮藏期末失重 14.6%，分别为优配方涂膜和复配涂膜的 2.55 倍和 2.34 倍。对照组上升迅速，6d 时的失重率已为优配方涂膜末期的 1.93 倍，12d 时比不涂膜低温处理组末期高 76%，18d 失重率高达 53.4%，果实已完全萎蔫，与涂膜相比，温度对失重率的影响作用要大得多。36d 时，优配方涂膜和不涂膜低温处理组两组果实的失重率差异显著（$P<0.05$），表明低温下优配方涂膜处理对减小青椒果实失重率有一定作用。

叶绿素含量决定青椒表皮颜色，反映贮藏期果实品质变化，是衡量绿色果蔬贮藏品质的重要指标。刚采收的青椒叶绿素含量为 0.141mg/g，贮藏过程中，优配方涂膜叶绿素逐渐减少，基本呈线性降低，涂膜明显抑制其降低速率。常温下叶绿素损失很快，6d 时含量仅为初样的 58%，18d 后青椒已普遍转红。贮藏中，处理优配方涂膜叶绿素含量始终高于其余处理，减少速度最慢；复配涂膜在前期减少较快，6d 时叶绿素含量低于不涂膜低温处理组，但之后下降速度放缓，叶绿素含量高于不涂膜低温处理组。贮藏截止时，处理优配方涂膜叶绿素比复配涂膜高 22.8%，差异显著比不涂膜低温处理组高 30.4%（$P<0.05$），差异极显著（$P<0.01$），但复配涂膜与不涂膜低温处理组之间差异不显著。试验表明，温度对叶绿素影响很大，高温促使叶绿素含量迅速减少，叶黄素含量增加，涂膜处理能够有效减缓青椒叶绿素含量下降，抑制果实转红，优配方涂

膜比复配涂膜效果更好。

青椒贮藏过程中维生素 C 呈不断下降趋势，对照组下降最快，优配方涂膜处理组最缓，前半期复配涂膜处理下降速率显著高于不涂膜低温处理组，后半期两组处理下降速率几乎相同。各处理组在前 18d 时维生素 C 下降较快，随后下降速度放缓。贮藏中期，优配方涂膜处理组维生素 C 含量分别是复配涂膜处理组、不涂膜低温处理组和对照组的 1.45 倍、1.53 倍和 4.87 倍。可以看出，低温下青椒维生素 C 含量高于常温，涂膜处理高于不涂膜处理，优配方涂膜处理高于复配涂膜处理。优配方涂膜处理贮藏 24d 青椒的维生素 C 含量比不涂膜低温处理组 18d 还高 7.3%，贮藏结束时，优配方涂膜处理组青椒维生素 C 含量为 25mg/100g，复配涂膜为 11.6mg/100g，不涂膜低温处理组为 10.4mg/100g，优配方涂膜是不涂膜低温处理组的 2.4 倍，差异极显著（$P<0.01$），表明优配方涂膜对减缓青椒维生素 C 降低效果显著。青椒鲜样维生素 C 含量高达 121.6mg/100g，贮藏结束时，效果最好的处理优配方涂膜维生素 C 也只有 25mg/100g，维生素 C 保存率仅有 20.6%，说明青椒在贮藏过程中损失严重。

果实可溶性蛋白含量是一个重要的生理生化指标，也是果实品质和营养的重要评价指标之一。随着贮藏时间延长，青椒果实可溶性蛋白含量一致呈下降趋势，但变化速度有快有慢。刚采收时果实含可溶性蛋白 0.63mg/g，对照组迅速下降，至 6d 时含量为初样的 69.8%，18d 时仅为 55.6%，损失近 1/2；优配方涂膜处理在贮藏前期蛋白损失较少，18d 时仅损失 14.2%，远远低于复配涂膜和不涂膜低温处理组的 31.4% 和 32.6%，但贮藏后期下降速率加快，30d 时含量低于复配涂膜，贮藏结束时甚至低于不涂膜低温处理；复配涂膜处理在贮藏前 18d 下降速率高于不涂膜低温处理组，但之后速率明显放慢，比优配方涂膜和复配涂膜都低，在最后 6d 内，其可溶性蛋白含量高于其他两组；不涂膜低温处理组在贮藏期间可溶性蛋白含量表现出线性降低趋势。果实在贮藏后期蛋白含量变化加快，可能与果实衰老加速，部分腐烂引起伤呼吸加剧，消耗底物增大有关。贮藏结束前 6d，复配涂膜和不涂膜低温处理组蛋白含量几乎没有变化，优配方涂膜也变化很小，说明果实组织损伤严重，生理活动趋于停滞。结果表明，涂膜对青椒可溶性蛋白含量减少是有抑制作用的，但这种作用随着贮藏时间的延长逐渐变小，虽然最终复配涂膜蛋白含量高于优配方涂膜，但总体看，优配方涂膜的效果仍然优于复配涂膜。

三、衰老

青椒果实在贮藏过程中膜透性增加，硬度下降，脂氧合酶活性增强，丙二醛含量升高，逐渐走向衰老腐烂。硬度是果实品质的重要性状之一。在贮藏过程中，青椒硬度逐渐下降，但对照组却始终升高。贮藏起初，青椒硬度为 $2.87kg/cm^2$，优配方涂膜处理组青椒硬度始终高于复配涂膜和不涂膜低温处理组，且下降最慢，变化最小。前 18d 内，复配涂膜处理降速快于不涂膜低温处理组，18d 时两组硬度几乎相等，但之后不涂膜低温处理组降速明显快于复配涂膜。36d 时，优配方涂膜、复配涂膜及不涂膜低温处理组青椒硬度分别为 $1.87kg/cm^2$、$1.79kg/cm^2$ 和 $1.62kg/cm^2$，差异不显著。但对照组硬度却反常一直上升，这主要是因为青椒果实常温下大量失水，严重萎蔫所致，虽然其表观硬度值较高，但其品质却已大幅下降。可见，温度是影响果实硬度的重要条件，若果实过分失水萎蔫，硬度指标就失去评价意义，而涂膜结合低温处理可减慢硬度下降，更有利于青椒果实在贮藏期保持脆嫩新鲜的品质。

果蔬外渗电解质的变化反映出果蔬本身的抗逆性大小和细胞质膜被伤害的程度。电导率增加越多，细胞膜透性就越大，说明质膜被伤害得越重，细胞膜完整性遭到破坏程度越厉害。青椒果实贮藏过程中相对电导率变化基本呈上升趋势，对照组电导率上升最快，其次是不涂膜低温处理组和复配涂膜组，优配方涂膜处理上升最慢。不涂膜低温处理组在前 30d 一直呈线性增长，优配方涂膜和复配涂膜在 24d 有一个突变，这说明涂膜处理 24d 时，质膜受到最大破坏，相对电导率升高很快。三组处理在最后 6d 相对电导率都陡然上升，这说明细胞膜完整性在贮藏末期已遭到严重破坏，组织即将走向崩溃。涂膜处理可以降低电导率，使细胞膜受到保护，36d 时优配方涂膜处理的电导率比不涂膜低温处理组低 12.4%，复配涂膜处理也比不涂膜低温处理组低 4.4%。

脂氧合酶可启动果实膜脂过氧化进程，与果实衰老关系密切。植物细胞膜中的磷脂等脂类物质在脂酶作用下，水解释放出游离脂肪酸，经脂氧合酶催化产生脂质氢过氧化物和自由基，氢过氧化物又可在丙二烯氧合酶催化下最终生成茉莉酸，生产的自由基和脂质氢过氧化物，可直接使蛋白质和 DNA 变性失活，导致细胞膜功能丧失，加速组织衰老。随着果实后熟进程呈上升—下降—上升—下降的变化趋势，在贮藏 6d 和 30d 分别出现两次峰值。优配方涂膜处理和复配涂膜处理第一次峰值低于第二次，不涂膜低温处理组的两次峰值相当，第一次高峰可能是由于应激产生，第二次高峰则明显与果实衰老相关，这时不涂膜低温处理组的峰值最高，为 112.24U/（g·min）FW，优配方涂膜处理组最低，为 92.17U/（g·min）FW，复配涂膜位于两组之间，贮藏后半期一直维持这种高低顺序。低温下脂氧合酶活性明显被抑制，涂膜后抑制效果更佳，这说明低温结合涂膜处理对于降低青椒脂氧合酶活性，减缓果实膜脂过氧化有一定作用。

丙二醛含量既是果蔬衰老标志，也是逆境生理指标。它能与细胞内各种成分发生强烈反应，使膜电阻及流动性降低，破坏膜的结构完整性，并损伤酶类，从而加速果实成熟软化。青椒丙二醛含量变化总趋势是逐渐上升的。3 组处理均能抑制丙二醛含量上升，贮藏前半期，复配涂膜处理含量最低，后半期优配方涂膜处理含量最低。除复配涂膜外，其余 3 组都在第 6 天就发生急剧上升，对照组丙二醛含量为 0.68nmol/g，是初始值 3.2 倍，优配方涂膜、不涂膜低温处理组 0.52nmol/g，为初始值的 2.5 倍，6d 之后变化较之前平缓。贮藏末期，优配方涂膜和复配涂膜分别比不涂膜低温处理组低 35.2% 和 27.1%，这说明涂膜能抑制丙二醛的生成和积累。

综合考察果实萎蔫、褐变和腐烂情况得到的腐烂指数，是衡量果蔬贮藏衰老最直观的评价指标。果实一旦开始腐烂，就会很快变软，完全失去商品价值。腐烂指数随贮藏时间延长不断增加，3 组处理增加速度都低于对照组，表明温度是影响腐烂指数的重要条件。常温下第 6 天果实腐烂指数为 27%，大大高于其余处理；18d 时高达 49%，比不涂膜低温处理组 36d 时还高。两个涂膜处理组都低于低温处理，优配方涂膜在前 18d 上升缓慢，第 18 天腐烂指数才 5%，仅为不涂膜低温处理组的 18.75%，复配涂膜的 40%，但随后变化加快，36d 时腐烂指数为 32%；复配涂膜呈快—慢—快的变化趋势，第 6 天上升较多，指数为优配方涂膜的 4 倍，第 6~24 天上升平缓，最后 12d 上升速度又变快，36d 时达 45%，是优配方涂膜的 1.42 倍。这说明涂膜可减少果实腐烂，提高果实商品率，优配方膜效果好于复配涂膜，两者差异显著（$P<0.05$）。

四、活性氧

在贮藏过程中，青椒活性氧代谢加快，超氧化物歧化酶和过氧化氢酶活性有所升高以提高果实抗逆性，抑制活性氧、过氧化氢等有害代谢产物的积累。不同处理贮藏青椒中，超氧化物歧化酶的活性呈上升之后又下降的趋势。优配方涂膜处理青椒超氧化物歧化酶活性最高，较高水平的超氧化物歧化酶活性可抑制 1-氨基环丙烷羧酸向乙烯的转化，从而增强果实自身免疫性，延缓衰老。对照组第 12 天就出现峰值，上升速度明显高于其余处理。贮藏 24d 时，不涂膜低温处理组超氧化物歧化酶活性达到峰值 121.0U/（g·min）FW，比涂膜处理峰值提前 6d 到来。优配方涂膜和复配涂膜同时在 30d 出现峰值，优配方涂膜的峰值达 153.0U/（g·min）FW，比复配涂膜高 14U/（g·min）FW，3 组处理的超氧化物歧化酶峰值、呼吸高峰出现时间相同，说明随着果实衰老加剧，植物组织自身开始调节酶的活性，清除自由基，以延缓衰老。整个贮藏期间，优配方涂膜处理超氧化物歧化酶活性高于处理复配涂膜，但差异不大（$P>0.05$）。研究表明，在低温下果实自身通过对酶的调控来抑制有害代谢产物的积累，延缓衰老。过氧化氢酶可用来鉴别植物抗性，是植物体内的一种重要的酶类自由基清除剂，它以过氧化氢为氢供体和底物，过氧化氢作为一种中间产物参与蛋氨酸生成乙烯的过程，可能引起乙烯释放量的增加。不涂膜低温处理组和对照组的过氧化氢酶活性分别在第 12 天达到峰值，然后快速下降，18d 之后不涂膜低温处理组活性变化缓慢。而优配方涂膜、复配涂膜处理组在贮藏 18d 达到峰值，过氧化氢酶活性达到 73.3U/（g·min）FW，分别是复配涂膜、不涂膜低温处理组峰值的 1.4 倍和 1.2 倍。随着贮藏时间的延长，过氧化氢逐渐增多，当积累到一定程度时就会诱导果实启动过氧化氢酶活性代谢，这说明涂膜处理后，果实的过氧化伤害比不涂膜处理更轻，优配方涂膜处理由于能保持较高的过氧化氢酶活性，所以抗逆性也优于复配涂膜组。

五、褐变

青椒贮藏中容易发生褐变，随着贮藏时间延长，果实有转红的趋势。青椒果实启动多酚氧化酶，过氧化物酶等酶的活性调控果实抗性，延缓果实褐变。果蔬的外观品质对其商品价值有着直接的影响，果皮颜色是重要的外观品质指标。根据亨特色度系统的表示方法，a 表示红绿值，负值表示绿色，正值表示红色，负得越多，颜色越绿。各处理组在贮藏中 a 值都呈逐渐增大的趋势，说明叶绿素发生降解，青椒的绿色逐渐褪去。青椒刚采收时 a 值为 11.26，表皮呈鲜亮的绿色，对照组第 18 天已变红，a 值高达 5.52。常温下 a 值迅速升高，与低温处理的差异随着时间延长也越来越大，相比之下，低温贮藏的优配方涂膜、复配涂膜、不涂膜低温处理组之间差异就比较小，说明温度对 a 值的影响比涂膜要显著得多，但优配方涂膜、复配涂膜处理组的 a 值仍然低于不涂膜低温处理组，表明涂膜对于抑制青椒叶绿素分解，减缓颜色变化有一定效果。优配方涂膜与不涂膜低温处理组差异显著（$P<0.05$），复配涂膜和优配方涂膜之间差异不显著（$P>0.05$）。

多酚氧化酶与果实褐变相关，通过催化酚类物质形成醌及其聚合物，使果实褐变。多酚氧化酶作为一种防护酶，也在植物的抗病机制中发挥重要的作用。青椒果实多酚氧化酶活性表现为先升高—降低，再升高—降低的双峰值变化趋势，分别在 6d 和 18d 出现活性高峰。刚采收的青椒是完整的有机体，酚-醌之间保持动态平衡，多酚氧化酶活性很低，仅为 0.23U/（g·min）FW。酶促褐变是需氧过程，贮藏初期，组织氧气充足，出现了活性小高峰，但随后活性有所下降。随着时间延长，果实细胞膜逐渐受到破坏，氧气大量进入，活性上升，各组在 30d 再次出现活性高峰，且峰值均高于前次，不涂膜低温处理组达到 8.83U/（g·min）FW，是前次的 2.0 倍，优配方涂膜和复配涂膜也分别是前次的 2.5 倍和 1.9 倍，说明要控制果实的酶促褐变就要尽可能保持细胞膜的完整性。不涂膜低温处理组与优配方涂膜和复配涂膜差异显著（$P<0.05$），涂膜处理有效地抑制了多酚氧化酶活性上升，减轻青椒褐变程度，但优配方涂膜、复配涂膜之间差别不大（$P>0.05$）。当然，随着果实的成熟衰老，多酚氧化酶活性增强也使果实的抗病性提高。

过氧化物酶在过氧化氢存在下催化某些酚类氧化，可与多酚氧化酶协同作用，加剧果实褐变。同时，过氧化物酶有清除植物体内自由基的作用，也是果蔬成熟和衰老的标志。除对照组外，其余各组青椒果实过氧化物酶的活性在贮藏初期有小幅下降，贮藏 18d 测量值出现了高峰，此后增幅不明显。对照组活性显著高于试验组，贮藏 12d 达到 3.52U/（g·min）FW，说明果实膜脂过氧化严重，细胞进入衰老死亡阶段。不涂膜低温处理组的峰值为 1.72U/（g·min）FW，是优配方涂膜的 2.1 倍，复配涂膜的 1.5 倍，处理优配方涂膜被自由基伤害程度最轻。优配方涂膜和复配涂膜的过氧化物酶活性表现没有太大差别（$P>0.05$）。

第二节　魔芋葡甘聚糖与明胶和单甘油复配 对青椒保鲜的影响

选择成熟度一致、大小均匀、果柄和萼片完好、无机械损伤和病虫害、处于绿熟期的果实，用0.1%次氯酸钠溶液清洗后，捞出沥干水后；称取魔芋葡甘聚糖，用蒸馏水分别制成3g/L、6g/L和9g/L的涂膜液，然后在涂膜液中加入1g/L的单甘脂和1g/L的明胶。将配制好的魔芋葡甘聚糖溶液充分搅拌、溶解、混匀成黏稠状的液体，均匀涂抹青椒后自然晾干；以不做任何处理的青椒为对照组1；仅用0.1%次氯酸钠溶液清洗青椒为对照组2。以上不同处理青椒置于塑料筐内，在（20±3）℃室温条件下贮藏，期间测定相关指标。

一、外观品质

1. 失重率

贮藏期间，各处理青椒的失重率呈现增大的趋势，尤其以两个对照的上升幅度最大，处理组要明显小于对照组。贮藏前期，处理组和对照组差异不大；贮藏至6d时，处理组的失重率极显著小于对照组1和对照组2（$P<0.01$）；至10d时，对照组1和对照组2果实的失重率分别达到了23.99%和25.57%，基本都失去商品价值，且均与处理组呈极显著差异（$P<0.01$）。处理前期，3g/L、6g/L和9g/L魔芋葡甘聚糖复合涂膜液间无显著差异，处理后期，6g/L魔芋葡甘聚糖复合涂膜液效果显著好于3g/L和9g/L魔芋葡甘聚糖复合涂膜液。总体上，魔芋葡甘聚糖涂膜青椒能较好地保持果实表面水分，降低质量损失，防止果实萎蔫，维持新鲜度，从而延长其货架期，其中以6g/L的魔芋葡甘聚糖涂膜保鲜效果最好。

2. 腐烂率及商品

在整个贮藏期内，所有处理组和对照组青椒没有出现腐烂现象，原因可能是贮藏期间不具备腐烂所需的内外条件，而且贮藏期较短。在贮藏青椒商品性方面。魔芋葡甘聚糖涂膜处理组果实的商品率下降速度小于对照组。贮藏前期，处理组和对照组无明显差异；贮藏至8d，3g/L、6g/L和9g/L魔芋葡甘聚糖复合涂膜液的商品率分别为85%、88%和83%，显著大于对照组的70%和65%（$P<0.05$）；至14d，处理组的商品率分别为50%、62%和55%，对照组的分别为30%和15%，两组呈极显著差异（$P<0.01$）。结果显示，魔芋葡甘聚糖处理可较好地保持青椒的商品率，维持果实品质。

3. 果皮亮度、色泽和色饱和度

贮藏期间青椒果实的果皮亮度总体减小，3g/L、6g/L和9g/L魔芋葡甘聚糖复合涂膜液果实的果皮亮度一直大于对照组 1 和对照组 2 的果皮亮度。贮藏前期，处理和对照差异不显著；贮藏至 10d 后，3g/L 和 6g/L 魔芋葡甘聚糖复合涂膜液与对照组之间有显著性差异（$P<0.05$）；贮藏至 14d，处理组与对照组的差异达到极显著水平（$P<0.01$），而且 6g/L 魔芋葡甘聚糖复合涂膜液处理的青椒果皮亮度显著大于 9g/L 魔芋葡甘聚糖复合涂膜液的处理。说明魔芋葡甘聚糖涂膜处理青椒果实可以有效地减缓果皮亮度的下降，保持较好的外观品质，延长货架期，其中 6g/L 的效果最好。

与对照相比，魔芋葡甘聚糖涂膜处理青椒的褪绿程度较小。贮藏前期，涂膜处理组和对照组之间没有显著差异；贮藏 10d 后，涂膜处理组的绿色程度大于对照组 2，差异达显著性水平（$P<0.05$），而且 6g/L 魔芋葡甘聚糖复合涂膜液的绿色程度也显著大于对照组 1（$P<0.05$），3g/L 和 6g/L 魔芋葡甘聚糖复合涂膜液之间无显著性差异。该研究结果显示，魔芋葡甘聚糖涂膜处理青椒果实可以较好地保持果实色泽。

魔芋葡甘聚糖涂膜处理的果实相比对照组的果实色饱和度下降速度比较缓慢。贮藏前期，处理组和对照组之间无显著差异；贮藏至 8d 时，3g/L、6g/L 和 9g/L 魔芋葡甘聚糖复合涂膜液的色饱和度分别为 19.4、19.6 和 19.3，对照组 1 和对照组 2 的色饱和度分别为 18.8 和 18.2，处理组显著大于对照组（$P<0.05$）；到 14d，6g/L 魔芋葡甘聚糖复合涂膜液与对照组 1 的色饱和度差异达到极显著水平（$P<0.01$）。整个贮藏期间，6g/L 魔芋葡甘聚糖复合涂膜液的处理效果最好。

二、营养品质

1. 维生素 C 含量

维生素 C 又称抗坏血酸，是青椒果实主要的特色营养成分，在体内主要以还原态形式存在，其含量高低对果蔬的营养品质、风味、抗病及抗衰老影响较大。贮藏期间，青椒果实的维生素 C 含量总体上逐渐降低，但处理组的下降幅度一直小于对照组。贮藏初期，处理组对维生素 C 的保留作用没有显现；至 8d，3g/L、6g/L 和 9g/L 魔芋葡甘聚糖复合涂膜液的维生素 C 含量分别为 65.4mg/100g、69.8mg/100g 和 66.9mg/100g，对照组 1 和对照组 2 的维生素 C 含量分别为 62.3mg/100g 和 60.8mg/100g，处理组和对照组之间的差异达显著水平（$P<0.05$）；随后，对照组维生素 C 含量下降较快，到 14d 时，6g/L 和 9g/L 魔芋葡

甘聚糖复合涂膜液的维生素 C 含量与对照组差异显著（$P<0.05$），6g/L 与 3g/L 魔芋葡甘聚糖复合涂膜液之间也呈显著差异（$P<0.05$）。整个贮藏期间，对照组 1 和对照组 2 之间无显著差异。研究表明魔芋葡甘聚糖涂膜处理可以有效地减缓青椒果实维生素 C 的损失，保持青椒果实的营养品质，而且贮藏期越长，效果越明显，其中 6g/L 魔芋葡甘聚糖复合涂膜效果最好。

2. 可溶性蛋白

可溶性蛋白含量可评价果蔬产品品质，它是果蔬产品中酶的重要组分，参与果蔬产品许多代谢的调控。青椒贮藏期间，其可溶性蛋白含量随贮藏时间整体呈下降趋势，魔芋葡甘聚糖复合涂膜对蛋白质含量的降解有显著的缓解作用。贮藏前期，处理组和对照组的可溶性蛋白含量接近，无显著差异；第 8 天，6g/L 和 9g/L 魔芋葡甘聚糖复合涂膜液的可溶性蛋白含量为 4.0mg/g，高于对照组 1 和对照组 2 的蛋白质含量 3.4mg/g 和 3.3mg/g，差异显著（$P<0.05$）；随后，对照组 1 和对照组 2 的可溶性蛋白含量损耗较快，至 14d，3g/L、6g/L 和 9g/L 魔芋葡甘聚糖复合涂膜液和对照组 1、对照组 2 的可溶性蛋白含量均呈显著差异（$P<0.05$）。整个贮藏期间，对照组 1 和对照组 2 之间无显著差异。说明魔芋葡甘聚糖涂膜对青椒果实蛋白质含量的减少有一定的抑制作用，可以保持青椒果实的营养品质，而且随着贮藏期的延长，效果越明显，其中 6g/L 魔芋葡甘聚糖复合涂膜效果最佳。

3. 可溶性固形物

果蔬中可溶性固形物含量，能直接反映果蔬的成熟程度和品质状况，可用来判断果蔬的适时采收和耐贮性，也是青椒果实的重要品质指标。青椒在贮藏期间，可溶性固形物变化趋势为先增大后减小。至 10d 时，各处理可溶性固形物含量出现积累峰，对照组 1 和对照组 2 的可溶性固形物含量分别为 6.1% 和 6.2%，3g/L、6g/L 和 9g/L 魔芋葡甘聚糖复合涂膜液的可溶性固形物含量分别为 6.4%、6.3% 和 6.2%，处理组和对照组之间无显著差异。总体上，处理组的可溶性固形物含量稍大于对照组 1 和对照组 2，但没有显著性差异（$P>0.05$）。

4. 可滴定酸

果蔬中可滴定酸的含量可影响果蔬的口味、风味和贮藏性等。青椒果实在贮藏期间，可滴定酸含量的变化趋势为逐渐减小，到 14d，对照组 1 和对照组 2 的可滴定酸含量分别为 0.063% 和 0.062%，3g/L、6g/L 和 9g/L 魔芋葡甘聚糖复合涂膜液的可滴定酸含量分别为 0.066%、0.067% 和 0.065%，处理组和对照组之间无显著差异。整个贮藏期青椒果实的可滴定酸含量变化不大，处理组一直稍大于对照组，但处理组和对照组之间无显著差异（$P>0.05$）。

三、呼吸速率和叶绿素

1. 呼吸速率

贮藏期间青椒果实的呼吸速率整体呈下降趋势。贮藏 4d 后，3g/L、6g/L 和 9g/L 魔芋葡甘聚糖复合涂膜液处理的青椒呼吸速率分别为 18.09mgCO$_2$/（kg·h）、17.85mgCO$_2$/（kg·h）和 15.93mgCO$_2$/（kg·h），显著小于对照组 1 的 21.15mgCO$_2$/（kg·h）和对照组 2 的 20.59mgCO$_2$/（kg·h）（$P<0.05$）；第 8 天到贮藏末期，对照组 1 和对照组 2 两者的呼吸速率没有显著差异，但 3g/L、6g/L 和 9g/L 魔芋葡甘聚糖复合涂膜液与对照组 1 及对照组 2 的呼吸速率呈显著性差异（$P<0.05$）。说明魔芋葡甘聚糖涂膜抑制青椒果实呼吸作用的效果明显，其中 6g/L 魔芋葡甘聚糖复合涂膜液的抑制效果最好，最有利于青椒果实保鲜。

2. 叶绿素含量

绿色蔬菜采摘后，叶绿素含量会逐渐降低，出现萎蔫发黄，新鲜度明显下降，影响到感官品质和商品价值。青椒随着贮藏时间增长，处理和对照的叶绿素含量整体呈下降趋势。贮藏前 6d，处理组和对照组之间无显著差异；贮藏 8d 后，只有 6g/L 魔芋葡甘聚糖复合涂膜液的叶绿素含量与对照组之间差异达显著水平（$P<0.05$），其他处理之间没有显著差异；贮藏至 12d，6g/L 和 9g/L 魔芋葡甘聚糖复合涂膜液的叶绿素含量显著高于对照组 2（$P<0.05$）。整个贮藏期间，对照组 1 和对照组 2 之间的叶绿素含量接近，没有显著差异。总体上，魔芋葡甘聚糖涂膜处理对青椒果实具有一定的护绿效果，且主要在贮藏中后期表现明显。经比较，6g/L 和 9g/L 魔芋葡甘聚糖复合涂膜液能更好地抑制叶绿素的降解。

四、抗氧化生理

1. 丙二醛含量

青椒整个贮藏期间，处理和对照组青椒果实的丙二醛含量呈上升趋势，且 6g/L 魔芋葡甘聚糖涂膜处理果实的丙二醛含量一直低于对照组。贮藏前期，处理组和对照组之间的丙二醛含量无显著差异；贮藏至 8d，涂膜果实的丙二醛含量为 $1.15\mu mol/g$，对照组 1 和对照组 2 分别为 $1.35\mu mol/g$ 和 $1.4\mu mol/g$，处理和对照组之间的丙二醛含量差异显著（$P<0.05$）。结果表明，魔芋葡甘聚糖涂膜处理青椒果实可以有效防止膜脂过氧化，抑制果实丙二醛含量的增加，减轻细胞膜受伤害的程度，维持果实细胞的完整。

2. 超氧化物歧化酶活性

超氧化物歧化酶作为内源活性氧清除剂，可在逆境胁迫或衰老过程中清除体内过量活性氧，维持氧代谢的平衡，防止细胞膜被破坏，在一定程度上延缓果实的衰老过程。涂膜处理和对照组果实超氧化物歧化酶活性变化的总体趋势为先升高后降低，处理峰值在第 12 天出现，比对照组延迟 2d。整个贮藏期间，$6g/L$ 魔芋葡甘聚糖涂膜青椒果实的超氧化物歧化酶活性高于对照组，且在贮藏第 8 天，处理的超氧化物歧化酶活性为 378U/（g·min）FW，对照组 1 的超氧化物歧化酶活性为 300U/（g·min）FW，两者之间差异显著（$P<0.05$）；贮藏第10 天后，处理和对照组的差异均达显著性水平（$P<0.05$），对照组 1 和对照组 2 间无显著差异。研究表明，魔芋葡甘聚糖涂膜青椒可提高果实的超氧化物歧化酶活性，增强抗衰老能力。

3. 过氧化氢酶活性

贮藏期间，青椒果实的过氧化氢酶活性总体变化趋势为先升高后降低，处理在第 12 天出现峰值，比对照组延迟 2d。整个贮藏期间，$6g/L$ 魔芋葡甘聚糖涂膜处理青椒果实的过氧化氢酶活性均高于对照组，贮藏第 8 天，处理的过氧化氢酶活性和对照组 2 之间存在显著差异（$P<0.05$）；贮藏第 10 天后，处理和对照组的差异均达显著性（$P<0.05$），对照组 1 和对照组 2 之间无显著差异。研究表明魔芋葡甘聚糖涂膜处理青椒可以提高果实的过氧化氢酶活性，增强抗衰老能力。

4. 过氧化物酶活性

青椒贮藏期间，魔芋葡甘聚糖涂膜处理和对照组的过氧化物酶活性整体逐渐增加。贮藏前期，处理和对照组之间的过氧化物酶活性接近，无显著性差异；贮藏 8~12d，与对照组相比，魔芋葡甘聚糖涂膜处理果实的过氧化物酶活性变化较为平缓，上升幅度明显低于对照组，差异达显著水平（$P<0.05$）；贮藏至14d，处理果实的过氧化物酶活性略高于对照组，但差异不明显。研究表明，贮

藏一定时期内，魔芋葡甘聚糖涂膜处理青椒果实可以较好地抑制过氧化物酶活性的增加。

5. 多酚氧化酶活性

青椒采后贮藏过程中，魔芋葡甘聚糖涂膜处理和对照组青椒果实的多酚氧化酶活性整体呈上升趋势，但涂膜处理的多酚氧化酶活性的上升速度始终低于对照组。贮藏前期，处理和对照组之间的差异未达显著性水平；贮藏至 8d 后，6g/L 魔芋葡甘聚糖涂膜处理果实的多酚氧化酶活性显著低于对照组 1 和对照组 2，差异达显著性水平（$P<0.05$）。研究表明，魔芋葡甘聚糖涂膜处理青椒果实可以在一定程度上抑制多酚氧化酶活性的升高。

因此，魔芋葡甘聚糖涂膜处理青椒可有效防止果实水分损失，降低果实的失重率，维持果皮亮度、色泽和色饱和度，保持外观品质，缓解维生素 C 和可溶性蛋白营养物质的损耗，抑制呼吸作用和叶绿素的降解，使果实保持较好的商品性；6g/L 的魔芋葡甘聚糖涂膜保鲜青椒果实的效果最佳；魔芋葡甘聚糖涂膜处理青椒可有效提高果实的超氧化物歧化酶活性和过氧化氢酶活性，增强自由基清除能力，降低膜脂过氧化程度，减少丙二醛含量，从而延缓果实衰老进程；魔芋葡甘聚糖涂膜处理青椒可有效降低果实的过氧化物酶活性和多酚氧化酶活性，防止果实发生褐变，从而延缓果实衰老进程。

第十七章　不同处理方式对青椒
贮藏保鲜的应用

蔬菜采后由于后熟作用,活跃的生理活动消耗了自身的相关营养物质,同时受微生物侵染会加速腐败变质,而有效的保鲜技术不仅能保证蔬菜在贮运中营养物质得到最大限度的保存,而且有利于延长蔬菜的保藏期,具有巨大的经济价值。

果蔬贮藏方法主要分为物理法、化学法和生物法三大类,虽然侧重点不同,但都是对保鲜品质起关键作用的因素进行调控并优化。不同方法各有其原理和特点,保鲜效果不同。物理法没有化学污染,但有较高的成本和技术要求。生物法具有成本相对低、效果相对好的优势。综上所述,除非有新的技术突破,物理法中的冷藏及其在冷藏基础上形成的冷链,是果蔬贮藏保鲜的主要技术。国内外多数研究在实际应用方面,都是对某种果蔬或不同品种的贮藏参数进行优化,为实际生产提供技术支持。而对营养成分的研究,多数是基于贮藏参数的优化进行分析,主要聚焦在果蔬的主要营养成分,如维生素、生物活性成分等方面,对矿物质的关注不多。可能是果蔬中矿物质含量主要是受采前环境和栽培技术的影响,采后相对稳定,不同贮藏保鲜方式对其绝对含量几乎没有影响,因而鲜有研究报道。

物理法主要通过改变贮藏环境的温度、压力和气体成分等对果蔬进行保鲜,分为低温贮藏、气调贮藏和冷冻贮藏等。与普通贮藏相比,低温贮藏可以显著减少营养成分流失,可保持果蔬较高的粗多糖、可溶性总糖、低聚糖、粗蛋白质和维生素 C 的含量等;气调贮藏可以显著延长果蔬货架期,可有效地保持果蔬的色泽和维生素的含量等,减缓失重率、硬度损失及可溶性固形物的降解,显著抑制酶活性;减压贮藏可以有效抑制果蔬硬度的下降、维生素的降解、乙烯生成量和丙二醛含量增加,较好地延缓多酚氧化酶活性的增加及抑制超氧化物歧化酶活性的降低等。

化学法是利用防腐剂和抗氧化剂等化学试剂对果蔬进行保鲜,目前应用相对广泛的是化学涂膜剂，主要由蔗糖酯、海藻酸钠及壳聚糖等物质与水混合而成。化学保鲜法可以较好地保持果蔬原有的品质特性，能有效抑制维生素 C 的降解，减缓丙二醛的积累，有效地降低多酚氧化酶活性和提高超氧化物歧化酶活性等。不同的化学贮藏方法，对果蔬营养成分的保持效果不一样。化学法虽然有较好的保鲜效果，但是存在化学试剂残留的缺陷，也存在食品安全隐患。

生物法没有化学污染，其保鲜方法总体可分为 3 类：一是利用拮抗菌保鲜；二是利用天然提取物和仿生保鲜剂保鲜；三是利用基因工程改变果蔬性状进行保鲜，目前应用相对较多的是前两类方法。生物法可以较好地保持果蔬品质，如抑制维生素 C 含量的降解和多酚氧化酶的活性，提高苯丙氨酸转氨酶和过氧化氢酶活性等。关于不同保鲜方式在青椒贮藏中的比较研究也有报道。

第一节　不同保鲜剂涂膜对青椒保鲜效果的影响

采收并挑选外观一致、果形完好、成熟度适中、无病虫害和机械损伤青椒。将样品分为四组，分别进行 1.5% 的壳聚糖、1.5% 无水氯化钙、5% 木薯淀粉膜液涂膜处理，以去离子水浸泡处理为对照。其中浓度为 1.5% 的壳聚糖膜液，主要配方为：1.50% 壳聚糖+1% 甘油+1% 硬脂酸+0.30%NaCl+2% 乙酸，将水温加热到 60℃，充分混合、搅拌。浓度为 1.5% 无水氯化钙：用温水将无水氯化钙固体溶解，同时加入 1% 丙三醇作增塑剂。5% 木薯淀粉膜液：木薯淀粉 5%+1% 甘油+1% 硬脂酸+1% 单甘酯+0.04% 抑霉唑。涂膜采用浸涂法，即将经过选取的青椒浸入已配制好的保鲜膜液中 10min，随后将样品取出、沥干，放入 23℃常温纸箱中贮藏，进行相关理化指标测定。

一、失重率

在贮藏过程中，各个组的涂膜青椒的失重率逐渐增加，贮藏前 5d，各处理组的失重率没有显著差异。随着时间的增加，没有经过涂膜处理的对照组失重率增加明显，贮藏至 12d 时，超过 14%，失水较为严重。在后来的测定中，由于去离子水浸泡处理对照组大部分样品已经腐烂，故停止对其测定。对于经过涂膜处理的壳聚糖、无水氯化钙和木薯淀粉组，在贮藏至第 10 天时，失重率仍低于 7%，且各组相差不明显。在贮藏时间达到第 15 天时，无水氯化钙和木薯淀粉涂膜组的失重率明显增加，超过了壳聚糖涂膜组，在试验接近尾声时，经过木薯淀粉和无水氯化钙涂膜处理的样品失重率接近 10%，而壳聚糖涂膜组的失重率始终维持在 4% 以下，可见涂膜处理可以有效地防止蒸腾作用带来的水分丧失，其中壳聚糖涂膜处理组效果最好。

二、维生素 C 含量

青椒贮藏过程中，对照组和涂膜处理组的维生素 C 含量都呈现缓慢下降的趋势。在贮藏前期，各组青椒中维生素 C 含量的变化速率相差不大；贮藏至 5d 时，去离子水浸泡处理对照组的维生素 C 含量呈现明显下降的趋势；10d 后，对照组的维生素 C 含量与贮藏初期相比下降较为显著，大于 50%。而经过涂膜处理的试验组，维生素 C 含量下降速度没有明显变化。到 20d 时，壳聚糖涂膜组的维生素 C 含量下降最小，为 11%。而无水氯化钙涂膜处理组和木薯淀粉涂膜处理组的维生素 C 含量下降都超过 30%。在贮藏至 20d 时，壳聚糖涂膜组的维生素 C 含量最高，约为 150mg/kg。可见，涂膜保鲜可以有效地减少青椒维生素 C 的流失，而壳聚糖涂膜组的贮藏效果最好。涂膜处理能阻断果实内外气体交换，可阻止氧气进入果实，从而有效地阻止维生素 C 被氧化，延长贮藏时间。

三、呼吸强度

二氧化碳的释放量是衡量青椒呼吸强度的一个重要指标。青椒贮藏过程中，对照组和涂膜处理组的二氧化碳释放量呈现出相同的趋势，即先升后降。去离子水浸泡处理对照组的呼吸强度在贮藏 5d 时即下降到了极小值，随着贮藏时间的增加而缓慢回升。贮藏到 20d 时，对照组的呼吸强度回升到了 $54\text{mgCO}_2/(\text{kg} \cdot \text{h})$。其他几组在贮藏 5～10d 二氧化碳释放量达到了最低值。而无水氯化钙涂膜处理组和木薯淀粉涂膜处理组的呼吸强度回升速度均高于壳聚糖涂膜组。到 20d 时，无水氯化钙涂膜处理组和木薯淀粉涂膜处理组的二氧化碳释放量达到了 $36\text{mgCO}_2/(\text{kg} \cdot \text{h})$。而壳聚糖涂膜组的呼吸强度始终保持在 $25\text{mgCO}_2/(\text{kg} \cdot \text{h})$ 以下。由此可知，经过涂膜处理的青椒呼吸强度明显低于对照组，并且壳聚糖涂膜组的保藏效果最好。

四、可溶性固形物

青椒贮藏过程中，各个处理组的可溶性固形物含量的变化趋势总体为先上升后下降，最后再上升的反复趋势。贮藏 3d，去离子水浸泡处理对照组的可溶性固形物含量上升到了最高值，为 10%左右。随着贮藏时间的延长，可溶性固形物含量快速下降，到贮藏结束时，基本与贮藏开始时含量持平，为 6%。壳聚糖涂膜处理组青椒可溶性固形物含量在第 3 天时上升至 14%，此后波动较小。可溶性固形物的这种变化可解释为青椒在贮藏初期，含糖量增加，致使可溶性固形物含量增加，而到了贮藏中期糖降解作用的发生使糖类物质消耗，后期一些小分子非糖类物质的产生造成了可溶性固形物含量的波动产生。此结果表明，涂膜处理可以减缓糖降解速率，较好地保存营养物质，经壳聚糖涂膜处理的青椒对可溶性固形物的保存最好。

该研究通过以浓度分别为 1.5%的壳聚糖、1.5%的无水氯化钙和 5%的木薯淀粉为保鲜膜液对青椒进行处理，以探究不同涂膜方式对青椒品质的影响，结论为：涂膜处理可以有效地防止蒸腾作用带来的水分丧失，涂膜处理能阻断果实内外气体交换，可阻止氧气进入果实，从而有效地阻止维生素 C 被氧化，延长贮藏时间。经过涂膜处理的青椒呼吸强度明显低于对照组涂膜处理，可以减缓糖降解速率，较好地保存营养物质，经壳聚糖涂膜处理的青椒对可溶性固形物的保存效果最好。由此可知，质量分数为 1.5%的壳聚糖相比于 1.5%无水氯化钙和 5%木薯淀粉对青椒常温下的贮藏保鲜效果最好。

第二节　不同保鲜方法对青椒保鲜效果的影响

采摘青椒后，用 0.5%的柠檬酸和 0.5%的抗坏血酸清洗，然后置于 10℃下预冷 12h，再分别用复合保鲜剂、复合壳聚糖涂膜、气调包装及臭氧热钙处理 4种方式进行贮藏青椒处理。其中复合保鲜剂的最佳配方为：异抗坏血酸钠 300mg/L、曲酸 60mg/L、赤霉素 10mg/L 和水杨酸 10mg/L；复合壳聚糖涂膜最佳配方为：壳聚糖浓度为 1%、单硬脂酸甘油酯浓度为 0.02%、吐温-80 浓度为 0.4%、异抗坏血酸钠浓度为 0.5%、NaCl 浓度为 0.5%，EDTA-2Na 浓度为 0.5%。气调包装的最佳设计为：孔径为 1mm，孔密度为 30 个/60cm²。臭氧热钙处理的最优方案为：氯化钙浓度 2%、臭氧浓度为 150mg/m³，热空气处理的温度为 40℃，热空气处理的时间为 15min。同时，以空白处理和 1%的 1-甲基环丙烯熏蒸处理作为对照。相关处理青椒置于平均温度为 10℃、相对平均湿度84.7%冰箱内。

一、商品率

在相同低温贮藏条件下，各处理组青椒的商品率明显优于空白对照组，商品率下降也明显小于对照，这说明各处理对青椒都具有一定的保鲜作用。复合保鲜剂处理、气调包装与1-甲基环丙烯对照组的商品率差异不显著，复合壳聚糖涂膜的青椒在整个贮藏期间商品率均优于1-甲基环丙烯对照组，与该处理组差异极显著（$P = 0.005 < 0.01$）。表明复合壳聚糖涂膜可明显延长青椒低温贮藏期30d以上，可有效提高冷藏期青椒的商品率。

二、呼吸强度

青椒为非呼吸跃变型蔬菜，呼吸强度整体呈现下降的趋势，未出现呼吸高峰，这与以往研究结果相一致。采收后新鲜青椒的呼吸强度为$63.85mgCO_2/(kg \cdot h)$，贮藏7d后呼吸强度明显降低。与空白对照组相比较，各处理组明显抑制了贮藏前中期果实的呼吸作用，但在随后的贮藏中，呼吸强度分别表现出小的回升波动，随后缓慢下降。复合保鲜剂，臭氧热钙处理，气调处理组与1-甲基环丙烯对照组的商品率差异不显著。复合壳聚糖涂膜的青椒在整个贮藏期间呼吸强度均低于1-甲基环丙烯对照组；与其他保鲜处理相比，贮藏后期呼吸强度出现回升波动最小，对青椒的呼吸作用抑制效果最好。

三、食用品质

青椒在贮藏期间叶绿素和维生素C呈下降趋势，失重率、总滴定酸含量和纤维素含量逐渐上升；各处理组的青椒品质明显优于空白处理组；各处理组青椒品质在整个贮藏期间都有所差异；复合壳聚糖涂膜的保鲜效果明显优于其他处理方法。贮藏至21d，空白对照组果实失水率达到21.65%，大部分果实表面呈现萎蔫皱皮状态；总滴定酸含量由最初的7.68mmol/100g上升至14.92mmol/100g；维生素C损失严重，其含量较鲜青椒下降近80%；叶绿素含量降低至44.53mg/g，果皮大部分呈现暗绿色及暗红色花纹；纤维素含量上升至初始值（3.92%）的2倍以上，达到8.54%，已失去商品价值和食用价值。1-甲基环丙烯处理组及气调包装组虽然保持了较低的失水率（分别为3.14%和1.86%），但个别果实出现轻微软腐现象，果实的商业品质明显较差。复合保鲜剂处理组和臭氧热钙处理组失水率分别为 4.51% 和 4.32%，少量果实出现萎蔫皱皮，叶绿素和维生素 C 保持在较高水平，但少量青椒尖端变红。复合壳聚糖涂膜的青椒失水率最低，仅为 1.09%，无蔫皱现象发生，样品光泽度较佳，颜色饱满；总酸含量为 8.52mmol/100mg，与其他处理组相比，处于较低水平；维生素 C 损失较小（129.51mg/100g）；叶绿素含量轻微幅度的下降；纤维素含量为 5.06%，远低于空白对照。贮藏 42d，复合保鲜剂处理组和气调包装组两处理失水率为 5.73% 和 3.75%，虽然总酸、纤维素含量低于空白对照，保持了较高的维生素 C 和叶绿素含量，但是有部分果实褐变腐烂。1-甲基环丙烯组和臭氧热钙处理组青椒萎蔫程度加重，出现严重软腐现象，叶绿素、维生素 C 进一步损失，果实颜色逐渐转变为暗红，严重影响了商品性状，商品价值也随之降低。复合壳聚糖涂膜组失水率为 3.23%，无明显萎蔫锈斑，叶绿素含量保持在74.53mg/g 左右，维生素 C 损失较大，但仍高于其他处理方法（74.53mg/100g），纤维素仅为 4.50%，商品价值基本不受影响，商品性状明显优于空白和其他处理组。

第三节　不同清洗方式对青椒保鲜效果的影响

挑选无机械损伤、无病虫害、新鲜翠绿及大小一致青椒。分别进行自来水对照、0.5mL/L 的臭氧水、100mL/L 的次氯酸钠、40mL/L 二氧化氯和清洗频率为 50kHz 功率 100W 超声波等 5 种不同清洗方式各处理 5min，将清洗后的青椒沥干，将每组样品用聚乙烯保鲜膜包装，在 25℃ 室温下贮藏。进行相关指标测定。

一、感官评价

不同清洗方式的青椒感官品质均随着贮藏时间延长而逐渐降低，清洗方式可减缓青椒感官品质的下降，但效果不同。经臭氧水清洗处理的青椒，直到贮藏 10d 结束期仍能保持良好感官品质；经次氯酸钠清洗和自来水清洗的青椒在贮藏 10d 后感官差，不可食用。

二、失重率

贮藏期间，不同清洗方式的青椒失重率均随贮藏天数的延长而不断增加。

贮藏至 10d，经自来水清洗的青椒失重率为 2.88%，失重最多，而经臭氧水、次氯酸钠、二氧化氯和超声波清洗后，失重率显著低于对照组（$P<0.05$），其中经二氧化氯清洗处理的青椒失重率为 1.08%，失重最少。可见适宜的清洗措施有利于维持青椒水分含量，利于蔬菜的保鲜。

三、可滴定酸

贮藏期间，不同清洗方式的青椒可滴定酸含量均表现出上升趋势，这是由于青椒在贮藏过程中产生苹果酸、柠檬酸和酒石酸等有机酸，使可滴定酸含量增加。贮藏至 10d，经臭氧水、次氯酸钠、二氧化氯和超声波处理后，青椒的可滴定酸含量明显低于对照组（$P<0.05$），同时臭氧水处理组上升的速率明显低于其他组，臭氧水清洗明显缓解可滴定酸含量下降。

四、可溶性固形物

贮藏期间不同清洗方式的青椒可溶性固形物含量均呈降低趋势，由于采后呼吸作用，青椒中营养物质被消耗，从而使可溶性固形物含量呈下降趋势。经臭氧水、次氯酸钠、二氧化氯和超声波处理后青椒的可溶性固形物含量在贮藏 4d 之后显著高于对照组（$P<0.05$），各处理组之间可溶性固形物含量差异不大（$P>0.05$），原因可能是处理组均能降低青椒细胞的呼吸作用，降低糖分消耗。

五、抗坏血酸

贮藏 10d，不同清洗方式的青椒中抗坏血酸含量均呈下降趋势。使用臭氧水清洗的青椒，其抗坏血酸的下降速率缓慢，含量也高于其他清洗方式，其次为二氧化氯、超声波。由于臭氧水清洗处理杀灭了青椒中的细菌，延缓了组织受微生物破坏速度，降低了机体抗逆作用，从而使抗坏血酸的消耗有所降低，另外臭氧具有氧化作用，抑制青椒体内酶的活性，延缓青椒贮藏过程中的新陈代谢，进而减缓青椒中抗坏血酸含量的降低。

六、叶绿素

绿色植物在采摘后，一些酶会将叶绿素分解，使其含量下降。叶绿素含量反映了青椒表皮色泽，是重要的品质感官指标。在贮藏期间随着贮藏天数的增加，青椒叶绿素含量呈现不同程度的下降趋势，下降速率依次为：臭氧水<超声波<次氯酸钠清洗<二氧化氯清洗<自来水。结果表明，使用臭氧水清洗能较好地保持青椒表皮色泽，可能是由于臭氧的杀菌效果比较好，同时抑制乙烯、醇醛类等催熟成分的生成，从而延缓叶绿素分解。

七、菌落总数

蔬菜的品质安全与微生物密切相关。清洗作为鲜切蔬菜加工中一个不可缺少的环节，可减少蔬菜表面微生物数量。不同清洗方式的杀菌效果不同，随着贮藏天数的增加，菌落总数递增。贮藏至10d，经臭氧水、次氯酸钠、二氧化氯和超声波清洗的青椒的菌落总数均小于10^6 CFU/g，被细菌污染程度较低，仍可食用。贮藏期间，臭氧水清洗的青椒菌落总数均小于其他方式，所以在这5种清洗方式中，臭氧水杀灭初始微生物和抑制细菌增长效果最好。臭氧具有较强的抑菌能力，可迅速透过细胞壁和细胞膜，使细胞膜上的疏基等基团受到损伤，增加细胞膜的通透性，同时还能促使蛋白质变性，造成DNA降解或变异，导致微生物死亡。臭氧作为广谱高效的物理杀菌技术，不但可以有效杀死细菌和一些有害微生物，而且还不会有残余氯等一些影响人体和环境的物质产生。由此可见，臭氧水清洗处理对青椒有明显抑菌效果。

通过研究不同清洗方式和气调包装对青椒保鲜效果的影响，采用自来水、臭氧水、次氯酸钠、二氧化氯和超声波对青椒进行清洗，在室温条件下贮藏，研究不同清洗方式对青椒保鲜效果的影响。结果表明，臭氧水、次氯酸钠、二氧化氯和超声波清洗能使青椒在贮藏过程中保持较好的感官品质，减缓营养物质可溶性固形物、叶绿素、抗坏血酸含量的下降，抑制可滴定酸含量和细菌菌落总数的增加。在5种清洗方式中，使用臭氧水清洗对青椒的保鲜效果最佳，贮藏至10d仍有商品价值和食用价值，可作为青椒保鲜过程中的处理方式。

第四节　贮藏温度和处理方式对青椒保鲜效果的影响

挑选颜色、大小、长度和形状基本一致，无机械损伤和病虫害的新鲜青椒。将青椒清洗风干后进行3种处理：45℃热激2min处理组；2.5%浓度的氯化钙放置20min处理组；2.5%的氯化钙放置20min+45℃热激2min处理组。相应处理青椒取出后擦干，与无处理对照组青椒分别装入聚乙烯保鲜袋，放置温度为

8℃、相对湿度为90%~95%的培养箱中进行贮藏，期间进行相关品质测定。

一、失重率

青椒在贮藏过程中，所有处理组的失重率都呈上升的趋势，且前8d上升速度最快。采后果蔬的失重主要由呼吸作用和蒸腾作用所引起，有机物的消耗主要由呼吸作用引起，而水分损失主要由蒸腾作用引起。因此，失重率在一定程度上反映了采后果蔬的衰老率和生理品质。3种处理组青椒的失重率均低于对照组，尤其是采用热激+氯化钙处理的青椒，说明青椒经过热激+氯化钙处理后，可以保持最低的失重率。至30d时，采用热激+氯化钙处理的青椒的失重率仅为1.1%，而对照组则达到了3.04%，该结果表明，热激+氯化钙处理可以通过降低青椒的失重率来维持青椒的贮藏品质。

二、硬度

不同处理方式下青椒硬度的变化趋势一致，都随贮藏时间的增加呈现降低趋势。硬度的降低与水分散失密切相关，而贮藏后期由于水分散失较为严重，导致其硬度降低。相比于对照组，热激处理组、氯化钙处理组和热激+氯化钙处理组在整个贮藏过程中都维持较高的硬度，尤其在贮藏至40d时，这种效果更为明显。由此可见，热激+氯化钙处理可以在一定程度上抑制青椒的失水，维持青椒的硬度。

三、叶绿素

新鲜青椒贮藏前期叶绿素a和叶绿素b含量分别为0.41mg/g DW和0.32mg/g DW。随着贮藏时间的增加，各处理组叶绿素a和叶绿素b的含量都呈先下降后增加的趋势。由于叶绿素对热很敏感，因此，叶绿素的减少可能是呼吸作用的增强导致大量呼吸热积累，一定程度上造成温度升高，加速了叶绿素在贮藏初期的降解。而在贮藏后期，由于青椒中叶绿素−蛋白质复合物的降解导致叶绿素a和叶绿素b的含量增加。各处理组在贮藏过程中叶绿素a和叶绿素b的含量均高于对照组，特别是经过氯化钙处理的青椒。在整个贮藏过程中，热激+氯化钙处理中青椒叶绿素含量低于氯化钙处理组，但高于热激处理组，这是因为热激处理和热激+氯化钙处理都与温度有关，高温对叶绿素的降解有一定的影响。

四、维生素 C 含量

新鲜青椒中维生素 C 含量为 195.60mg/100g FW。随贮藏时间的增加，所有处理组青椒的维生素 C 含量在贮藏过程中均呈递减趋势，且前 16d 下降速度最快。在贮藏初期，较高的多酚氧化酶活性会加速维生素 C 的降解。与对照组相比，热激或氯化钙处理组的青椒维生素 C 含量下降较慢，特别是在贮藏后期。热激+氯化钙处理组的下降趋势是最稳定的，与单独热激或氯化钙处理组相比变化比较小。而在贮藏至 32d，青椒中维生素 C 含量达到 156.84mg/100g FW，热激和氯化钙处理组分别为 129.76mg/100g FW 和 131.96mg/100g FW。

五、总酚

总酚是果蔬中重要的抗氧化成分。热激+氯化钙处理对青椒总酚含量影响最为显著。新鲜青椒中总酚的含量为 0.57μg（GAE）eq/mg DW。各处理组中青椒的总酚含量均随贮藏时间的增加呈下降趋势。总酚的降解与酶的活性有关，如多酚氧化酶在贮藏过程中保持一定的活性并催化总酚的降解。随着多酚氧化酶活性的降低，总酚含量的下降速度开始减慢。在所有处理组中，热激+氯化钙处理组的总酚含量最高，并且在贮藏的前 16d 差异非常显著。第 8 天时，热激+氯化钙处理组中青椒的总酚含量为 0.54μg（GAE）eq/mg DW，比对照组高出了 1.22 倍。

六、抗氧化性

水果和蔬菜的抗氧化能力受不同抗氧化剂成分的影响。未经处理的和经过处理的青椒的 DPPH 自由基清除能力都对贮藏时间的延长呈下降的趋势，特别是对照组的 DPPH 自由基清除能力下降最快，从 86.84mg Trolox eq/g DW 降至 72.21mg Trolox eq/g DW。未处理青椒中的总酚和维生素 C 的下降速度也快于处理后的青椒。DPPH 自由基清除能力与总酚和维生素 C 有关。因此，总酚和维生素 C 含量的降低可导致 DPPH 自由基清除能力的下降。经过处理后的青椒，DPPH 自由基清除能力的下降受到一定的抑制，尤其是经过热激+氯化钙处理的青椒效果最为显著。在贮藏最后一天，热激+氯化钙处理的青椒对 DPPH 自由基的清除能力达到 79.00mg Trolox eq/g DW，所以，经过热激+氯化钙处理能有效维持 DPPH 自由基清除能力。ABTS$^+$和 FRAP 的变化趋势是一致的。在贮藏过程中，经过热激+氯化钙处理的青椒，与对照、热激处理或氯化钙处理的青椒效果更佳显著，尤其在贮藏初期。至 8d 时，经过热激+氯化钙处理的 ABTS$^+$和 FRAP 分别是对照组的 1.34 倍和 1.05 倍。以上结果表明，热激+氯化钙处理可以保持青椒抗氧化能力。

七、丙二醛

贮藏初期青椒丙二醛含量为 0.05mmol/100g FW。在所有处理中，丙二醛含量都随贮藏时间的增加而增加，在贮藏后期增加到 0.18mmol/100g FW 左右，这种现象与膜脂氧化有关。对照组的青椒丙二醛含量高于其他处理组。在贮藏的前 16d，青椒中的丙二醛含量急剧增加，8d 和 16d 分别达到 0.15mmol/100g FW 和 0.18mmol/100g FW。采用热激+氯化钙处理的青椒能有效地抑制贮藏过程中青椒的丙二醛的增加，并且在贮藏的前 16d 效果最为明显。这是因为热激+氯化钙处理可以被动灭活氧化酶，从而提高膜的钙含量，进一步维持膜的稳定性。因此，采用热激+氯化钙处理，是调节贮藏过程中丙二醛含量增加的最有效方法。

八、过氧化物酶

在热激、氯化钙和热激+氯化钙处理的青椒中，过氧化物酶活性随着贮藏时间的延长而降低。这是由于青椒理化指标的下降所导致的。在贮藏过程中，未经处理组的青椒过氧化物酶活性呈下降趋势，并且与其他三个处理组的青椒的活性有很大的差异。至 16d 时，对照组的过氧化物酶达到 1.16U/g，比热激+氯化钙处理组高出 1.63 倍。过氧化物酶可以催化过氧化氢酶的各种氧化反应，引起多酚氧化酶褐变。当考虑其他理化性质时，过氧化物酶对酶褐变的调控作用与抗氧化性起着关键的作用。因此，过氧化物酶活性的提高加速了氧化反应，导致酶褐变。采用热激、氯化钙和热激+氯化钙处理都可以降低青椒过氧化物酶的活性，尤其是采用热激+氯化钙处理。

九、多酚氧化酶

在抗性相互作用中，多酚氧化酶与酚类化合物在植物细胞壁中的沉积有关。

多酚氧化酶活性在所有处理组中均随贮藏时间的增加呈下降趋势，并在最后一天达到最小值。然而对照组多酚氧化酶活性在四组处理中是最高的。多酚氧化酶不仅可以参与果蔬的酶促褐变，还可以催化酚类物质和过氧化氢酶的各种氧化反应。青椒在贮藏过程中，其他三个组的多酚氧化酶活性明显低于对照组，尤以热激+氯化钙处理组最为明显，仅为对照组的 0.45 倍。

十、过氧化氢酶

所有处理组青椒中的过氧化氢酶，在前 24d 内都有急剧增加的趋势，然后呈下降的趋势。这一现象表明，青椒贮藏初期的抗氧化性高于贮藏后期。这是因为采后果蔬由于代谢原因，在贮藏初期产生较多的活性氧，活性氧的积累进一步导致衰老。因此，当过氧化氢酶活性增加时，青椒中积累的 O_2 可以很容易地被去除。这一结果可以解释丙二醛含量的变化规律。采用热激或氯化钙处理后，过氧化氢酶活性水平与未处理青椒的活性相似，略高于未处理的青椒。当采用热激+氯化钙处理时，青椒贮藏过程中过氧化氢酶含量最高，贮藏 24d 达到 2.73U/g，而对照仅为 1.5U/g。即使在最后一天，采用热激+氯化钙处理的过氧化氢酶活性也比对照组高 1.52 倍。所以说，热激+氯化钙处理提高了过氧化氢酶活性的维持效果。

十一、苯丙氨酸酶

对照组、氯化钙和热激+氯化钙处理的三组中苯丙氨酸酶活性在前 8d 急剧下降，而从 8d 开始至 16d 反而升高，随后下降至最低水平。而采用热激处理的青椒苯丙氨酸酶活性随贮藏时间的延长而降低。采用氯化钙处理对苯丙氨酸酶活性有抑制作用。热激、氯化钙和热激+氯化钙处理都会降低苯丙氨酸酶活性，其中以采用热激+氯化钙处理的最为显著。

因此，在对照和三组处理中，热激+氯化钙处理能有效限制水的流动，保持较高的化合水含量。随着贮藏时间的延长，热激+氯化钙处理的青椒在整个贮藏过程中都能维持较低失重率，较高的叶绿素、维生素 C 和总酚含量，且其抗氧化性较强。因此，热激+氯化钙处理相比于其他处理组能有效抑制水分散失，保持青椒的贮藏品质。随贮藏时间的增加，各处理组丙二醛含量都呈上升的趋势，且热激+氯化钙处理的青椒在整个贮藏过程中丙二醛含量都维持在较低水平，尤其在贮藏前 16d 效果最为明显。这是因为热激+氯化钙处理可以被动灭活氧化酶，从而提高膜的钙含量，进一步维持膜的稳定性。同时，热激+氯化钙处理的青椒在整个贮藏过程中能保持较低的多酚氧化酶、过氧化物酶和苯丙氨酸酶活性，较高的过氧化氢酶，从生理特性方面有效保持青椒的贮藏品质。

第五节　保鲜剂与低温气调处理对青椒保鲜效果的影响

挑选无病虫害、无机械损伤及果形好的青椒，用2%次氯酸钠浸泡3min，风干后进行四种处理：清水处理对照组，1%壳聚糖处理组，0.25%精油处理组，1%壳聚糖+0.25%精油保鲜剂+低温气调处理组。将果实浸泡5min后取出，放在滤网上5min，然后风干50min。将处理的样品放入600mm×800mm聚乙烯袋中。以清水处理作对照处理的果实装入保鲜袋中，袋中的相对湿度在95%以上，将各处理样品置8℃条件下封口贮藏，贮藏期间测定相关指数。

一、失重率

青椒的失重率随贮藏时间的延长而逐渐增大，与清水对照相比，壳聚糖处理组、保鲜剂结合低温气调等3种处理组，明显降低了青椒的呼吸速率，在一定程度上降低了青椒的失重率。其中，以保鲜剂结合低温气调处理的保鲜膜效果最佳，保鲜35d失重率仅为3.7%，而对照样品为37.8%。

二、维生素C含量

贮藏开始时，青椒的维生素C含量为98.3mg/100g。不同处理的青椒维生素C含量随贮藏时间的延长，呈逐渐下降趋势。在贮藏至35d时，壳聚糖、精油及壳聚糖+精油+低温气调等3种处理的样品维生素C含量分别为45.2mg/100g、54.9mg/100g和76.6mg/100g，下降幅度均较小。而对照的维生素C含量下降幅度较大，为21.7mg/100g。壳聚糖+精油+低温气调处理维生素C含量下降最为平缓，损失最少，可较好地保持果实的营养价值。

三、超氧化物歧化酶、过氧化氢酶和过氧化物酶

蔬菜原料采后衰老过程中，清除组织内自由基的酶系统活性的下降可能会

导致代谢失调，积累活性氧，导致膜脂氧化，加速衰老。因此，应控制酶促氧自由基防御系统如过氧化物酶、超氧化物歧化酶和过氧化氢酶等活性水平。贮藏结束后，对照、壳聚糖及壳聚糖+精油+低温气调处理的果实过氧化物酶活性分别为 0.054U/g、0.083U/g、0.107U/g 和 0.137U/g。在贮藏期间壳聚糖精油处理可以大大提高过氧化物酶的活性。在贮藏过程中，经处理的青椒组织中过氧化物酶活性呈现先下降后上升的趋势。壳聚糖+精油+低温气调处理的青椒果实过氧化物酶活性一直较高，说明果实组织内可以有效清除过氧化氢等有害物质的积累。不同处理青椒果实中的超氧化物歧化酶活性呈先下降后上升再下降的趋势，在 21d 时达到最低，随后 7d 逐渐升高，然后又下降。贮藏 35d 后，对照、壳聚糖、壳聚糖+精油+低温气调处理青椒的超氧化物歧化酶的活性分别为55.3U/g、61.4U/g、65.7U/g 和 77.3U/g。对照样品中超氧化物歧化酶活性中期升高幅度较小，后期下降迅速，说明其超氧化物歧化酶活性降低较快。其他处理中期超氧化物歧化酶活性出现峰值，但总体低于入贮时果实的超氧化物歧化酶活性，在整个过程中活性比对照高，能维持较高水平。不同处理青椒过氧化氢酶活性表现为贮藏28d 前呈下降趋势，贮藏后期又逐渐升高。贮藏 35d 后，经壳聚糖+精油+低温气调处理的样品过氧化氢酶活性为 15.27U/g，精油处理的为13.25U/g，壳聚糖处理的为 9.45U/g，对照仅为 8.21U/g，比对照高 15%。后期对照样品的过氧化氢酶的活性变化逐渐趋于缓慢，在贮藏期间，经处理的样品过氧化氢酶活性均高于对照样品。

四、腐烂率和感官品质

在 8℃ 条件下贮藏 35d 后，壳聚糖精油涂膜可以较好地控制青椒腐烂发病，降低腐烂率，腐烂率低于 5%，好果率达到 95%，而对照样品腐烂率为 34%，所有处理中最高。对不同处理的青椒的感官品质评价结果表明，壳聚糖+精油+低温气调处理对青椒的果实没有不良影响。贮藏结束后，经处理的样品表现较好的感官品质，感官接受度达到 5.57 分，经壳聚糖涂膜和精油单独处理的分别为3.4 分和 4.17 分，而对照样品的仅为 1.20 分。

通过研究不同处理对青椒保鲜效果，结果发现，对青椒总体保鲜效果为：壳聚糖+精油+低温气调>精油处理>壳聚糖涂膜>对照。壳聚糖+精油+低温气调处理能够有效降低青椒失重率，减少维生素 C 损失，控制超氧化物歧化酶、过氧化氢酶和过氧化物酶活性，减缓衰老，保持果实的营养。

主要参考文献

毕文慧，李丽，姚健，等，2019. 复配抑菌剂对青椒细菌性软腐病防治及保鲜效果研究 [J]. 保鲜与加工，19（6）：8-14.

柴梦颖，焦镭，2012. 药用植物复配液在甜椒贮藏保鲜中的防腐效果 [J]. 北方园艺（7）：171-172.

陈欢欢，邓玉璞，冯建华，等，2013. 青椒 MAP 保鲜效果研究 [J]. 食品科技，38（10）：36-39.

陈慧芝，2019. 基于智能包装标签的典型生鲜配菜新鲜度无损检测的研究 [D]. 无锡：江南大学.

陈莉，2006. 稳定性亚氯酸钠溶液在食品保鲜上的应用研究 [D]. 贵阳：贵州大学.

陈莉，杨双全，张义明，2009. 稳定性亚氯酸钠溶液对青椒的保鲜效果 [J]. 贵州农业科学，37（8）：174-175.

陈玉成，王琛，张锐，等，2015. 包装与运输方式对常温贮藏青椒品质的影响 [J]. 保鲜与加工（6）：7-12.

陈少华，2017. 川陈皮素的提取及其复合保鲜剂应用研究 [D]. 哈尔滨：东北农业大学.

丁捷，2011. 几种蔬菜的保鲜方法和介电型品质无损检测数学模型的研究 [D]. 雅安：四川农业大学.

杜金华，傅茂润，李苗苗，等，2006. 二氧化氯对青椒采后生理和贮藏品质的影响 [J]. 中国农业科学（6）：1215-1219.

范林林，毛宇豪，夏春丽，等，2016. 热激处理对青椒的保鲜效果研究 [J]. 安徽农业科学，44（19）：76-79.

凡家莉，张懋，周海莲，等，2015. 番茄、青椒混储过程的硅窗气调保鲜 [J]. 食品与生物技术学报，34（8）：873-878.

冯春婷，陶永清，董成虎，等，2019. 不同复合保鲜剂处理对青椒采后贮藏

品质的影响 [J]. 食品研究与开发（19）：95-99.

傅茂润，2005. 二氧化氯（ClO$_2$）对果蔬的贮藏效果及其机理研究 [D]. 泰安：山东农业大学.

付红军，2017. 山苍子油的提取效果及其防腐保鲜研究 [D]. 长沙：中南林业科技大学.

关文强，2006. 丁香油的超临界 CO$_2$ 萃取及在果蔬保鲜中的应用研究 [D]. 天津：天津大学.

侯田莹，王福东，寇文丽，等，2012. 温度变化和 1-MCP 处理对青椒贮藏品质的影响 [J]. 保鲜与加工（5）：8-13.

侯建设，2004. 模拟舰船条件下蔬菜采后生理和保鲜的研究 [D]. 杭州：浙江大学.

胡美斯，2020. 茉莉酸甲酯处理对冷胁迫青椒中 CBF 信号通路的调控 [D]. 沈阳：沈阳农业大学.

姬长新，曹娅，谢克英，等，2013. 中草药复配液对葡萄和青椒保鲜效果的研究 [J]. 农产品加工（学刊）（3）：32-34.

纪海鹏，高聪聪，董成虎，等，2019. 不同保鲜剂处理对圆青椒贮藏品质的影响 [J]. 包装工程（19）：34-40.

金砚舒，2016. 甜椒保鲜技术的研究 [J]. 贵州农业科学，44（10）：135-137.

金童，2019. 1-甲基环丙烯（1-MCP）和二氧化氯联合使用对果蔬采后品质的影响 [D]. 济南：齐鲁工业大学.

李阳，邓伶俐，徐晓卉，等，2020. 月桂酰精氨酸乙酯盐酸盐复配保鲜剂对青椒保鲜效果的影响 [J]. 食品科学，41（11）：201-206.

李雪，2021. 壳聚糖与纳米 TiO$_2$ 对淀粉复合膜力学强度和阻隔性能的影响及复合膜在果蔬中的涂膜保鲜应用 [D]. 上海：上海海洋大学.

李雪，陈文旭，王朝瑾，2019. 壳聚糖与纳米 TiO$_2$ 对复合膜结构和性能的影响及复合膜的应用 [J]. 食品工业科技，40（18）：212-216.

李丽，辛明，李昌宝，等，2019. 不同清洗方式对青椒保鲜效果的影响 [J]. 食品工业，40（6）：13-16.

李忠，常雪花，郭铁群，2015. 青椒长久贮藏的技术研究 [J]. 食品工业（9）：140-142.

李素清，张艳梅，秦文，2014.青椒气调贮藏工艺研究［J］.食品工业科技
（1）：318-322.

李晓雁，甄润英，杨红军，等，2005.不同涂膜对贮藏青椒综合品质的影响
研究［J］.天津农学院学报（2）：22-25.

李晓燕，方健，2015.保鲜膜性能对鲜切猕猴桃青椒保鲜效果影响的研究
［J］.中国包装工业（11）：43-44.

吕建国，2009.保鲜剂和贮藏温度对青椒果实采后生理和贮藏品质的影响
［D］.兰州：甘肃农业大学.

梁雪，2020.聚乳酸/TiO$_2$/GO抗菌双层膜的制备及其对青椒的保鲜效果研
究［D］.雅安：四川农业大学.

刘洪竹，2014.冷热激处理对鲜切蔬菜衰老生理特性的影响［D］.天津：天
津大学.

刘洪竹，赵习姮，陈双颖，等，2014.热激处理对鲜切甜椒活性氧代谢及贮
藏品质的影响［J］.食品工业科技，35（1）：310-314.

刘开华，邢淑婕，2013.含茶多酚的壳聚糖涂膜对青椒的保鲜效果研究
［J］.中国食品添加剂（2）：224-228.

刘璐，陶乐仁，匡珍，等，2018.马铃薯淀粉-壳聚糖复合保鲜膜对青椒保
鲜效果研究［J］.食品与发酵科技，54（2）：15-19.

刘楠楠，杨静，2018.大蒜、生姜不同比例复配液对青椒保鲜效果的影响
［J］.食品科技，43（7）：25-29.

刘楠楠，杨佳萌，2018.不同超声温度制备大蒜提取液对青椒保鲜效果的影
响［J］.中国调味品，43（6）：41-44.

刘尚军，李霞，李辉尚，等，2008.大豆分离蛋白/淀粉复合涂膜对青椒的
保鲜效果研究［J］.中国食物与营养（9）：48-49.

刘万臣，2008.丁香精油抗菌性、抗氧化活性及其对果蔬贮藏效果的研究
［D］.杨凌：西北农林科技大学.

卢海燕，梁颖，刘贤金，2012.柠檬烯乳化液对青椒采后生理和贮藏品质的
影响［J］.食品工业科技（18）：332-336.

罗嘉沩，黄洲勇，陈濠，等，2012.青椒保鲜技术研究进展［J］.农产品加
工（学刊）（8）：115-117.

罗帅，2016.甜椒自发气调保鲜技术的研究［D］.天津：天津科技大学.

梅娜，陶乐仁，2016. 复合保鲜剂及其涂膜方式对青椒贮藏效果的影响 [J]. 食品与发酵科技 (4)：41-44.

潘冰燕，2016. 物流过程中辣椒品质的研究 [D]. 天津：天津商业大学.

彭凌，张猛，王卫东，2009. 涂膜青椒的常温保鲜效果研究 [J]. 食品科学，30 (18)：371-375.

彭燕，车振明，曾朝懿，2013. 保鲜剂与低温气调处理对甜椒贮藏品质的影响 [J]. 食品与发酵科技，49 (6)：46-49.

庞凌云，李瑜，詹丽娟，等，2013. 钙和热处理对青椒贮藏品质的影响 [J]. 中国食品学报 (1)：112-117.

邵婷婷，张敏，刘威，等，2019. 采后热水处理对青椒果实低温贮藏期间活性氧代谢及抗氧化物质的影响 [J]. 食品与发酵工业 (12)：133-139.

史君彦，高丽朴，左进华，等，2016. 不同保鲜膜包装对青椒保鲜效果的影响 [J]. 北方园艺 (18)：131-135.

孙海燕，2006. 1-MCP、MAP 和热处理对青椒贮藏生理及品质的影响 [D]. 杨凌：西北农林科技大学.

孙海燕，2013. 正交试验结合模糊优化理论对青椒贮藏效果的影响 [J]. 陕西农业科学 (2)：46-48.

孙海燕，张辰露，2010. 热处理对青椒贮藏品质的影响 [J]. 广东农业科学 (7)：116-117.

孙海燕，陈丽，刘兴华，等，2006. 1-MCP 处理对青椒贮藏生理的影响 [J]. 食品科技 (3)：122-125.

唐瑛，李永才，毕阳，等，2015. 马铃薯变性淀粉基可食膜对青椒的保鲜效果 [J]. 食品科技 (6)：37-41.

汤石生，刘军，龚丽，等，2018. 果蔬保鲜贮藏技术研究进展 [J]. 现代农业装备 (4)：67-73.

王青，陶乐仁，周小辉，2019. 真空预冷条件下相同终压不同终温对青椒贮藏品质的影响 [J]. 食品与发酵科技 (3)：23-28.

王紫艳，2016. 丁香提取液处理对青椒保鲜效果的影响 [D]. 太原：山西农业大学.

王明力，2008. 具有抗菌功能的壳聚糖复合膜研究及应用 [D]. 贵阳：贵州大学.

韦强，黄漫青，张海英，等，2014. 1-MCP 处理对红色甜椒常温贮藏期间呼吸与色素变化的影响 [J]. 保鲜与加工，14（1）：11-14.

韦强，黄漫青，张大革，等，2013. 1-MCP 处理对甜椒贮藏品质的影响 [J]. 保鲜与加工，13（5）：20-23.

魏雯雯，冯建华，杨相政，等，2014. 1-MCP 和硅窗袋气调包装对青椒贮藏品质的影响 [J]. 食品科技（7）：52-55.

武建明，2007. 果蔬气体保鲜剂的研究及应用 [D]. 乌鲁木齐：新疆大学.

许旰，徐泽平，马韵升，等，2015. 明胶与壳聚糖复配对青椒贮藏保鲜的影响 [J]. 福建农业学报，30（6）：590-593.

徐海山，肖佳颖，周辉，等，2019. 贮藏温度对湖南本地青椒采后理化品质的影响 [J]. 食品安全质量检测学报（9）：2514-2520.

徐俐，谭书明，叶方，2008. 纳米 SiO_x 对青椒常温贮藏保鲜的影响 [J]. 农产品加工（学刊）（8）：22-25.

徐水芳，肖志坚，赵威威，2016. 钙处理对青椒采后贮藏品质的影响 [J]. 包装学报（4）：19-23.

肖佳颖，2019. 贮藏温度和处理方式对青椒采后理化品质的影响 [D]. 长沙：湖南农业大学.

闫小龙，张翊，2015. 包装材料与贮藏环境对青椒的影响 [J]. 食品工业（7）：24-27.

闫语婷，2016. 青椒采后生理及保鲜技术研究进展 [J]. 食品研究与开发，37（17）：215-218.

闫怡，张秀玲，刘旭，等，2015. 不同清洗剂对鲜切青椒贮藏期间品质的影响 [J]. 食品工业（3）：91-93.

余东坡，2008. 中草药醇提物抑菌活性筛选及其在青椒保鲜上的应用 [D]. 郑州：河南农业大学.

余文华，李洁芝，陈功，等，2008. 果蔬纳米保鲜膜的研制及其在青椒保鲜中的应用研究 [J]. 四川食品与发酵（5）：28-31.

张变玲，刘耀成，周琦，等，2016. 壳聚糖结合蒲公英提取物涂膜保鲜青椒研究 [J]. 湖南工程学院学报（自然科学版），26（4）：60-63.

张会丽，2008. 青椒采后生理及贮藏技术研究 [D]. 郑州：河南农业大学.

张洪磊，2013. 青椒的保鲜贮藏研究 [D]. 上海：上海海洋大学.

张洪磊，谢晶，林永艳，等，2012. 贮藏温度对打孔保鲜袋包装青椒品质的影响 [J]. 食品与机械（4）：179-181.

张萌，曹婷婷，程紫薇，等，2021. 高湿贮藏对青椒果实冷害和抗氧化活性的影响 [J]. 食品科学（3）：243-250.

张誉丹，2017. 酸性功能水复配保鲜剂处理对青椒保鲜效果的研究 [D]. 太原：山西农业大学.

张誉丹，牛晓峰，王愈，2016. 酸性功能水处理不同时间对青椒保鲜效果的影响 [J]. 食品科技，41（10）：46-51.

张誉丹，牛晓峰，王愈，2016. 电解不同浓度氯化钠生成的酸性功能水对青椒保鲜效果的影响 [J]. 食品科技，41（9）：80-85.

张瑞，史晓亚，张会丽，等，2013. 不同贮藏温度对青椒生理性状的影响 [J]. 河南农业科学（4）：111-114.

张艳梅，2012. 两种鲜食青椒涂膜及气调贮藏关键技术的研究 [D]. 雅安：四川农业大学.

张艳梅，王慧，秦文，2012. 正交试验优化魔芋葡甘聚糖复合膜配方及其对青椒的保鲜作用 [J]. 食品科学，33（12）：313-317.

张轶斌，贾晓昱，2019. 壳聚糖姜精油复合保鲜剂对甜椒贮藏品质的影响 [J]. 食品与发酵工业，45（22）：228-232.

张雪婷，张秀玲，柳晓晨，等，2018. CMC 和川陈皮素复合涂膜对青椒保鲜效果的影响 [J]. 食品科技，43（9）：65-70.

张姿，2007. 蔬菜采后热处理抗氧化机理的研究 [D]. 天津：天津大学.

张忠，李静，花旭斌，等，2007. 葡甘聚糖涂膜对甜椒保鲜效果影响的研究 [J]. 食品科技（3）：246-248.

赵奇，陈刚，杨玉珍，等，2016. 青椒生理指标与保鲜的灰色关联分析 [J]. 江苏农业科学，44（7）：314-316.

赵奇，杨玉珍，郭运宏，等，2015. 油用牡丹丹皮提取液对青椒的保鲜效应 [J]. 食品工业科技，36（2）：339-342.

周小辉，陶乐仁，梅娜，等，2017. 青椒果实低温贮藏技术的研究进展 [J]. 食品与发酵科技（3）：98-101.

周魏，邓双双，李亚娜，2016. 壳聚糖保鲜液的浸泡时间对青椒保鲜性的影响 [J]. 广东化工，43（11）：30-31.

ANAYA E L M, MORA Z V, VÁZQUEZ P O, et al., 2021. Bell peppers (*Capsicum annum* L.) losses and wastes: source for food and pharmaceutical applications [J]. Molecules, 26 (17): 5341.

BAKPA E P, ZHANG J, XIE J, et al., 2022. Storage stability of nutritional qualities, enzyme activities, and volatile compounds of "Hangjiao No. 2" Chili pepper treated with different concentrations of 1 – methyl cyclopropene [J]. Frontiers in Plant Science, 13: 838916.

BATIHA G E, ALQAHTANI A, OJO O A, et al., 2020. Biological properties, bioactive constituents, and pharmacokinetics of some *Capsicum* spp. and capsaicinoids [J]. International Journal of Molecular Sciences, 21 (15): 5179.

BABA V Y, POWELL A F, IVAMOTO S S T, et al., 2020. Capsidiol–related genes are highly expressed in response to Colletotrichum scovillei during *Capsicum* annuum fruit development stages [J]. Scientific Reports, 10 (1): 12048.

BEN Y S, SHAPIRO B, CHEN Z E, et al., 1983. Mode of action of plastic film in extending life of lemon and bell pepper fruits by alleviation of water stress [J]. Plant Physiol, 73 (1): 87-93.

CHITRAVATHI K, CHAUHAN O P, RAJU P S, 2016. Shelf life extension of green chillies (*Capsicum annuum* L.) using shellac–based surface coating in combination with modified atmosphere packaging [J]. Journal of Food Science, 53 (8): 3320-3328.

CHU P Á, GONZÁLEZ G S, RODRÍGUEZ R M, et al., 2019. NADPH oxidase (Rboh) activity is up regulated during sweet pepper (*Capsicum annuum* L.) fruit ripening [J]. Antioxidants (Basel), 8 (1): 9.

CRUZ C P, CRISTÓBAL A J, RUIZ C V, et al., 2020. Extracts from six native plants of the yucatán peninsula hinder mycelial growth of *fusarium equiseti* and *F. oxysporum*, pathogens of *capsicum chinense* [J]. Pathogens, 9 (10): 827.

CORONEL E, MERELES L, CABALLERO S, et al., 2022. Crushed *capsicum chacoense* hunz fruits: a food native resource of paraguay with antioxidant and anthelmintic activity [J]. International Journal of Food Science and Technology, 2022: 1512505.

DEVGAN K, KAUR P, KUMAR N, et al., 2019. Active modified atmosphere packaging of yellow bell pepper for retention of physico-chemical quality attributes [J]. Journal of Food Science, 56 (2): 878 −888.

DOBÓN S A, GIMÉNEZ M J, CASTILLO S, et al., 2021. Influence of the phenological stage and harvest date on the bioactive compounds content of green pepper fruit [J]. Molecules, 26 (11): 3099.

FAYOS O, DE AGUIAR AC, JIMÉNEZ C A, et al., 2017. Ontogenetic variation of individual and total capsaicinoids in malagueta peppers (*Capsicum frutescens*) during fruit maturation [J]. Molecules, 22 (5): 736.

GHOSH A, SAHA I, FUJITA M, et al., 2022. Photoactivated TiO_2 nanocomposite delays the postharvest ripening phenomenon through ethylene metabolism and related physiological changes in *Capsicum* fruit [J]. Plants Basel, 11 (4): 513.

GÓMEZ G MDEL R, OCHOA A N, 2013. Biochemistry and molecular biology of carotenoid biosynthesis in chili peppers (*Capsicum* spp.) [J]. International Journal of Molecular Sciences, 14 (9): 19025-19053.

GONZÁLEZ G S, BAUTISTA R, CLAROS M G, et al., 2019. Nitric oxide-dependent regulation of sweet pepper fruit ripening [J]. Journal of Experimental Botany, 70 (17): 4557-4570.

GUEVARA L, DOMÍNGUEZ A M Á, ORTIGOSA A, et al., 2021. Identification of compounds with potential therapeutic uses from sweet pepper (*Capsicum annuum* L.) fruits and their modulation by nitric oxide (NO) [J]. International Journal of Molecular Sciences, 22 (9): 4476.

HAMED M, KALITA D, BARTOLO M E, et al., 2019. Apsaicinoids, polyphenols and antioxidant activities of *Capsicum annuum*: comparative study of the effect of ripening stage and cooking methods [J]. Antioxidants (Basel), 8 (9): 364.

HONG J K, YANG H J, JUNG H, et al., 2015. Application of volatile antifungal plant essential oils for controlling pepper fruit anthracnose by colletotrichum gloeosporioides [J]. Plant Pathology Journal, 31 (3): 269-277.

IQBAL Q, AMJAD M, ASI M R, et al., 2015. Stability of capsaicinoids and antioxidants in dry hot peppers under different packaging and storage temperatures [J]. Foods, 4 (2): 51–64.

KANTAKHOO J, IMAHORI Y, 2021. Antioxidative responses to pre–storage hot water treatment of red sweet pepper (*Capsicum annuum* L.) fruit during cold storage [J]. Foods, 10 (12): 3031.

KOKALJ D, HRIBAR J, CIGIĆ B, et al., 2016. Influence of yellow light–emitting diodes at 590 nm on storage of apple, tomato and bell pepper fruit [J]. Food Technol Biotechnol, 54 (2): 228–235.

KOSTRZEWA D, DOBRZYŃSKA I A, MAZUREK B, et al., 2022. Pilot–scale optimization of supercritical CO_2 extraction of dry paprika *Capsicum annuum*: influence of operational conditions and storage on extract composition [J]. Molecules, 27 (7): 2090.

LEE J G, SEO J, KANG B C, et al., 2022. Jasmonate resistant 1 and ethylene responsive factor 11 are involved in chilling sensitivity in pepper fruit (*Capsicum annuum* L.) [J]. Scientific Reports, 12 (1): 3141.

LEE J G, YI G, SEO J, et al., 2020. Jasmonic acid and ERF family genes are involved in chilling sensitivity and seed browning of pepper fruit after harvest [J]. Scientific Reports, 10 (1): 17949.

LIU H, ZHENG J, LIU P, et al., 2018. Pulverizing processes affect the chemical quality and thermal property of black, white, and green pepper (*Piper nigrum* L.) [J]. Journal of Food Science, 55 (6): 2130–2142.

MARTÍNEZ I E, MARTÍNEZ C M R, MARSAL J I, et al., 2021. Bioactive compounds and antioxidant capacity of valencian pepper landraces [J]. Molecules, 26 (4): 1031.

MAROGA G M, SOUNDY P, SIVAKUMAR D, 2019. Different postharvest responses of fresh–cut sweet peppers related to quality and antioxidant and phenylalanine ammonia lyase activities during exposure to light–emitting diode treatments [J]. Foods, 8 (9): 359.

MOHAN M, KOZHITHODI S, NAYARISSERI A, et al., 2018. Screening, purification and characterization of protease inhibitor from *Capsicum frutescens*

[J]. Bioinformation, 14 (6): 285-293.

MOHD HASSAN N, YUSOF N A, YAHAYA A F, et al., 2019. Carotenoids of *Capsicum* fruits: pigment profile and health-promoting functional attributes [J]. Antioxidants Basel, 8 (10): 469.

MOHAMMAD S A, HAYAT K, MABOOD H F, et al., 2022. Effects of different solvents extractions on total polyphenol content, HPLC analysis, antioxidant capacity, and antimicrobial properties of peppers (red, yellow, and green (*Capsicum annum* L.) [J]. Evid Based Complement Alternat Med, 2022: 7372101.

OTUNOLA G A, AFOLAYAN A J, AJAYI E O, et al., 2017. Characterization, antibacterial and antioxidant properties of silver nanoparticles synthesized from aqueous extracts of *Allium sativum*, *Zingiber officinale*, and *Capsicum frutescens* [J]. Pharmacogn Mag, 13 (2): 201-208.

OLATUNJI T L, AFOLAYAN A J, 2019. Comparative quantitative study on phytochemical contents and antioxidant activities of *Capsicum annuum* L. and *Capsicum frutescens* L. [J]. Scientific World Journal, 2019: 4705140.

PANIGRAHI J, PATEL M, PATEL N, et al., 2018. Changes in antioxidant and biochemical activities in castor oil-coated *Capsicum annuum* L. during postharvest storage [J]. Biotech, 8 (6): 280.

PENG J, BU S, YIN Y, et al., 2021. Biological and genetic characterization of pod pepper vein yellows virus - associated RNA from *Capsicum frutescens* in Wenshan, China [J]. Front Microbiol, 12: 662352.

PIÑERO M C, PORRAS M E, LÓPEZ M J, et al., 2019. Differential nitrogen nutrition modifies polyamines and the amino-acid profile of sweet pepper under salinity stress [J]. Frontiers in Plant Science, 10: 301.

POTT D M, VALLARINO J G, OSORIO S, 2020. Metabolite changes during postharvest storage: effects on fruit quality traits [J]. Metabolites, 10 (5): 187.

POLA W, SUGAYA S, PHOTCHANACHAI S, 2020. Influence of postharvest temperatures on carotenoid biosynthesis and phytochemicals in mature green Chili (*Capsicum annuum* L.) [J]. Antioxidants Basel, 9 (3): 203.

REYES E M L, GONZALEZ M E G, VAZQUEZ T E, 2011. Chemical and pharmacological aspects of capsaicin [J]. Molecules, 16 (2): 1253-1270.

RODRÍGUEZ R M, GONZÁLEZ G S, CAÑAS A, et al., 2019. Sweet pepper (*Capsicum annuum* L.) fruits contain an atypical peroxisomal catalase that is modulated by reactive oxygen and nitrogen species [J]. Antioxidants Basel, 8 (9): 374.

SANATI S, RAZAVI B M, HOSSEINZADEH H, 2018. A review of the effects of *Capsicum annuum* L. and its constituent, capsaicin, in metabolic syndrome [J]. Iranian Journal of Basic Medical Sciences, 21 (5): 439-448.

TSAI W A, SHAFIEI P J R, MITTER N, et al., 2022. Effects of elevated temperature on the susceptibility of capsicum plants to capsicum chlorosis virus infection [J]. Pathogens, 11 (2): 200.

VILLA R M G, OCHOA A N, 2020. Chili pepper carotenoids: nutraceutical properties and mechanisms of action [J]. Molecules, 25 (23): 5573.

VIDAK M, LAZAREVIĆB, PETEK M, et al., 2021. Multispectral assessment of sweet pepper (*Capsicum annuum* L.) fruit quality affected by calcite nanoparticles [J]. Biomolecules, 11 (6): 832.

VILLASANTE J, OUERFELLI M, BOBET A, et al., 2020. The effects of pecan shell, roselle flower and red pepper on the quality of beef patties during chilled storage [J]. Foods, 9 (11): 1692.